D1755092

Oskar Wälterlin
1895–1961

Michael Peter Loeffler

Oskar Wälterlin
Ein Profil

1981 Birkhäuser Verlag
      Basel · Boston · Stuttgart

Die Zeichnung von A. M. Cay erscheint mit freundlicher Genehmigung des Nebelspalter-Verlages in Rorschach.

1. Auflage 1979
2. Auflage 1981

CIP-Kurztitelaufnahme der Deutschen Bibliothek

Loeffler, Michael Peter:
Oskar Wälterlin : e. Profil / Michael Peter Loeffler. – 2. Aufl. – Basel ; Boston ; Stuttgart : Birkhäuser, 1981.
ISBN 3-7643-1284-X

Die vorliegende Publikation ist urheberrechtlich geschützt.
Alle Rechte, insbesondere das der Übersetzung in fremde Sprachen, vorbehalten. Kein Teil dieses Buches darf ohne schriftliche Genehmigung des Verlages in irgendeiner Form – durch Fotokopie, Mikrofilm oder andere Verfahren – reproduziert oder in eine von Maschinen, insbesondere Datenverarbeitungsanlagen, verwendbare Sprache übertragen werden.

© 1981 Birkhäuser Verlag Basel
Printed in Switzerland by Birkhäuser AG, Graphisches Unternehmen, Basel
ISBN 3-7643-1284-X

S'incomincia per cantare
E si canta per finire

Inhaltsverzeichnis

	Prolog	9
1.	Kindheit und Jugend	18
2.	Anfänge in Basel	43
3.	Zwischenspiel in Frankfurt	91
4.	Die Bastion Zürich	109
5.	Direktor am Pfauentheater	141
6.	Der Regisseur	165
7.	Der Autor	195
	Epilog	213
	Anmerkungen	233
	Bibliographie	243

Prolog

Die Geschichte des deutschsprachigen Theaters ist im Bewusstsein der Öffentlichkeit weitgehend durch die Leistungen unserer beiden Nachbarländer Österreich und Deutschland bestimmt. Wien etwa kann auf eine lange, vielgestaltige und immer wieder Grosses schaffende Tradition zurückblikken. Als politischer und kultureller Mittelpunkt des habsburgischen Reiches hatte es über lange Zeiträume hinweg führende Kräfte in den verschiedenen Sparten der Theaterarbeit angezogen und experimentierfreudigen Talenten als Nährboden gedient. Auch nach dem Zusammenbruch der Monarchie behauptete sich die Republik Österreich als eine das Theaterschaffen aktiv fördernde Nation, die immer wieder, über die engen Grenzen des Landes hinaus, starke Impulse auszusenden vermochte.[1] Der von der europäischen Öffentlichkeit am deutlichsten wahrgenommene Impuls aber kam von Deutschland. Anders als in Österreich, wo eine Zentrierung die Hauptstadt Wien zu einem starken Pol machte, hatten sich durch die verschiedenartig geschichtlichen Bedingungen in Deutschland eine ganze Reihe von Städten zu Impulsträgern entwickelt. Berlin, Dresden, Frankfurt, München und Hamburg etwa trugen alle gleichermassen dazu bei, dem deutschen Theater zu hoher Geltung zu verhelfen. Die weltweite Anerkennung blieb nicht aus, ja deutschsprachiges Theater wurde zu einem Synonym für deutsches Theater.[2]

Diese Vormachtstellung Deutschlands, und in einem geringeren Masse Österreichs, mag vergessen lassen, dass die

Theatergeschichte des dritten deutschsprachigen Landes, der kleinen Schweiz, gerade in diesem Jahrhundert von erstaunlicher Energie und Vielfalt ist. Zu oft aber blieben die Leistungen der Schweizer Bühnenkünstler zum Schattendasein verurteilt. Die aussenpolitische Maxime der Neutralität sicherte der Schweiz zwar durch die Stürme der Zeit hinweg die Unabhängigkeit, barg aber auch die Gefahr der Isolation, ja der Verkennung. Da sich die Schweiz aus dem Spiel der Grossen heraushielt, wurde sie oft aus dem Bewusstsein der Grossen verdrängt. Umso erstaunlicher ist es deshalb, dass sich das kleine Land wiederholt und in starken Schüben über die Grenzen Achtung und Bewunderung verschafft hat. In der eng zusammengedrängten, geschichtsintensiven Nation mit den vier Landessprachen war ein unabhängiges Theaterleben herangewachsen, das schon bald stark genug war, um auf fremde Traditionen einzuwirken.[3] Gerade das Schweizer Theater unseres Jahrhunderts ist durch eine Reihe von originalen Impulsen gekennzeichnet, und dies auf den verschiedensten Gebieten: die Freilichtbühne, und, eng damit verknüpft, das von der Gemeinschaft getragene Festspiel im Sinne Rousseaus; der von Arthur Honegger, Frank Martin und Rolf Liebermann geleistete Beitrag zum Musikdrama; die schwierige Kunst der Pantomime und des Clowns: hier hat die Schweiz eine frische Experimentierlust bewiesen, die ihr im Ausland verdankt wurde. Es waren aber drei andere Beiträge, die den Rang des modernen Schweizer Theaters im Lande selber und dann weltweit begründeten: zu Beginn des Jahrhunderts die Reform des Genfers Adolphe Appia im Sinne einer radikal anti-realistischen Stilbühne; dann, während des zweiten Weltkrieges, das Zürcher Schauspielhaus als Bastion des Widerstandes; und nach dem Krieg die Begründung der neuen Schweizer Dramatik durch Max Frisch und Friedrich Dürrenmatt.

Der Mann, dem das vorliegende Profil gilt, war in entscheidendem Masse an der Formung dieses modernen Schweizer Theaters beteiligt, ja in manch einem der wichtigen Beiträge war es sein persönlicher Impuls, der den Anstoss gab. Oskar Wälterlins Leistung ist heute unumstritten und international anerkannt. Junge Schweizer Theaterschaffende haben ihm wiederholt ihren Dank gezollt, und dem Ausland erscheint er zu Recht als einer der massgebenden Figuren der neueren Schweizer Bühne. Wälterlin selber wusste genau um diesen Beitrag. Ohne Überheblichkeit, aber mit Stolz, hat er im Alter oft auf seinen unermüdlichen Einsatz und seine gegen Widerstände erkämpften Erfolge hingewiesen. Ein Überblick über seine Tätigkeit zeigt, dass dieser Einsatz nicht auf eine Sparte der Theaterarbeit beschränkt blieb. Der Vorstoss auf verschiedenen Fronten der künstlerischen Betätigung war so ein Hauptgrund für die vielseitig befruchtende Wirkung, die für ihn als charakteristisch bezeichnet werden kann.

Mit all den schon erwähnten Schweizer Beiträgen zum modernen Welttheater war die Arbeit Wälterlins direkt verknüpft. Das Festspiel etwa, mit dem er sich mehrmals auseinandergesetzt hat, bot ihm über das Folkloristische oder Patriotische hinaus die Möglichkeit, ein von der Bürgerschaft getragenes künstlerisches Ideal ins Szenische umzusetzen. Auch mit dem zweiten angeführten Beitrag der Schweiz, dem Musikdrama, bleibt sein Name eng verbunden. Als Mentor junger Komponisten verhalf er der neuen Schweizer Oper nach dem Krieg zu starken Impulsen. Auch dem dritten Beitrag, der Pantomime, galt Wälterlins ganzer Einsatz. Sein Programm zur Basler Theaterschule räumte dieser schwierigen Kunst einen wichtigen Platz in der Ausbildung des Schauspielers ein.

Als entscheidend müssen jedoch in erster Linie seine Beiträge zu den drei grossen Etappen des Schweizer Theaters im 20.Jahrhundert genannt werden. Hierbei nimmt die

Zusammenarbeit mit Adolphe Appia einen ganz besonderen Platz ein, denn sie hat, wenn auch auf Umwegen, die theatralische Umsetzung von Richard Wagners Musikdramen über Jahrzehnte hinweg beeinflusst. Appia und Wälterlin sahen sich geeint im Kampf gegen die Tradition des späten Bühnenrealismus. Es war ein schwieriger und alle Kräfte erfordernder Kampf, denn trotz früherer von verschiedener Seite unternommener Angriffe konnten sich die Traditionalisten hartnäckig behaupten. Seit der Mitte des 19. Jahrhunderts hatte der Bühnenrealismus seinen Anspruch als beherrschender Stil geltend gemacht. Dramatik, Regie, Bildgestaltung und Schauspielkunst waren gleichermassen vom Kodex der realistischen Ästhetik geprägt. Die Vormachtstellung der Realisten schien absolut. Doch ihr unbedingter Anspruch musste zur Rebellion der jüngeren Kräfte führen. Die Jahrhundertwende brachte die Zäsur. In vereinzelten, oft tollkühn anmutenden Hieben wurden dem Koloss des Realismus Stösse versetzt. Neben dem Engländer Gordon Craig war der Genfer Adolphe Appia die zweite massgebende Figur in dieser mutigen Herausforderung all jener traditionellen, aber in der Tradition erstarrten Werte des Bühnenrealismus. Appias Leistung ist heute unumstritten; sie ist mit Recht als einer der epochalen Beiträge zum modernen Welttheater bezeichnet worden. Wälterlins Freundschaft und enge Zusammenarbeit mit diesem Riesen der Bühnenkunst rückt damit auch den Basler in den Rang der führenden Reformer.[4]

Oskar Wälterlins Einsatz für Wagners *Ring* im Sinne einer streng stilisierten Bildkunst bleibt die in bühnenpraktischer Sicht wohl wichtigste Leistung des Basler Regisseurs. Und doch ist im Bewusstsein der Öffentlichkeit auch heute noch sein Name in erster Linie mit dem Schauspielhaus Zürich verbunden.[5] Die Gründe für diese alles andere überschattende Identifizierung sind leicht erkennbar. Während die Basler Zusammenarbeit mit Appia eine künstlerische Tat war, wurde die Arbeit am Zürcher Pfauentheater während des Weltkrieges über das Künstlerische hinaus zu einem politischen Akt. Die ideologische Gleichschaltung aller Bühnen in Deutschland und dann auch im besetzten Österreich hatte das deutschsprachige Theater in eine schwere Krise gestürzt. Jedes künstlerische Eigenleben musste sich nun dem unbedingten Dogma der Partei unterordnen. Eine scharf durchgeführte Zensur in Fragen des Spielplans und der Personalpolitik erschwerte, ja verunmöglichte jede frei schaffende künstlerische Arbeit. Das deutschsprachige Theater, so lange von einer grossen Tradition geprägt, schien in seinem innersten Lebenskern bedroht.

Es war die Leistung Oskar Wälterlins, diesen zersetzenden Kräften mutig entgegengewirkt zu haben. Während die militärische Übermacht des Faschismus alle vier Nachbarländer fest im Griff hielt, und die kleine Schweiz sich als Insel der Demokratie zu behaupten hatte, baute Wälterlin beharrlich, von einem fast missionarischen Eifer getrieben, das Zürcher Schauspielhaus zu einer Bastion des Widerstandes aus. Hier verband er die von der deutschen Bühne Vertriebenen mit den Schweizer Kollegen zu einer Gemeinschaft, die das Ideal der Demokratie im Sturm der Ereignisse kompromisslos in die Tat umsetzte. In Zeiten schwerer Bedrängnis Kunst und Verantwortung in einen Einklang gebracht zu haben, war so der ausserordentliche Beitrag Wälterlins zum modernen Schweizer Theater.[6]

Die physischen und moralischen Verwüstungen des Faschismus hatten das deutsche Theaterleben unmittelbar nach Kriegsende zu einem fast vollständigen Stillstand gebracht. Die aufgezwungene oder opportunistisch willkommene Pervertierung der Werte, der Verrat an der grossen Tradition, bewirkten nach 1945 in Deutschland eine Lähmung der künstlerischen Kräfte, sodass ein Neubeginn als schwierig, ja in seiner Möglichkeit gar als bedroht erschien.

Die geschlagenen Wunden waren zu tief. Das Misstrauen der deutschen Sprache gegenüber, die sich als fügsames Werkzeug hatte missbrauchen lassen, versperrte der neuen deutschen Dramatik einen direkten Weg zur internationalen Anerkennung.[7]

Die Schweiz aber hatte durch alle Stürme der Kriegsjahre hinweg ihr demokratisches Ideal behauptet und ihre sprachliche Integrität bewahrt. Es darf daher nicht erstaunen, dass der Neubeginn des deutschsprachigen Dramas von diesem unbelasteten Boden her ganz wesentliche Impulse erhielt. Oskar Wälterlin war an diesem Neubeginn entscheidend beteiligt. Er wusste um die Zäsur, die das Kriegsende gesetzt hatte, und er war überzeugt von der Notwendigkeit eines raschen und mutigen Wiederaufbaus. Das Schauspielhaus als anerkannte Bastion der demokratischen Ideale schien ihm der natürliche Ausgangsort für eine neue Dramatik in deutscher Sprache. Mit Energie und einem fein entwickelten literarischen Sinn spürte er junge, noch unerprobte Autoren auf, leitete sie mit Rat und förderte die Besten unter ihnen mit einer Aufführung am Pfauentheater. Aus dieser Pflege der neuen Schweizer Dramatik wuchsen die beiden führenden Figuren, Max Frisch und Friedrich Dürrenmatt. Ihre weit über die Heimat reichende, internationale Anerkennung öffnete nun dem deutschen Drama selber, nachdem die Vorbehalte überwunden waren, wieder die Bühnen der Welt. An diesem kulturpolitisch wichtigen Akt war Wälterlin mit seiner Zürcher Dramaturgie als ein massgebender Architekt beteiligt.

Die Zusammenarbeit mit Appia; die Leitung des Schauspielhauses; die Zürcher Dramaturgie: der Einsatz für diese drei Hauptpfeiler seiner Theaterarbeit mag vergessen lassen, dass Wälterlin noch in vielfältig anderer Beziehung mit der Welt der Bühne verbunden war. Zu oft überschatteten jene drei grossen Leistungen das übrige Werk, obwohl gerade diese kleineren, weniger beachteten künstlerischen Erfahrungen ihm selber im Rückblick auf sein Leben viel bedeuteten. Dies gilt etwa für seine Arbeit als Schauspieler. Nur vereinzelt wurde in den Nachrufen auf diese frühe Tätigkeit hingewiesen, und doch war ihm die Schauspielerei ein echtes Anliegen, dem er sich als junger Mann ganz hingab; sie war damit mehr als ein blosser Prolog zur Regie. Die Arbeit auf der Bühne zwang ihn zur engsten Auseinandersetzung mit den grossen Werken der dramatischen Literatur und auferlegte dem oft ungestümen jungen Künstler ein notwendiges Mass an Disziplin im Einsatz theatralischer Mittel.[8]

Neben der Schauspielerei, die sich auf die frühen Jahre beschränkte, steht auch die lebenslange Beschäftigung als Autor im Schatten der drei grossen Einsätze. Wälterlin hat gerade diese Verkennung seiner Tätigkeit als Prosaist, zur Hauptsache aber als Dramatiker, sehr bedauert. In immer neuen, aber im Ende vergeblichen Anläufen, hat er versucht, sich als Autor zu behaupten. Nur vereinzelt gelang ihm hier ein Durchbruch zur Öffentlichkeit. Auch Wälterlins Arbeit als Pädagoge blieb ein Fragment. Der unerwartete Tod brachte die sorgfältigen Vorbereitungen zur Basler Theaterschule zum Stillstand.

Oskar Wälterlins Leben war reich; reich an Erfüllung und Enttäuschung. Viele seiner künstlerischen Ideale konnte er rein in die Wirklichkeit der Bühne umsetzen, aber er sah sich auch wiederholt zum Kompromiss, ja zur Aufgabe gezwungen. Was ihn trotz aller Widerstände beharrlich seinen Weg gehen liess, war ein unerschütterlicher Glaube an das Theater. Seine ganze Lebenskraft galt bis zum Ende dem Ziel, der Bühne verantwortlich zu dienen. Es war ein Leben für das Theater.

Der Plan, dieses Leben nachzuzeichnen, drängte sich unmittelbar bei der Nachricht von Wälterlins Tod auf. Überzeugt von der Wichtigkeit der Figur für das Schweizer

Theater, und getragen vom Willen, der flüchtigen Welt der Bühne durch eine Beschreibung entgegenzuwirken, sollte der Mensch und Künstler aus unmittelbarer Erfahrung festgehalten werden. Verschiedene Umstände haben diesen Plan immer wieder verzögert. Erst heute, fast zwei Jahrzehnte nach seinem Tod, liegt hiermit das Lebensbild vor. Vielleicht ist es besser so. Damals, unter dem Eindruck des plötzlichen Todes, hätte die Trauer um den Verlust eines Freundes die Beschreibung zu persönlich gefärbt. Heute ist in zeitlicher Perspektive eine gerechtere Würdigung möglich.

Das vorliegende Profil ist nicht eine Biographie im herkömmlichen Sinn des Wortes, die minutiös den Ablauf eines Lebens von Tag zu Tag beschreibt. Vielmehr soll dieses Lebensbild die grossen Hauptlinien im Leben und im Werk Wälterlins nachzeichnen. Es erfüllt damit einen doppelten Zweck. Einerseits soll versucht werden, den privaten Menschen lebendig zu machen; und anderseits soll sein Beitrag zum modernen Schweizer Theaterschaffen in den wichtigen Etappen beschrieben und erläutert werden. Zusammen soll sich dieses Bild zu einer Einheit fügen, in der die private Überzeugung des Menschen und die öffentliche Leistung des Künstlers klar zutage treten. Wälterlin selber hat die enge Verknüpfung von persönlichem Anspruch und künstlerischem Ausdruck immer betont. Es lag daher nahe, im vorliegenden Lebensbild diesem Zusammenspiel besondere Aufmerksamkeit zu schenken.

Das Ziel der Arbeit ist somit klar umschrieben. Aus dem engmaschigen Netz des modernen Schweizer Theaters soll ein wichtiger Strang herausgelöst und einer Beobachtung unterzogen werden. Die Methode der Arbeit fügte sich ganz diesem Ziel. Es galt, in geduldiger Kleinarbeit alle Zeugnisse zu sammeln, kritisch zu sichten und dann in den weitgespannten Bogen des Lebensbildes einzubauen. Quellen verschiedenster Art standen bei dieser Sammlertätigkeit zur

Verfügung. Zunächst erwiesen sich die gedruckten Zeugnisse als sehr hilfreich: Bücher, Aufsätze in Theaterzeitschriften, Zeitungsartikel, Notizen in Programmheften, sowie alle im Druck erschienenen Arbeiten von Wälterlin selber, so etwa seine Dissertation, die Schriften zum Theater in Buch- oder Aufsatzform und seine Versuche in Drama und Prosa. Die Fülle des gedruckten Materials wurde durch die umfangreichen Quellen in Manuskript-Form ergänzt, wobei sich hier Tagebucheintragungen und Briefe als besonders ergiebig erwiesen. Eine dritte Quelle der Information bildeten die ausführlichen Gespräche, zu denen sich Verwandte, Freunde und Mitarbeiter Wälterlins selbstlos zur Verfügung stellten. Hier drängte sich das Gebot der kritischen Sichtung geradezu auf. Es galt, die schwärmerische Bewunderung und die gehässige Anklage als solche zu erkennen und der gemessenen, objektiven Würdigung unterzuordnen. Eine vierte, entscheidende Quelle waren die langen Unterhaltungen mit Oskar Wälterlin selbst, ja sie bilden in vielem den Grundstock für die Arbeit als Ganzes.[9]

Die Zeichnung dieses Lebensbildes glich so der Arbeit an einem Mosaik. Hunderte von einzelnen Steinen mussten sich zu einer Einheit fügen. Jeder Stein sollte sichtbar bleiben, und doch musste das Bild in seiner Ganzheit die eigentliche Wirkung tun. In diesem Blick auf das Gesamtwerk können wir hoffen, dem Menschen und Künstler Oskar Wälterlin gerecht zu werden, dem das Schweizer Theater so viel verdankt.

1. Kindheit und Jugend

Oskar Wälterlin wurde am 30. August 1895 in Basel geboren. Sowohl sein Vater Leonhard wie auch seine Mutter Julia, geborene Siegrist, waren ursprünglich Baselbieter. Die Vorfahren, bis zur unmittelbar vorangehenden Generation, waren in der Landwirtschaft tätig gewesen. Erst Leonhard Wälterlin brach diese Linie, als er sich zunächst in der Kantonshauptstadt, dann in Basel selber zum Kaufmann ausbilden liess, und gleich nach dem Diplomabschluss für die Basler Lebensversicherungsgesellschaft zu arbeiten begann. Der Vater war ein pragmatisch gesinnter, nüchterner, gar ein wenig spröder Mann, der besonders nach seiner Beförderung zum Prokuristen ganz von seiner Arbeit in Anspruch genommen wurde. Und doch lässt sich das Erbteil des jungen Wälterlin im Bild des Vaters erkennen. Zielstrebigkeit, Ausdauer und ein bäuerlich gesunder Menschenverstand sollten später auch den Sohn kennzeichnen. Das Verhältnis zum Vater war entspannt, aber nie sehr herzlich. Der Sohn genoss die Spaziergänge und Zoobesuche an Feiertagen, zu denen ihn der Vater mitnahm, vermisste aber doch die menschliche Wärme, die ein abendliches Zusammensein bei Bastelarbeit oder Lektüre hätte vermitteln können. Doch die Verpflichtungen des Berufes nahmen den Vater ganz gefangen, sodass für die zeitraubende Pflege der Kindererziehung nur wenig Zeit blieb. Wegen dieser zurückhaltenden Art des Vaters nahm die Mutter eine umso wichtigere Rolle für den aufwachsenden Knaben ein. Sie besass die Wärme und das geduldige Interesse für die Belange des Kindes, die der kleine Wälterlin im Vater vermisste. Bei der Mutter fühlte sich der Knabe verstanden und geborgen. Sicher führend und anleitend, ging sie doch im Rahmen des Möglichen auf seine Wünsche ein. Der Knabe fand bei ihr Trost für Enttäuschungen und Hilfe für seine vielen jungenhaften Interessen. Die Mutter wurde ihm so zu einem Beispiel des unerschütterlich treuen, hilfsbereiten und herzlichen Menschen.

Die enge Verbundenheit mit der Mutter brachte es mit sich, dass der Knabe nur zögernd Bindungen mit Menschen ausserhalb des Haushaltes aufnahm. Der junge Wälterlin entwickelte sich nie zum verschlossenen Eigenbrötler, dazu war er viel zu neugierig gesinnt; aber das Verhältnis zur Mutter liess ihn ganz gefühlsmässig den Wert echter Bindungen erkennen, die ihm so viel mehr bedeuteten als flüchtige Bekanntschaften. Der Freundeskreis des Knaben blieb denn auch zahlenmässig recht beschränkt; den wenigen aber galt seine unbedingte Treue.[1] Diese Bescheidung auf sich selbst und einen kleinen Kreis gewährte dem Knaben viel Freizeit, die er jedoch immer sinnvoll zu nutzen wusste. Auch wenn er allein gelassen war, hat er sich nie gelangweilt, sondern erfindungsreich die Zeit gefüllt. Das Zeichnen mit Ölstiften, Scherenschnitte, ganz besonders aber das Spiel mit seiner Sammlung von Puppen, Marionetten und Zinnsoldaten wurde zur liebevoll gepflegten Beschäftigung.

Dieses ganz freie Spiel des Knaben mit sich selber wurde schon sehr früh, wie natürlich, und ohne direkte Anregung von aussen, in Bahnen gelenkt, die einen Grundimpuls für das Theater verrieten. Gewiss, der Drang sich zu verkleiden, sich selbst vor dem Spiegel und die Familienangehörigen mit immer neuen Identitäten zu verblüffen, war fast allen Kindern seiner Altersgruppe gemein; aber was bei den meisten nur Spielerei und Zeitvertreib war, wurde für den jungen Wälterlin zu einer Leidenschaft. Der Urtrieb des Verkleidens, der Maskierung war mächtig in ihm wirksam.

Noch im Vorschulalter kam eine zweite theaterbezogene Beschäftigung hinzu, das Kasperltheater. Seitdem der Knabe im Haus von Freunden eine Puppenaufführung gesehen hatte, war er entschlossen, sich selber eine kleine Bühnenwelt zu schaffen. Zunächst noch recht unbeholfen, dann immer erfindungsreicher und geschickter, baute er sich aus Karton, dann aus Holz ein Spielgerüst, bemalte es, schnitzte die Figuren, schneiderte die Kostüme, brachte einen Rollvorhang an und begann das Spiel. Das handwerkliche Geschick ergänzte sich mit einer ganz elementaren Fabulierlust. In immer wieder neuen Abwandlungen wurden die Figuren des Spiels in kleine, selbsterfundene Geschichten verwickelt. Der junge Wälterlin war hier ganz sein eigener Meister. Als Ansager, Sprecher, Puppenmanipulator und Requisiteur in einer Person unterhielt er seine Familie, Verwandte und Freunde, ja seine mittwochabendlichen Vorführungen wurden zu einer von den Gleichaltrigen beneideten und von den erwachsenen Nachbarn bewunderten Tradition.

Diese kleinen selbsterfundenen Spiele zuhause fanden eine anregende Ergänzung in alten schweizerischen oder lokal-baslerischen Traditionen, deren bunte Theatralik den Knaben lebhaft beeindruckte. Die erste dieser Formen war die Marschmusik, die in ihrem eigentümlichen Zusammenspiel von Klang, Farbe und Bewegung den jungen Wälterlin immer wieder in ihren Bann zog. Die prächtigen Uniformen in ihren leuchtenden Farben; die Disziplin aller Spieler im genau geübten Gleichschritt; die eigentümlich geschwungene Form der Blasinstrumente; die energische, laute, von einem Tambourmajor angeleitete Musik: für den Knaben Wälterlin wurde der Durchzug der Marschkapelle zu einem Erlebnis voller Dramatik. Wenn die Marschmusik sich mit andern Schauformen wie Kavallerie-Paraden und Fahnenaufmärschen zu ganzen Umzügen zusammentat, dann erfüllten sich für den Jungen all die Wunschbilder, die historische Erzählungen in ihm geweckt hatten.

Diese Form des öffentlichen Umzuges fand im Kalenderjahr Basels mit der Fasnacht ihren unbestreitbaren Höhepunkt. Mit froher Erwartung und Neugierde verfolgte der Knabe schon die Vorbereitungen zu dieser eigenartigen Tradition. Das Üben der Trommler und Pfeifer in den Vereinssälen der Wirtshäuser; das Bemalen der Laternen in den alten Höfen; und endlich die Ankunft des Wilden Mannes auf dem Floss: all dies steigerte die Vorfreude für die drei Tage der Fasnacht selbst. Für den jungen Wälterlin verwandelte sich während dieser Festtage die ganze Innerstadt in eine grosse Bühne. Vom gespenstischen Morgenstraich des Montags über die Guggenmusik vom Dienstag zu den grossen Umzügen am Mittwoch liess sich der Knabe, soweit es sein Alter erlaubte, nichts entgehen. Die einzelnen Trommler und Pfeifer in den verwinkelten Gassen der Altstadt; die lange Reihe der grossen Schauwägen; die bunt bemalten Laternen; das Vortragen der Schnitzelbänke; die phantasievollen Kostüme: die drei Tage der Basler Fasnacht wurden zu einem Fest, das den Sinn für die theatralische Aktion im jungen Wälterlin schärfte.

In dieser knabenhaften Neugierde für das bunte Treiben der Basler Fasnacht zeigte sich nicht nur die Freude an jeder theatralischen Aktion, sondern in einem viel allgemeineren Sinne eine Leidenschaft, die auch später den erwachsenen Mann bestimmen sollte. Es war dies der Drang, in einer genauen, selbst kleine Einzelheiten aufnehmenden Beobachtung die unmittelbare Umwelt kennenzulernen. Geduld und Scharfsinn verbanden sich hier schon früh zu einer nützlichen Begabung: im Vorschulalter etwa boten die fast täglichen Spaziergänge mit der Mutter, besonders auf den Basler Marktplatz, eine unterhaltsame Schulung für die Beobachtungsgabe des Knaben. In der Schulzeit hat der junge Wälterlin dieses Auge für die oft nebensächlich erscheinenden, und doch so charakteristischen Formen des Alltags weiter geschärft. Mit dem Heranwachsen verlagerte sich der Schwerpunkt von der umfassenden Beobachtung zu einem genauer umgrenzten Studium des menschlichen Verhaltens. Durch eine geradezu seismographisch präzise Aufnahmefähigkeit erfasste Wälterlin die Menschen, denen er direkt oder nur in der Beobachtung begegnete. Gesichtsausdruck, Körperhaltung, Gestik, Kleidung, sprachliche Eigentümlichkeiten: bedächtig sammelte er alle erfassbaren Auskünfte, und schuf sich damit über die Jahre einen ungewöhnlich reichen Einblick in die immer wieder verschiedenartige Natur des einzelnen Menschen. Im Rückblick auf sein Leben hat er dieser unablässigen Menschenbeobachtung einen hohen Wert beigemessen, da sie ihm als Schauspieler und Regisseur bei der Rollengestaltung wertvolle Dienste geleistet hat. Der Alltag mit seinem personen- und handlungsreichen Spiel trug so zur Formung der theatralischen Einbildungskraft bei.[2]

Es kann daher nicht verwundern, dass während der frühen Schuljahre Wälterlins ganzer Einsatz jenen Fächern galt, die in irgendeiner Weise, auch indirekt, diese theatralische Phantasie anregten. An erster Stelle muss hier der Geschichtsunterricht genannt werden. Das Interesse des Knaben an diesem Fach war ungewöhnlich stark. Was ihn an den Stoffen anzog, war aber vorerst weniger der historische Gehalt als die unendlich dramatischen Möglichkeiten, die in jeder geschichtlichen Episode geborgen waren. Die bunte, panoramisch weite Vielfalt der Geschichte erschien dem aufnahmegierigen Jungen wie ein grosses, vielaktiges Schaustück. Die später als Gymnasiast verfassten Gespräche historischer Persönlichkeiten in Dialogform waren ein früher Versuch, den in sich schon dramatischen Stoff der Geschichte für das Drama selber nutzbar zu machen.

Der Sprachunterricht bot den zweiten wichtigen Ansporn für die Beschäftigung mit Drama und Theater. Während die im Griechischkurs behandelte Epik indirekt den Sinn für eine zügig gebaute Handlung schärfte, vermittelten die Deutschstunden durch das Studium der klassischen Dramatik einen unmittelbaren Brückenschlag zur Welt der Bühne. Besonders die mit verteilten Rollen vorgenommene Lektüre von Kernszenen aus Schillers Stücken, wie sie am Humanistischen Gymnasium zur Tradition geworden war, wirkte auf den jungen Wälterlin wie die Entdeckungsreise in eine ihn immer stärker fesselnde Welt.

Die Jahre am Gymnasium waren für Wälterlin trotz der harten Arbeit und der ihm oft zu gestreng erscheinenden Disziplin eine Zeit der Anregung. Viele seiner später bekundeten Interessen fanden hier durch die Vermittlung von Lehrern und Lehrstoff ihren Anfang. Eine dieser mächtig durch die Schule, besonders durch den Deutschunterricht, angeregten Leidenschaften war das Lesen. Schon in der frühen Gymnasialzeit wurde Wälterlin ein regelmässiger Benutzer der kleinen Schulbibliothek. Als deren Bestände seinem Leseeifer nicht mehr genügten, lieh er sich bei Lehrern Bände aus, kaufte sich mit emsig gespartem Taschengeld Bücher und wurde im Jahr der Matura ein Mitglied der Allgemeinen Lesegesellschaft am Münsterplatz, deren reiche Sammlung in den hohen, ruhigen Räumen mit dem Blick auf den Rhein ihn anzog. Weit über die Pflichtlektüre der Schule hinaus hat sich der junge Wälterlin mit den verschiedensten Gattungen, Stilen und literarischen Epochen auseinandergesetzt. Von einem unersättlichen Leseeifer angespornt, erarbeitete er sich eine reiche literarische Erfahrung. So neugierig er sich auch die Vielfalt aneignete, so deutlich zeigten sich ihm schon bald bestimmte Vorlieben. Die Lyriker des 19. Jahrhunderts nahmen hierbei einen ganz besonderen Platz ein.[3] Sein Landsmann Gottfried Keller, dann Mörike, in erster Linie aber Eichendorff hielten den jungen Leser ganz gefangen, und er lernte viele ihrer Gedichte auswendig. So eng war diese Aneignung, dass er bis ins Alter hinein die ihm liebsten noch im genauen Wortlaut vortragen konnte. Auch die umfangreiche Epik des 19.Jahrhunderts lernte er in unablässiger Lektüre genau kennen. Was ihn bei den grossen Realisten der französischen und russischen Tradition besonders beeindruckte, war deren Fähigkeit, auch noch die feinsten Schwingungen in den Figuren aufzuzeichnen. Dieser Einblick in die oft labyrinthisch verzweigte Eigenwelt jedes Charakters sollte später sowohl den Regisseur als auch den Prosaisten Wälterlin prägend beeinflussen.[4]

Trotz der grossen zeitlichen Beanspruchung durch die Lektüre versäumte der heranwachsende Wälterlin kaum einen der vielen musikalischen Anlässe, die ihm die Musikstadt Basel bot. Die sonntagabendlichen Konzerte in der Akademie, die Aufführungen der Orchestergesellschaft und der Liedertafel, die kammermusikalischen Gruppen und die Einzelgastspiele bekannter Solisten: solange es sein Taschengeld erlaubte, liess er keine Möglichkeit ungenutzt. Die starke Erlebnisfähigkeit machte einige dieser Konzerte zu unvergesslichen Erfahrungen. Anschaulich, immer noch beflügelt, mit einem erstaunlichen Gedächtnis für Einzelheiten, konnte sich der alte Wälterlin selbst an frühe Eindrücke erinnern. Unter ihnen kam der *Matthäuspassion* im Basler Münster ein besonders hoher Wert bei. Das Zusammenspiel zweier zur Vollendung gebrachter Formen, der Musik und der Architektur, prägte sich dem Jungen unvergesslich ein. Wälterlins Verhältnis zur Musik blieb aber nicht passiv bestimmt. Als Mitglied der Singeliten am Humanistischen Gymnasium nahm er mitschaffend am reichen musikalischen Leben Basels teil. Als Sopran, dann nach dem Stimmbruch als Bariton, machte er sich mit dem Choralwerk vertraut. Gerade die Weihnachtskonzerte in der Martinskirche wurden zu schönen Beispielen eines begeisterten musikalischen Einsatzes.[5]

Diese Liebe zur Musik wirkte als eine der stärksten

Leidenschaften in Wälterlins Leben. Wie jede echte Leidenschaft war sie nicht angelernt, sondern dem Kind mitgegeben. Neugierig erweiterte sich der Knabe und dann der junge Mann seine musikalische Erfahrung. Die jugendliche, noch ganz unbegrenzte Aufnahmefähigkeit eignete sich die verschiedensten Formen und Gattungen der Musikliteratur an. Während der späten Gymnasialjahre hoben sich dann immer deutlicher die Vorlieben ab, die ihn mit geringfügigen Verlagerungen bis zum Lebensende bestimmen sollten. Einer der Hauptpfeiler war das umfangreiche Werk Bachs. Die Motetten, Konzertarien, das Orgelwerk, ganz besonders aber die Passionen gehörten zum engsten Kreis seiner Vorlieben. Als Gegenstück zu dieser gewaltigen Architektur Bachs band Wälterlin eine enge Beziehung zur romantischen Schule, besonders zu deren Kleinform. Die Kammermusik, in erster Linie aber die Lieder Franz Schuberts, schienen ihm vollkommene Gebilde; als Sänger hat er sich unter Freunden hin und wieder in dieser schwierigen Kunst erprobt. Auch den Komponisten der eigenen Generation schloss er sich später auf, und auch hier standen ihm einige Künstler besonders nahe, so etwa Paul Hindemith, Carl Orff und die beiden Landsleute Arthur Honegger und Othmar Schoeck, mit dem ihn in späteren Jahren eine gute Freundschaft verband. Als ein Musikliebhaber mit einem untrüglichen Gehör und als ein genauer Leser der Partituren stellte Wälterlin hohe Ansprüche. Den einmal in den engen Kreis miteinbezogenen Komponisten aber hielt er die Treue.

Trotz der zeitlichen und stilistischen Verschiedenartigkeit seiner Auswahl lässt sich doch in den erwähnten Vorlieben eine Konstante ablesen, nämlich die Bevorzugung der Vokalmusik. Wälterlin selber hat im Gespräch oft auf diese Vorliebe hingewiesen. Für ihn befriedigte der Gebrauch der menschlichen Stimme zwei Ansprüche. Die Vokalmusik, selbst wenn sie nicht für die Bühne bestimmt war, sondern für das Konzertpodium, war doch einem ursprünglich dramatischen Akt näher als die Instrumentalmusik. Wälterlins umfassende Leidenschaft für das Theater forderte hier ihr Recht. Der zweite Anspruch war eng hiermit verbunden. Das gesungene Wort stellte den Menschen in seinen Freuden und Nöten unmittelbarer in den Vordergrund als dies die reine Instrumentalmusik tun konnte. Der Gesang erhöhte das menschliche Mass, das für Wälterlin aller grossen Kunst eigen war.

Dieser humanistische Bezug führte Wälterlin wie natürlich zu jenem Komponisten, der ihn gleichsam wie ein Leitstern durchs Leben begleiten sollte, und dem seine unverbrüchliche Treue galt: Mozart. Hier schien ihm die menschliche Erfahrung am umfassendsten in Musik eingefangen. Von der noch ganz naiven Heiterkeit der frühen Singspiele bis zur Strenge und dem Ernst der *Zauberflöte* spannte sich ein weiter Bogen mit unendlich verschiedenartigen Zwischenstufen, die Wälterlin alle in einem sorgfältigen Studium der Partituren kennenlernte. Die Musik Mozarts wurde zum treuen Begleiter, der Wälterlin als Opernregisseur wiederholt diente, und die ihm in Zeiten der Bedrängnis Trost gab.

Ein reger Museumsbesuch ergänzte diese kulturelle Bereicherung durch Musik und Literatur. In der frühen Schulzeit war es besonders das Naturhistorische Museum an der Augustinergasse, das den lernbegierigen Knaben anzog. Immer wenn es seine Zeit erlaubte, schloss er sich an Sonntagnachmittagen den Führungen an. Der Saal mit den Kristallen etwa beeindruckte ihn so sehr, dass er begann, sich zuhause eine eigene Sammlung zuzulegen. Mit dem Heranwachsen des Knaben verlagerten sich seine Interessen von der Naturgeschichte zur Kunst. Da war zunächst das Historische Museum mit seinen reichen Beständen an altschweizerischem Kulturgut. Die barocken Wellenschränke, die Hinterglasmalerei, besonders aber die Beispiele der Goldschmiedearbeit nahmen den jungen Wälterlin gefangen. Sein regelmässiger Besuch galt nun auch dem Basler Kunstmuseum, das weit über die Grenzen des Landes Anerkennung als eine Schatzkammer gefunden hatte. Wie schon in der Literatur, so öffnete sich Wälterlin in der Malerei den verschiedensten Schulen und Epochen; und doch pflegte er auch hier seine ganz eigene Vorliebe. Sie galt der Porträtkunst im allgemeinen, und Holbein und seinem Kreis im besonderen. Wie im realistischen Roman bewunderte er hier die Scharfsicht und Detailsorgfalt, mit der ein Bild vom Menschen geschaffen wurde. *Der Bürgermeister Meyer,* die *Erasmus*-Miniaturen, *Der Mann mit dem Schlapphut* und das *Familienbild mit Kindern* spiegelten den einzelnen Menschen in seiner unverwechselbaren Eigenart wider. Hier fand Wälterlin auf dem engsten Raum eines Bildes das menschliche Drama eingefangen, dem später sein ganzer Einsatz als Regisseur gelten sollte.

Immer deutlicher verschuf sich aber im Lauf der Jahre eine andere Freizeitbeschäftigung ihr Recht. Die Welt des Theaters vermochte zwar die Interessen für Musik, Literatur und Malerei nicht zu verdrängen, dazu waren Wälterlins musische Vorlieben viel zu gleichgewichtig angelegt; aber die Leidenschaft für das Theater wuchs gerade in den letzten drei Gymnasialjahren so stark, dass sie jede andere Beschäftigung zurückdrängte. Das Lesen von Dramen gewann nun gegenüber der Lyrik und der Prosa die Oberhand. In einer selbstauferlegten und streng durchgeführten Disziplin erarbeitete er sich die gewaltige Menge der dramatischen Literatur, meist allein, manchmal aber auch in gemeinsamer Lektüre mit ähnlich theaterbegeisterten Kameraden. Das Kennenlernen der Grundtexte wurde durch den Besuch von Vorträgen des Theatervereins und Einführungsabenden zu den jeweiligen Premieren ergänzt. Neugierig und mit jugendlichem Schwung eignete er sich die fremdartige Welt der Bühne an.

Sie war ihm fremdartig, weil sie ihn in unerklärlicher Weise verzauberte und ganz in ihrem Bann hielt. Der junge Wälterlin hat sich diesem Bann willig hingegeben.[6]

Die Verzauberung ging vom Theater in all seinen Formen aus, etwa vom Lesen der Dramentexte und dem Studium der Theatergeschichte. Aber der eigentliche Bann kam von der Aufführung selber. Das bewegte Spiel auf der Bühne, jene sich selbst tragende Gegenwelt, schuf Bilder, die sich tief im jungen Mann einprägten. Der Theaterbesuch wurde so weit mehr als die blosse Pflichtübung eines kulturbewussten Bürgersohnes; jeder Abend im Theater wurde zu einem besonderen Anlass, der über das künstlerische Erlebnis hinaus den Besucher ansprach. Zeitnot und das eng bemessene Taschengeld allein konnten die Neugier des jungen Wälterlin zügeln. Er war ein zu selbstbewusster Schüler, um seine Leistungen am Gymnasium zu vernachlässigen. Dass er die reich befrachtete Freizeit voll nutzen konnte, ohne den anspruchsvollen Schulbetrieb zu gefährden, spricht für die Selbstdisziplin und den harten Arbeitseinsatz, der ihn auch später als Berufstätigen immer wieder kennzeichnen sollte. Die Aufnahmefähigkeit gerade des jungen Theaterbesuchers schien grenzenlos. Noch recht unbekümmert um strenge künstlerische Maßstäbe sah er sich fast jede Neuinszenierung des Stadttheaters an. Ob Operette oder Drama, der kleine Einakter oder die grosse Oper, ob Kinderstück oder Ballett: von all den Formen liess er sich zunächst gleichmässig beeindrucken. Mit den Jahren wuchs aber die Erfahrung und damit das Unterscheidungsvermögen. Im unablässigen Vergleichen und Abwägen schärfte sich sein Sinn für dramatische und theatralische Werte. Er schuf sich Maßstäbe, die nun bindend wurden und seine Theaterbesuche wählerischer machten. Die Überzeugungskraft des Schauspielers; die Werktreue der Regie; der Einklang aller bildlichen Mittel; die dramaturgische Gestaltung des Programmheftes: der junge Wälterlin entwickelte sich so ganz natürlich, aus der genauen Beobachtung der Bühnenarbeit, eine Ästhetik des Theaters.

Noch im Alter konnte sich Wälterlin lebhaft an jene frühen, formenden Theatereindrücke erinnern. Sie waren oft der Höhepunkt der ganzen Woche und prägten sich dem aufnahmegierigen Knaben als sinnliche Erfahrung tief ein. Vom Basler Festspiel des Jahres 1901 etwa wusste selbst der erwachsene Mann mit erstaunlicher Detailsorgfalt zu berichten. Damals hatte der sechsjährige Knabe vom Margarethenkirchlein herab schon den Proben zugeschaut. Die farbenprächtigen Kostüme; die grossen Banner; Aufmärsche; der Chorgesang: das blosse Zusehen packte den Knaben derart, dass er es noch vor dem eigentlichen Theaterbesuch den erwachsenen Künstlern gleichtun wollte. Mit andern gleichaltrigen Knaben ahmte er etwa den Zigeuneraufzug und den Rosentanz nach; wie er sich später erinnerte, recht plump und unbeholfen, aber von einer unbändigen Spielfreude getragen. Noch für Wochen nach dem Ende des Festspiels blieb das Lied «Sonne ruft und Frühlingswehen» die gesungene oder gepfiffene Leitmelodie Wälterlins und seiner Kameraden. Auch in der Schulzeit prägten sich aus der Vielzahl der Theatereindrücke einige mit besonderer Kraft ein. Zu diesen noch im Alter unvergessenen Erlebnissen gehörte eine Aufführung des *Tannhäuser* in der Spielzeit 1909/10. Schon äusserlich bot der Besuch einen besonderen Reiz, da mit dieser Inszenierung der Neubau des Stadttheaters glanzvoll eröffnet worden war. Der eigentliche Grund für die Verzauberung aber war die Musik. Das von Gottfried Becker, seinem späteren engen Mitarbeiter, geleitete Orchester nahm den Knaben schon mit dem Vorspiel ganz gefangen. Auch wenn dem jungen Wälterlin der Stoff in seinen vielen symbolischen Bezügen noch verschlüsselt blieb, so wirkte Richard Wagners Klangzauber in einem Masse, das den Knaben, Jüngling und dann den Mann ein Leben lang bestimmen sollte.

Unter den frühen Theatereindrücken nahm die Oper einen ganz besonderen Platz ein. Es war eine für das Alter des Knaben recht ungewöhnliche Leidenschaft, die nur von wenigen seiner Schulkollegen geteilt wurde, sodass der junge Wälterlin meist allein die Oper besuchte. Er konnte den Hochmut jener nicht verstehen, die als alte Basler die Musik als Kunstform unterstützten, aber die Oper mit abschätzigen Bemerkungen verhöhnten. Ihm erschien gerade diese Gattung als die umfassendste aller Bühnenformen, da hier alle Zweigkünste zu einer Einheit zusammenschmolzen. Der Tanz; das Spiel; der Gesang; die Musik; das Bild: in der Verwirklichung auf der Bühne verband die Oper wie natürlich die einzelnen Kräfte zur gemeinsamen Wirkung. Diesem Zauber konnte der junge Wälterlin nicht entgehen. Jene Theaterbesuche, bei denen er sich ungestört von Schulkameraden ganz in die Opernwelt vertiefen konnte, sollten ihn fürs Leben prägen. Von den noch ein wenig zögernden Anfängen gegenüber dieser so fremdartigen Kunst, über eine immer schnellere Annäherung bildete sich ein enges Verhältnis heran, das später den Privatmann und den Berufstätigen bestimmte. Ein genaues Studium der Musikgeschichte und der Partituren machte ihm die Oper zu einem heimischen Revier. Ihr galt, über alle Beschäftigung mit anderen Kunstformen hinaus, immer wieder seine besondere Hingabe. Im regen Besuch von Oper und Schauspiel sammelte der junge Mann Erfahrungswerte, die sich durch jedes neue Theatererlebnis verfeinerten, sodass der Maturand eine Urteilskraft besass, um die ihn seine Mitschüler, selbst die theaterkundigen, beneideten.

Die Zäsur des Gymnasialabschlusses stellte Wälterlin vor eine wichtige Entscheidung: welchen Berufsweg sollte er nun einschlagen? Verschiedene Möglichkeiten, alle verlokkend, boten sich an. Er konnte das Geschichtsstudium wählen und versuchen, sich später auf diesem ihm so naheliegenden Gebiet als Lehrer zu behaupten oder sich zu habilitieren. Die immer stärker gewordene Leidenschaft der späten Schuljahre für das Theater zeigte ihm einen zweiten Berufsweg auf. Es war dies der direkte Anschluss an eine Bühne, unter Umgehung einer Hochschulausbildung. In vielem schien ihm diese praxisbezogene Theaterarbeit am verlockendsten. Hier hätte er dem in ihm erwachten schauspielerischen Impuls freien Lauf lassen können. Freunde, die um seine für das Alter erstaunliche Fachkenntnis wussten, rieten ihm zu diesem unmittelbaren Brückenschlag in die Welt der Bühne. Die Vor- und Nachteile hat Wälterlin genau abgewogen und sich dann, in gut baslerischer Art, für einen Mittelweg entschieden. Das Studium der Germanistik, mit einem Schwerpunkt auf der dramatischen Literatur, sollte das Theater und die akademische Arbeit sinnvoll verbinden. Der einmal gefällte Entschluss fiel ihm umso leichter, als er in Professor Franz Zinkernagel von der Universität Basel einen am Theater sehr interessierten Literaturhistoriker fand.[7]

Die Matrikel der Universität zeigen, dass Wälterlin in seinem vierjährigen Studiengang mit Vorliebe diejenigen Kurse der Sprachabteilungen belegte, die sich mit der Dramatik beschäftigten. Das Fehlen der Theaterwissenschaft als eigenständiges Fach brachte so auch Vorteile, da Gräzisten, Germanisten, Romanisten, ja alle sprachlichen Gruppierungen im Turnus die Vielfalt von Drama und Theater berücksichtigten, und damit unter Umständen sogar ein reicheres Spektrum boten, als es die einsträngige Theaterwissenschaft hätte tun können. Die alte Tradition Basels als Musikstadt darf jedenfalls nicht darüber hinwegtäuschen, dass dem Studium von Drama und Bühne im Lehrplan der Universität ein Platz eingeräumt wurde.

Die Wahl Basels als Studienort ergab sich aus verschiedenen Gründen wie natürlich. Neben der theaterfreundlichen Haltung verschiedener Dozenten, besonders Franz Zinkernagels, waren auch die politischen Umstände mitbestimmend. Wälterlin hatte sich im Sommersemester 1914 an der Universität immatrikuliert. Die hohen Spannungen unmittelbar vor Kriegsausbruch liessen es ratsam erscheinen, nicht jenseits des eigenen Landes Wohnsitz zu nehmen. Ein weiterer, ganz persönlich gefärbter Grund kam hinzu. Wälterlin fühlte sich eng mit Basel verbunden. Es war eine stark gefühlsbetonte Abhängigkeit, die durch die vielen schönen Kindheits- und Jugenderinnerungen gefestigt wurde. Eng hiermit verknüpft waren es Freundschaften, die ihn an seine Heimatstadt banden. Von der frühen Schulzeit über die Jahre am Gymnasium hatte sich ein grosser Kreis von Bekannten und ein kleiner von Freunden gebildet, den er vorläufig nicht aufzugeben gewillt war. Wälterlins Treue zu einmal geschlossenen Freundschaften bewies sich hier deutlich. Aber auch zum Basler Stadttheater hatte er Fäden gesponnen, die er nicht durch einen plötzlichen Wegzug abreissen lassen wollte. Gerade in der späten Gymnasialzeit gehörten Musiker, Schauspieler und Regisseure des Ensembles zu seinem Kreis; im Hinblick auf eine mögliche Mitarbeit als Volontär hielt er sich diese Brücke zu Bühnenkünstlern offen.

Einen guten Teil seiner theaterbegeisterten Schulfreunde fand Wälterlin auf der Universität wieder, selbst wenn sie andere Studienrichtungen einschlugen. Mit ihnen bildete er einen natürlichen Kern, der gemeinsam Aufführungen besuchte oder sich zu dramatischen Lesungen zuhause traf. Diese Liebe zum Theater band die jungen Studenten zu Liebhaberaufführungen zusammen, denen schon bald Wälterlin als ein geschickter Koordinator vorstehen sollte. Ziel dieser Theaterarbeit war es, das Studium der Dramatik in den Kursen durch eine praktische Auseinandersetzung zu ergänzen, aber auch ganz einfach der Spielfreude vieler Kommilitonen ein Forum zu bieten. Wälterlin hat sich bei den vielgestaltigen Aufgaben, die es hier zu lösen galt, ganz auf seinen angeborenen und dann behutsam weitergepflegten Theatersinn verlassen. Die Spiele boten ihm dabei ein reiches Betätigungsfeld und er hat sich in allen Sparten zu bewähren versucht. Das begann bei der dramaturgischen Vorarbeit. Gerade diese Aufgabe war nicht leicht, denn es galt, Stücke zu finden, die einem hohen literarischen Anspruch genügten, und doch von einer Gruppe zum Teil noch sehr unerfahrener Laien zum Leben gebracht werden konnten. Auch für die Beschaffung von Kostüm und Requisit war Wälterlin verantwortlich. Hier half eine persönliche Einsprache weiter: seine in der späten Schulzeit geschlossene Freundschaft mit dem Basler Theaterdirektor Leo Melitz öffnete ihm den ganzen Fundus des Hauses am Steinenberg. Administrative Pflichten kamen hinzu. Zunächst musste das Misstrauen, ja der Widerstand einzelner Fakultätsmitglieder gebrochen werden, denen die Universität kein Ort für praktische Theaterarbeit war. Mit Enthusiasmus und seiner gewinnenden Art hat Wälterlin in persönlichen Gesprächen diese Bedenken zerstreut. Bunte, selbstgemachte Plakate wurden nun von allen Mitspielern in Buchhandlungen, Speiselokalen und anderen strategischen Punkten angebracht, während Wälterlin mit witzigen, selbstformulierten Ankündigungen in Versform von Hörsaal zu Hörsaal zog, um kurz vor dem Vorlesungsbeginn Titel und Aufführungsdaten bekanntzugeben. Trotz dieser neugierigen Erprobung in den verschiedensten Verantwortungsbereichen, bildete doch die Regie die Hauptlast der Arbeit. Ob in Franz Grillparzers *Weh dem, der lügt*, in Mozarts *Bastien und Bastienne* oder in Hugo von Hofmannsthals *Der Tor und der Tod*: Wälterlins jahrelange, genaue Beobachtung des Theaters fand hier endlich ihre Umsetzung in die eigene künstlerische Arbeit. Die winterlichen Aufführungen in der Alten Aula und die Spiele im Garten am Ende des Sommersemesters sind noch heute den Basler Studenten jener Jahrgänge in schöner Erinnerung.

Eine weitere theaterbezogene Aufgabe kam hinzu. Wälterlin hatte sich gleich im ersten Semester einer Studentenvereinigung angeschlossen, die in jährlichen Aufführungen in einem bunten Gemisch von Scherz, Gesang und Parodie Studenten und Stadtbürger meist recht derb, doch immer witzig und mit Erfolg unterhielt. Als Anreger, Organisator und Beiträger konnte sich hier der junge Theaterenthusiast bewähren. Gerade die Verantwortlichkeit für so verschiedene Arbeitsbereiche machte die «Zofingerkonzerte» zu einer wertvollen Schulung.[8]

Diese Studentenspiele und das kluge Beobachten der Aufführungen am Stadttheater wurden für den jungen Mann zur besten Theaterschule. In einem unablässigen Abwägen der Spieler auf der Bühne erkundschaftete er den Reichtum der Möglichkeiten. Jeden Einblick setzte er in eine Erfahrung um; Wälterlin hat später immer wieder berichtet, wie ihm gerade die missglückten Leistungen anderer auf die eigenen Mängel und deren mögliche Überwindung hingewiesen haben. Die grossen Leistungen aber spornten ihn ganz unmittelbar an, obwohl der junge Autodidakt klug genug war, zu erkennen, dass die blosse Nachahmung jeden Weg zur eigenkünstlerischen Arbeit versperrt hätte. Sich anregen zu lassen, ohne überwältigt zu werden; fremde Impulse aufzunehmen, und doch ständig an einem eigenen Profil zu arbeiten, war sein Ziel. Lange Fachgespräche mit Künstlern des Stadttheaters; ein seismographisch genaues Studium ihres Handwerks vom Zuschauerraum aus oder von den Kulissen her; die Lektüre von Schauspielerbiographien: in harter Arbeit und strenger Selbstprüfung war Wälterlin hier sein eigener Lehrer.

Und doch erkannte der junge Mann noch während der Studienzeit die Notwendigkeit einer künstlerischen Anleitung, die über das Autodidaktische und Liebhaberische hinausging. Er bat Leo Melitz, den Basler Theaterdirektor, um Rat, und dieser wies ihn an den Charakterspieler Michael Isailowits, dessen Sprechunterricht schon manche Generation von jungen Schauspielern weitergebildet hatte. Isailowits war ein eigenartig versponnener, sehr zurückhaltender Mensch, der mit Lob geizte und seine Schüler dafür unerbittlich an ihre Grenzen vorantrieb. Wälterlin hat aber im Rückblick seinem Lehrer wiederholt gedankt, gerade weil Isailowits ihn von der Wichtigkeit einer präzisen sprachlichen Technik überzeugt hatte.[9]

Trotz dieser theaternahen Arbeit blieb doch die akademische Weiterbildung der Schwerpunkt von Wälterlins vier Jahren an der Universität Basel. Das Studienprogramm, das sich der junge Student zusammengestellt hatte, spiegelte jene Interessen wider, die ihn ein Leben lang bestimmen sollten. Die musikwissenschaftlichen Vorlesungen etwa bauten den Grundstock der Theorie, auf den er sich später als Opernregisseur verliess. Die Kurse in Kunstgeschichte schärften seinen Blick für Farbe, Bewegung und Komposition, Erfahrungen, die er schon bald als Bühnenleiter auf ihre Wirkung erprobt hat. Gerade die Beschäftigung mit Formen der Architektur, sei es durch Vorlesungen oder Exkursionen, entwickelte den Sinn für das Verhältnis der menschlichen Figur zum Raum, und schuf damit eine wichtige Voraussetzung für Wälterlins leichten Zugang zur Bühnenreform Adolphe Appias. Die Geschichtskurse bildeten einen weiteren Baustein seiner Ausbildung. Die gute, zum Teil aber immer noch bruchstückhafte Kenntnis wurde nun durch eine umfassende, panoramische Schau ergänzt, die Wälterlins Neugierde für alle Epochen unserer Vergangenheit bekundete. Die Philosophie bildete ein nützliches Gegenstück zum Studium der Geschichte, wobei sich der junge Student besonders für den Zweig der Ästhetik interessierte. Verschiedene

Einzelkurse rundeten das Studienprogramm ab, so etwa in den Fächern romanische und englische Literatur, Religionsgeschichte und Jurisprudenz.

Den eigentlichen Hauptpfeiler aber bildete die Germanistik. Die Wahl gerade dieses Faches ergab sich aus einem doppelten Grund. Wälterlins eigene schriftstellerische Arbeit ging in die späten Gymnasialjahre zurück. In kleinen Prosaskizzen und dramatischen Entwürfen hatte er sich mit wachsender Leidenschaft dem schwierigen Handwerk des Schreibens gewidmet. Deutsch war die Sprache, mit der er sich als angehender Autor in einem ständigen Dialog weiterentwikkelte; sie war sein Instrument geworden, in ihr fühlte er sich geborgen. Der zweite Grund war ähnlich bestimmend. Gerade durch die in eigener Erfahrung bestärkte Unmittelbarkeit zur deutschen Sprache war ihm deren Literatur besonders lieb geworden. Ihre reichen Schätze wollte er sich nun systematisch zu eigen machen.

Den entscheidenden Ansporn aber vermittelte das Schiller-Erlebnis des jungen Wälterlin. Was in den Schuljahren noch romantische Schwärmerei war, sollte nun durch ein geduldiges Studium aller Texte gefestigt werden. Die Schiller-Seminare Franz Zinkernagels boten hierzu den Rahmen. Es war dieser Kreis, der Wälterlins Entschlossenheit stärkte, Schiller zum Mittelpunkt seines akademischen Einsatzes zu machen. Zinkernagel erkannte diesen Eifer und bot dem Studenten eine Dissertation zum Thema an. Wälterlins Belesenheit in Geschichte und Philosophie legte ein Thema von dieser Ausrichtung her nahe. Es war ein Gebiet, das trotz emsiger Erforschung noch manch unbegangenen Weg offenhielt. Gerade mit den ästhetischen Schriften Schillers, allen voran mit *Anmut und Würde,* wollte sich der Student genauer auseinandersetzen. Der Drang zum Theater erwies sich jedoch als stärker. In Übereinstimmung mit seinem Doktorvater entschloss sich Wälterlin für ein Thema, das Schiller in einen viel direkteren Bezug zur Bühne stellte. Das Ergebnis seiner Arbeit war die Dissertation, die 1918 unter dem Titel *Schiller und das Publikum* in Basel im Druck erschien.

Wälterlins Arbeit war als Zwillingsstück zum Forschungsbeitrag Albert Kösters gedacht, der sich in einer 1908 in Frankfurt erschienenen Schrift mit *Goethe und seinem Publikum* beschäftigt hatte. Obwohl schon kleinere Vorarbeiten zum Thema bestanden, sollte die Dissertation zum ersten Mal den Gegenstand vollumfänglich untersuchen. Es galt, wie er sich im Vorwort selbst bescheinigte, mit «einigem Sammeleifer» aus der Fülle des sich anbietenden Materials eine überzeugend klare Darstellung des reichhaltigen Stoffes zu finden. Die Stücke selber in ihrer Buch- und Theaterfassung; die ästhetischen Schriften; der Briefwechsel mit Bühnenkünstlern, etwa mit Iffland; die Dokumente der Mannheimer Theaterarbeit: Wälterlin liess sich vom Reichtum dieser Einsichten anregen, fand aber dann eine Form, die der Komplexität gerecht wurde, und doch die Dissertation zügig und lesbar machte. Seine schriftstellerische und akademische Begabung hielt sich hier in einem schönen Gleichgewicht.

Als ordnendes Grundmuster diente der Arbeit ein dialektischer Dreischritt. In einem ersten grossen Kapitel untersuchte Wälterlin die Abhängigkeit des jungen Schiller vom Publikum. Der Dramatiker schien hier in seinem Frühwerk noch ganz vom Zeitgefühl versklavt; das Publikum drängte ihm gleichsam Denk- und Ausdrucksformen auf. Die modische Sprechweise des Sturm und Drang und der umstürzlerische Eifer der Revolutionsjahre forderten ihr Recht, und Schiller entzündete so das Publikum mit seiner politischen Anklage. Es blieb ein ganz von der Emotion, vom heftigen revolutionären Schwung getragenes Verhältnis von Autor und Zuschauer.

Das zweite Kapitel behandelte Schillers radikales Umdenken unter dem Eindruck der Kant-Lektüre. Der

Revolution der Gesellschaft stellte er nun die Erziehung des Einzelmenschen entgegen. Die willkürliche Freiheit war der sittlichen Freiheit gewichen, die alles aus freiem Entschluss dem Gesetz unterstellte. Das Publikum wurde nun nicht mehr bloss aufgerührt, sondern erzogen. Die an der Klassik geschulte ideale Form sollte dem Zuschauer im Spiegel der Kunst diese sittliche Verantwortung jedes Einzelnen näherbringen.

Mit der Rolle als Erzieher bürdete sich der Künstler eine schwere Last auf. Dieser Verantwortung dem Publikum gegenüber galt denn auch der dritte Teil, das Schlusskapitel, der Dissertation. Nicht verneinend und zerstörerisch, sondern läuternd und festigend sollte der Künstler mit seinem Werk den Zuschauer anführen und formen. In den grossen Werken der Spätzeit, allen voran im *Wilhelm Tell*, schien für Wälterlin diese ideelle Zielsetzung des Bühnenkünstlers erfüllt.

Die enge Auseinandersetzung mit Schiller sollte für den Menschen und Künstler Wälterlin ein Leben lang entscheidend werden. Der hohe moralische Anspruch etwa in der politischen Verantwortung und der unbedingte Einsatz für das freiheitliche Ideal gingen direkt in das staatsbürgerliche Bewusstsein Wälterlins ein. Als Regisseur hat er sich später an allen Werken Schillers erprobt. Seine genaue Kenntnis dieser Welt, aber eben auch seine ganz persönliche Identifizierung mit deren moral-politischen Forderung machten ihn zum idealen Vermittler. Seine Schiller-Inszenierungen sollten denn auch zum Schönsten seiner langen Bühnenlaufbahn gehören.[10]

Das Schiller-Erlebnis prägte den jungen Wälterlin somit auf vielfache Weise. Neben der politischen Schulung schärfte es sein künstlerisches Urteil, indem Sprachkleid, Charakterzeichnung und Szenenbau ihm die Möglichkeiten dramatischer Kunst in höchster Vollendung vorführten. Eine dritte, ganz persönliche Wirkung kam hinzu. Die Beschäftigung mit

Schiller sollte im Laufe der Jahre auch das Verhältnis zur Religion bestimmen. Wälterlin war im reformierten Glauben aufgezogen worden. Seine Eltern waren treue Kirchgänger, aber doch liberal genug, um dem Sohn kein starres Dogma aufzuzwingen. Gerade die Mutter wies den ganz einfachen menschlichen Grundtugenden einen höheren Wert bei als den ihr zuoft pedantisch erscheinenden Glaubenssätzen. Der ehrliche, gute Vorsatz war ihr wichtiger als der Buchstabe. Der aufwachsende Wälterlin hat diese unverkrampft offene Haltung zum Glauben von seiner Mutter übernommen. Das Studium von Schiller bestärkte ihn in diesem Humanismus, der nicht kirchenhörig war, sondern sich auf die grundsätzlichen menschlichen Werte berief. Aufklärerisches Gedankengut verband sich hier wie selbstverständlich mit Forderungen des Idealismus. Der an Kant geschulte unbedingte moralische Anspruch Schillers wurde auch für den jungen Wälterlin zur Pflicht, die es im Alltag immer wieder zu beweisen galt. Dieser weniger metaphysisch als ethisch begründete Glaube hat den Menschen und Künstler Wälterlin später in Zeiten der Bedrängnis wiederholt zu stärken vermocht.

Hier während der Jahre an der Universität zeigten sich auch schon deutlich jene Charakterzüge, die später den erwachsenen Mann bestimmen sollten. Eines dieser Kennzeichen war ein unbändiger Arbeitsdrang. Es war nicht Ehrgeiz allein, der Wälterlin antrieb, sosehr er auch äussere Anerkennung zu schätzen wusste; vielmehr entsprang der hohe Arbeitseinsatz einer nie gesättigten Neugier. Ruhe hat er sich selten, Faulheit nie gegönnt. In einem ständigen Aufnehmen und Verarbeiten reicherte er Wissen und Erfahrung an. Seine umfassende Bildung war ein Ergebnis dieser immer neuen Entdeckungsreisen. Die schöpferische Unruhe war in einer eigentümlichen Art mit einem zweiten Kennzeichen verbunden, der Geduld im menschlichen Umgang. Trotz eines vollbepackten Stundenplanes fand er immer Zeit, ratgebend auf die Belange anderer einzugehen. Zwei weitere Kennzeichen, nämlich sein Ernst in der Sache und seine Heiterkeit im Umgang, kamen ihm hierbei zugute. Nie war sein Ton trocken oder verbissen; viel eher entlockte er sich selbst und anderen in einer spielerisch-heiteren Art das Beste. Stärke und Gelassenheit wurden hier zu einem Paar. Ein Charakterzug jedoch war bestimmender als alle andern; es war dies seine Treue zu einmal geschlossenen Freundschaften. Nie hat er leichtfertig Bindungen aufgegeben; den wenigen, in strenger Selbstprüfung gewählten Freunden blieb er auch über die geographische Trennung bis zum Lebensende verbunden.[11]

Der erwachsene Wälterlin hat im Lebensrückblick lebendig und ohne Sentimentalität von seinen Kindheits- und Jugendjahren zu berichten gewusst. Sie erschienen ihm in der Gesamtschau als eine glückliche Zeit, auch wenn ihm nicht alle Wünsche in Erfüllung gingen. Dass dem Knaben etwa ein Brückenschlag zum Vater nie ganz gelang, hat den Jüngling und dann den Mann Wälterlin immer geschmerzt. Aber dieser Schatten vermochte doch das Glück der frühen Jahre nicht zu verdunkeln, besonders da ihm die Zuneigung zur Mutter und die Treue der Freunde jene unerfüllte Beziehung leichter tragen liess. Gerade diese enge Bindung zu einem kleinen Kreis von gleichgesinnten Freunden gehörte zu den schönsten Erinnerungen der Jugend.

Die menschliche Bereicherung fand im Erwachen und Erstarken des künstlerischen Impulses ihr Gegenstück. Von der Mutter und einsichtigen Lehrern gefördert und von den Freunden durch rege Ermunterung angespornt, verfeinerte Wälterlin mit jedem Jahr seine Beziehung zum Theater. Noch war es ganz eine Liebhaberei. Die Kasperlspiele, die dramatischen Rezitationen in der Schule und die Studentenaufführungen waren Stationen auf dem Weg eines theaterbegeisterten jungen Mannes, und nicht notwendigerweise Vorstufen zum Bühnenberuf. Die Offenheit und intellektuelle

Neugierde liessen Wälterlin in den Jugendjahren den gesamten Reichtum der Tradition aufnehmen, auch wenn dem Theater hierbei eine Sonderstellung zukam. Die Lehrjahre bis zur Promotion boten ihm so das Rüstzeug einer weitangelegten Bildung, auf die er sich in manch einem Beruf hätte verlassen können.

2. Anfänge in Basel

Mit der Promotion zum Doktor der Philosophie am 10.Juli 1918 war für Oskar Wälterlin ein in vieler Hinsicht reicher Lebensabschnitt zu Ende gekommen. Das Studium hatte ihm die so geliebte Welt der Literatur voll aufgeschlossen, während er menschlich durch enge Freundschaften weitergewachsen war. So schwer ihm auch der Abschied von der Universität fiel, so deutlich sah er doch, dass eine Zäsur gesetzt war, und dass es nun galt, neue Gebiete zu erobern. Wälterlin erwog hierbei verschiedene Berufswege, die dem jungen Doktorierten zunächst alle vielversprechend erschienen. Die erste dieser Möglichkeiten betraf eine akademische Laufbahn. Zwei Impulse waren bei dieser Erwägung formgebend. Während der Studienjahre war ihm die Literatur so sehr zu einem Teil seines Lebens geworden, dass er sie in einer immerwährenden Beschäftigung, eben als Dozent, fest und stetig an sich binden wollte. Nur in dieser engsten gedanklichen Auseinandersetzung konnte er hoffen, dem Reichtum der Literatur gerecht zu werden. Der zweite Impuls war ähnlich entscheidend. Wälterlin hatte sein pädagogisches Talent zwar noch nicht erproben können, doch war er, ganz intuitiv, von seiner erzieherischen Begabung überzeugt. Eine Lehrstelle an der Universität schien ihm ein doppeltes Ziel zu erreichen: er konnte die Literatur genauer studieren und die Ergebnisse dieses Studiums jungen Leuten näherbringen. Ein zweiter Berufsweg führte über den Boden der Universität hinaus, galt aber immer noch ganz der Literatur. So erschien ihm das Verlagslektorat als ein verlockendes Angebot. Auch hier war die enge Beschäftigung mit dem geschriebenen Wort Lebensaufgabe. Als kritischer Prüfer und mutiger Entdecker wollte er hier seinem Drang zur Literatur nachgeben. Der dritte erwogene Berufsweg führte noch unmittelbarer an die Literatur heran, ja er machte die Schaffung der Literatur selber zum Zielpunkt. In jugendlich unbefangenem Übermut, ja in einem romantisch anmutenden Glauben an die eigene Schöpferkraft, sah sich Wälterlin in der Rolle des Schriftstellers; des Dramatikers, aber auch des Prosaisten. Ungebunden an die stündlichen Verpflichtungen jedes anderen Berufes sollte ihm das freie Schreiben den grössten Spielraum zur eigenen künstlerischen Entfaltung bieten.

Dieser Drang zur Unabhängigkeit, der sich im dritten Berufsweg äusserte, fand seine Entsprechung in Wälterlins Wanderlust, ja der Unrast, die sich unmittelbar nach dem Studienabschluss aufdrängte. Die Jahre an der Universität hatten dem pflichtbewussten Studenten eine Disziplin auferlegt, von der er sich nun, nach der erfolgreichen Bewährung, durch einen Ausbruch ins Weite befreien wollte. Die durch den Krieg bedingte enge Bindung an Basel während der Studentenjahre hatte die grosse Abenteuerlust in ihm genährt. Die neugewonnene Freiheit wollte er sich nun auch geographisch zunutze machen. Alle Wege schienen ihm offen; so sah er sich in der Rolle des fahrenden Gesellen durch die Lande ziehen, ganz der Eingebung folgend. Dieses schon lange gehegte Eichendorffsche Ideal sollte jetzt Wirklichkeit werden. Seine unbändige Reiselust drängte ihn zu verwegenen Plänen, die weite Teile Europas einschlossen: Irland, Dänemark, Böhmen, Griechenland, Südfrankreich und die iberische Halbinsel. Einem Land aber galt seine ganze Leidenschaft, nämlich Italien. Rom, Venedig, besonders aber Florenz zogen ihn wie magisch an. Hier glaubte er eine Verwandtschaft zu entdecken, und so plante er eine lange

Reise in den Süden, die ihn nicht als Fremdling, sondern als eng Vertrauten in sein Arkadien bringen sollte. Mit der ihm eigenen Freude an der erzählerischen Ausmalung hat Wälterlin seinen Freunden und Kommilitonen von den weitschweifenden Reiseplänen berichtet. Seine sorgfältig geplanten und gerade im Hinblick auf Italien durch eine umfangreiche Lektüre ergänzten Vorbereitungen kamen jedoch zu einem frühen Abbruch. Die Kommilitonen, ja selbst die ihm näherstehenden Freunde waren über diesen plötzlichen Sinneswandel verblüfft. Die Wenigen aber, die ihn genau kannten, wussten diese Kehrtwendung zu verstehen. Wälterlin selber hatte eingesehen, dass seine zügellose Reiselust einem unreinen Doppelgrund entsprang: während ihm der unbändige Bildungsdrang, fern von allem Philistertum, immer noch als ein vollberechtigtes Motiv erschien, erkannte er die Vorstellung vom fahrenden Gesellen als ein romantisches Wunschgebilde, das ihn als besonnenen jungen Mann zeitweilig hatte ziellos schwärmen lassen. Gegen die abenteuerliche Verlockung der Ferne gewann nun das stille, im Vergleich biedermeierisch beschauliche Basel immer mehr an Grund. Die Ferne blieb ihm als Möglichkeit immer offen, und er hat denn auch später sein geliebtes Italien wiederholt besucht. Der romantische Traum vom Wandervogel aber war einem nüchterneren, auch ehrlicheren Urteil gewichen.

Die Kraft, die dem ungebundenen Wanderleben entgegenwirkte, war Wälterlins Lokalstolz, wobei der Begriff hier nicht als Floskel missverstanden werden darf. Sein Lokalstolz gründete sich in der ganz ehrlich empfundenen Achtung für die Tradition Basels. Die durch eine lange Geschichte eigentümlich geformte politische und kulturelle Einheit dieses Stadtkantons war für ihn der Ausdruck eines von der gesamten Bürgerschaft getragenen Willens. Der für die Künste so offene Wälterlin hat jedoch den Begriff des Lokalstolzes weniger politisch als ästhetisch ausgelegt. Die gewundenen Gässchen der Altstadt; die behäbigen Patriziatshäuser an der Rittergasse; die enganeinandergedrängten Läden entlang des Spalenberges; die von ihm so geliebte Ruhe des Münsterplatzes: hier fand er eine kleine, in sich tragende Welt, in der er ganz aufgehoben schien.

Diese Treue zur Heimatstadt wurde durch eine weitere Eigenheit Basels verstärkt. Wälterlin hat schon als junger Mann die Offenheit und Toleranz geschätzt, die Basel seit den Reformationswirren ausgezeichnet hatte. Der liberale Geist schien ihm diese Toleranz zu verbürgen, zumal auch die konservativen Kräfte einen offenen, aktiven Beitrag leisteten. Basels Witz, elegant, vielleicht auch scharf, nie aber verletzend, war darüberhinaus ein weiterer Grund für seine Anhänglichkeit. Humor und Humanismus waren ihm ein Zwillingspaar, und in Basel schienen sie ihm glücklich vereint.

So wie Wälterlin im Geographischen eine weise Beschränkung von der verwirrenden Vielfalt zum Reichtum in engeren Grenzen fand, so liess er auch die vielen erwogenen Berufspläne zugunsten einer klar getroffenen Entscheidung für das Theater fallen. Die anderen Berufswege schienen ihm zwar immer noch verlockend, aber die Theaterleidenschaft drängte sich jetzt übermächtig auf. Die über die Kindheits-, Jugend- und Studienjahre gepflegte Beschäftigung wurde zum unbedingten Gebot: das Theater hatte ihn voll in seinen Bann gezogen. Hier, auf dem genau umgrenzten Raum der Bühne, wollte er sich nun als Künstler bewähren.

Die Treue zu Basel und die zum Gebot gewordene Leidenschaft für die Welt der Bühne führten den jungen Wälterlin ganz natürlich an das Theater am Steinenberg. Mit dieser Bühne verknüpften ihn noch vor einer beruflichen Bindung viele künstlerische und menschliche Erinnerungen.

Als Kind hatte er hier unvergessene Aufführungen erlebt, und als Schüler und Student galt seine Bewunderung den Künstlern, deren Leistung ihm zum Ansporn wurde. Persönliche Freundschaften, so etwa mit dem Theaterdirektor Leo Melitz, festigten dieses Band. Im Kreise der Künstler am Steinenberg fühlte er sich wohl und geborgen, sodass sich eine volle berufliche Eingliederung in den Betrieb wie organisch ergab.

Als architektonische Einheit hatte das Stadttheater, dem sich Wälterlin in der Spielzeit 1918/19 anschloss, eine wechselvolle Geschichte hinter sich. Vom frühen Ballenhaus führte der Weg über verschiedene Stufen zum Bau von J.J. Stehlin-Burckhardt. Nach dem Brand von 1904 unternahm Fritz Stehlin-von Bavier den Neubau, der 1909 mit Wagners *Tannhäuser* eröffnet wurde, und der bis zum Sommer 1975 dem Basler Theater als Spielort diente. Dies war der Bau, mit dem Wälterlin als neuer Mitarbeiter vertraut werden musste. Es war ein Verhältnis, das ihm nicht leicht fiel. Trotz der eindrücklichen Fassade und den wohl ausgewogenen Ornamenten an den Rängen, der Decke und am Bühnenrahmen, waren Zuschauerraum und Bühne in ihrer Anlage und ihrem Verhältnis zueinander verfehlt. Der hufeisenförmige Zuschauerraum etwa mit seinen senkrecht übereinander gestuften vier Rängen bot von hunderten von Sitzplätzen aus eine nur mangelhafte Sicht. Die nach oben eng zylindrische Formung des Raumes schuf darüberhinaus eine tückische Akustik. Auch die Bühne selber mit ihrem unzulänglichen Flügelraum bürdete den Künstlern immer neue Schwierigkeiten auf. Es war ein Theaterbau, der Fritz Stehlins Stilsicherheit spiegelte, der sich aber in der praktischen Bühnenarbeit als immer wieder erneuerungsbedürftig erwies.[1]

Ähnlich wechselvoll wie die Baugeschichte des Theaters war die Geschichte der künstlerischen Leitung. In einem unregelmässigen Auf und Ab wurde dessen Geschick von

Persönlichkeiten verschiedener Prägung bestimmt. Die erste wichtige Figur des neuen Stadttheaters war Leo Melitz, der seit 1888 als Oberspielleiter wirkte und unmittelbar vor der Jahrhundertwende die Leitung des ganzen Hauses übernahm. In dieser Funktion blieb Melitz dem Stadttheater bis 1918, dem Eintrittsjahr Wälterlins, verbunden. Seine lange Amtsherrschaft ermöglichte ihm die Verwirklichung weit angelegter Pläne, von denen zwei sein ganz besonderer Einsatz galt. Melitz war ein tatkräftiger Förderer des schweizerischen Dramas. Unermüdlich spürte er junge Autoren auf, ermunterte sie zur Arbeit für das Theater, stand ihnen mit seiner praktischen Bühnenerfahrung ratend bei und nahm die besten Stücke zur Uraufführung an. Lange vor Wälterlins «Zürcher Dramaturgie» erbrachte Leo Melitz so den Beweis für die Tragkraft heimischer Dramatik. Die zweite formgebende Leistung des Theaterdirektors Melitz war der Einbezug wichtiger Gasttruppen in den Basler Spielplan. Das Berliner «Deutsche Theater», das Wiener «Burgtheater» und die Münchner «Königliche Oper» etwa hatten dem Knaben und jungen Mann Wälterlin Einsicht in die Spitzenleistungen europäischer Bühnenkunst geboten. Ernst Lert, der Nachfolger von Melitz, blieb nur eine Spielzeit in Basel. Sein besonderes Interesse galt der Bühnenreform, die seit der Zäsur der Jahrhundertwende in verschiedenen Strömungen ihr Recht gefordert hatte. Lert war ein ungeduldiger Neuerer, dessen Arbeit mit einem Führer der Bühnenreform, mit Adolphe Appia, zu einem wichtigen Kapitel der modernen Theatergeschichte geworden ist. Als Lerts Nachfolger leitete Otto Henning bis 1925 die Geschicke des Hauses am Steinenberg, auch er ein Mann, der Mut und künstlerischen Sinn glücklich verband, und der die frühe Laufbahn Wälterlins uneigennützig förderte.

Was waren die Aufgaben für den dreiundzwanzigjährigen Oskar Wälterlin, als ihn die Direktion des Stadttheaters vertraglich an das Haus band? Bei einer Übersicht seiner Arbeit für die Basler Bühne in den folgenden Jahren fällt zunächst der Reichtum der Ausdrucksmöglichkeiten auf. Sein Einsatz blieb nicht auf ein eng begrenztes Feld der künstlerischen Aussage beschränkt. Mit einer umfassenden Weitung der ihm innewohnenden Kräfte wollte er sich am Stadttheater in den verschiedenen Sparten bewähren. Diese weite Spanne seiner Interessen kam der Direktion sehr gelegen. Wälterlin erschien in seiner umgänglichen Art als der geeignete Mann, um zwischen den verschiedenen, oft rivalisierenden Arbeitsgruppen Brücken zu schlagen. So wurde er in allen Bereichen als Künstler und Mediator eingesetzt.[2] Dem jungen Theaterschaffenden öffnete sich damit nach der Geschlossenheit des Universitätsstudiums mit einem Male die ganze Vielfalt der Berufsbühne. Das begann bei der Schauspielerei, in die er nun vollverantwortlich hineinwuchs. Die gründliche akademische Schulung machte ihn darüberhinaus zum natürlichen Mitarbeiter in der Dramaturgie. Hier konnte er, fern von der Theorie der Universität, seine reiche Kenntnis der dramatischen Literatur für die Praxis der Bühne nutzbar machen. Zudem führte die Redaktion der Programmhefte über das Dramaturgische hinaus zu einem Lehrgang in die schwierige Kunst der Öffentlichkeitsarbeit.

Sein unmittelbarer Einsatz als Neumitglied des Stadttheaters aber galt der Schauspielerei, und so hat er denn auch dieser Sparte der Bühnenkunst seine besondere Aufmerksamkeit geschenkt. Er wusste um die hohe Verantwortung, die er hier zu tragen und täglich neu zu beweisen hatte, denn im Gegensatz zu den übrigen Mitgliedern des Ensembles war er ja im Grunde Autodidakt, der sich durch Beobachtung die Geheimnisse der Schauspielerei aufschliessen musste. Aber auch über diesen persönlichen Bezug hinaus sah er den Schauspieler als den Träger einer hohen Verantwortung. Er war es, der zwischen dem Wort des Dichters und dem

Zuschauer vermittelte. Diese Mittlerrolle erforderte eine zweifache Begabung, die Wälterlin als untrennbar erschien. Zunächst musste das Handwerk des Schauspielers in stetiger Arbeit weiterentwickelt werden. Wälterlin misstraute dem romantischen Ideal einer sich frei und ungehindert äussernden Darstellung. Harte Arbeit, nüchterne Kontrolle und eine präzise Beherrschung von Körper und Stimme schienen ihm unabdingbare Forderungen an jeden Schauspieler, und so auch an ihn selbst. Dieses handwerkliche Gebot musste aber mit einem zweiten, ethischen gepaart sein. Als Diener des Autors hatte sich der Schauspieler ganz der Rolle und dem Stück zu fügen. Nie durfte Eigensucht diese dienende Unterordnung gefährden. Das ethische Mass war ebenso wichtig wie das technische Können. Nur vereint konnten sie das Ideal des gebildeten Schauspielers verwirklichen, dem der junge Wälterlin bei seinen Anfängen in Basel nachzuleben versuchte.[3]

Jahre später sollte sich Oskar Wälterlin als ein trefflicher Schauspiellehrer erweisen, der junge Kräfte aufspürte und es verstand, in mühseliger Kleinarbeit die ganz eigentümliche Begabung jedes einzelnen freizusetzen. Hier in seinen Basler Anfängen aber war er noch ganz Schüler, der scharf beobachtete, klug abwägte und die gewonnenen Einsichten bedachtsam in die eigene Arbeit übertrug. Da er keine eigentliche Schauspielschule besucht hatte, wurde diese direkte Beobachtung der Künstler für seine Formung entscheidend. Es waren in erster Linie Gastspiele, die dem jungen Mann prägende Eindrücke vermittelten. Basel war durch seine günstige geographische Lage im Schnittpunkt des mitteleuropäischen Eisenbahnnetzes ein bevorzugtes Ziel gastierender Truppen. Wälterlin konnte hier seine unbändige Aufnahmelust befriedigen. Es waren besonders die grossen Darsteller des deutschsprachigen Raumes, die den jungen Mann mit ihrer Kunst packten. Unter ihnen nahm Alexander Moissi eine ganz besondere Stellung ein, denn seine regelmässigen Besuche in Basel wurden für den jungen Wälterlin zu einem künstlerischen Schlüsselerlebnis. Was ihn hier besonders fesselte, war Moissis schier grenzenlose Spannweite im schauspielerischen Ausdruck. Mit spielerischer Leichtigkeit schien Moissi immer ganz Herr seiner Mittel. Die Tiefen der Erschütterung waren ihm gleich zugänglich wie die Ausgelassenheit der Komödie. Zwischen diesen Polen erkundschaftete Moissi den Reichtum der Zwischentöne, sodass seine Kunst einem fein gestimmten und unendlich variationsfähigen Instrument glich. Die Gewalt jäher Gefühlsausbrüche und ein kühl abwägender Verstand hielten sich in einem schönen Gleichgewicht. Kraft und Kontrolle wurden hier zu einem Zwillingspaar. Neben dieser Spannweite war es besonders Moissis Stimme, die den jungen Wälterlin anzog. Der gebürtige Triestiner mit seinem fremd anmutenden Sprachklang verstand es, seine Stimme musikalisch, und doch immer dem inneren Gebot der Rolle folgend, einzusetzen. Es war eine Stimme, die durch ihren Wohllaut allein betören konnte und die sich doch präzis dem dargestellten Kunstwerk unterordnete. So erschien für den lernbegierigen Wälterlin das Beispiel Alexander Moissis als das hohe Ideal, an dem er sich zu messen hatte.[4]

Die Achtung, ja Bewunderung für Moissis Kunst konnte nicht ohne direkten Einfluss bleiben. Es darf daher nicht erstaunen, dass die Spannweite im schauspielerischen Ausdruck zum Hauptmerkmal von Wälterlins früher Arbeit am Stadttheater wurde. Seine proteushafte Verwandlungsfähigkeit erlaubte ihm, jede Einzwängung in ein Rollenfach zu umgehen und sich viel eher in Rollen von unterschiedlichstem Profil zu bewähren. Sein Expansionstrieb, von einer gesunden Neugier genährt, ging dabei so weit, dass er selbst die Gattungsgrenzen mutig übersprang und sich als Opernsänger bewährte. Körper und Stimme waren für diese ungewöhnlichen Anforderungen an den jungen Autodidakten wohl vorbereitet. In steter und kritischer Selbstbeobachtung hatte er die Möglichkeiten und Grenzen seines Körpers als Ausdrucksmittel erkannt. Die trotz gesundheitlicher Schranken immer weiter vorangetriebene Disziplinierung des Körpers schuf eine Durchformung der schauspielerischen Gestalt, die seine Darstellung selbst in kleinen Rollen interessant erscheinen liess. Darüberhinaus wurde der satte Bariton seiner Stimme, im musikalischen Wohllaut dem Organ Moissis verwandt, in ständiger Prüfung und Erprobung zu einem subtilen Instrument verfeinert.

Ein Blick auf die Theaterzettel seiner frühen Basler Spielzeit zeigt in der Tat eine fast unmöglich erscheinende Spannweite im Rollenfach. Sie reichte vom Baumgarten in Schillers *Wilhelm Tell,* seiner ersten Aufgabe am Stadttheater, bis zum Milchstrassenmann in *Peterchens Mondfahrt;* vom Gloucester in Shakespeares *König Lear* bis zum Eugen von Rohnsdorff in der *Csardasfürstin;* vom Angelotti in Puccinis *Tosca* bis zum engherzigen, aufbegehrerischen Lagoupille in Courtelines *Ein Stammgast.* Wie ihm seine Kollegen neidlos bestätigten, hatte der Kunstnovize seine Feuerprobe glücklich bestanden. Auch die Rezensenten der Basler Tageszeitungen wurden schnell auf den jungen Schauspieler aufmerksam. Bei einer Durchsicht ihrer Kritiken fällt der wiederholte Hinweis auf drei Charakteristika auf. Das erste betraf Wälterlins gedankliche Durchdringung der Rolle. Die Kritik lobte die Sorgfalt, mit der dieser junge Schauspieler jede seiner Rollen wohl durchdacht hatte und so dem Zuschauer ein klar gezeichnetes Profil bot. Die zweite Eigenheit, die den Kritikern auffiel, betraf die Pflege der Diktion. Hier trugen der Unterricht bei Michael Isailowits und die unermüdliche Arbeit an sich selbst ihre Früchte. Der junge Schauspieler verstand es, selbst in Momenten der hohen Leidenschaft dem sprachlichen Ausdruck seine Klarheit zu erhalten. Auch in den komischen Rollen, wo schnelles Sprechen zu Undeutlichkeit verführen konnte, strebte er eine Reinheit der Aussprache an, die nichts mit Pedanterie gemein hatte, sondern dem Anliegen entsprang, dem Wort des Autors mit dem besten sprachlichen Einsatz zu dienen. Das dritte Charakteristikum, das die Basler Rezensenten wiederholt beschrieben, sollte für Oskar Wälterlins ästhetische Vorstellung vom Theater entscheidend werden. Es war seine Überzeugung von der geschlossenen Einheit des theatralischen Werkes, in dem sich alle Glieder gegenseitig zu stützen hatten. Auf den Schauspieler bezogen bedeutete dies ein volles Einschmiegen in das Ensemble. Ein immerwährend fliessendes Spiel von Kraft und Gegenkraft sollte jenes empfindliche Gleichgewicht schaffen, das alle Darsteller, jene der kleinen und der grossen Rollen, zu einer Familie verband. Wie uns die frühen Basler Rezensionen bestätigen, ist Wälterlin diese unaufdringliche Eingliederung in den Spielkörper meisterhaft gelungen. Er erprobte hier an sich selber einen künstlerischen Vorsatz, der später, ganz besonders in der grossen Zürcher Zeit, zu einem Grundpfeiler seiner Theaterarbeit werden sollte.

Oskar Wälterlins spätere Leistung als Regisseur und Theaterleiter hat seine frühe Arbeit als Schauspieler zu oft in Vergessenheit geraten lassen. Augenzeugen, die ihn während jener Anfangsjahre in Basel unmittelbar nach dem ersten Weltkrieg erlebt haben, wissen aber noch heute lebendig vom jungen Schauspieler zu berichten, und auch die Rezensionen zeichnen das Bild eines vielversprechenden jungen Künstlers. Noch heute, sechzig Jahre nach jenen Anfängen, können wir seine Darstellungskunst bewundern. Seine auf Platten erschienene Lesung von Gedichten und Kurzprosa des von ihm so geliebten Johann Peter Hebel zeugt von der hohen Vermittlungsgabe, die Intuition und Klarheit so glücklich verband.[5]

Der Schauspielerei gab sich der Kunstnovize Wälterlin mit ganzer Leidenschaft hin. Nie erlaubte er sich, die Arbeit zur blossen Gewohnheit werden zu lassen. Jeder abendliche Auftritt bedeutete eine neue Herausforderung, die den ganzen und immer wieder frischen Einsatz erforderte. Der junge Mann fühlte sich hier in seiner Rolle als Schauspieler so wohl, dass er zeitweilig sogar daran dachte, diese engere Sparte der Theaterarbeit zu seiner Lebensaufgabe zu machen. Die ermunternden Rezensionen konnten ihn in diesem Plan nur bestärken.

Der Weg führte aber schon im Verlauf der Spielzeit von 1919/20 in eine andere Richtung. Die Anregung hierzu ging von zweifacher Seite aus. Der erste, entscheidende Impuls kam von Wälterlin selber. Die während der Universitätsjahre gesammelten Erfahrungen als Regisseur riefen nun nach einer berufsmässig begründeten Ausformung. Was damals noch recht unbekümmert, liebhaberhaft und in jugendlichem Übermut inszeniert wurde, sollte nun einem ernsthaften Anspruch unterstellt werden. Dieses erhöhte Interesse an der Regie zeigte sich schon in den ersten Monaten des Anstellungsverhältnisses. Obwohl es seine Rollen nicht erfordert hätten, versäumte es Wälterlin nie, allen Proben eines Stückes beizuwohnen. Der Weg schien ihm ebenso wichtig wie das Ziel; der Prozess des allmählichen Zusammenfügens aller einzelnen Steine zum Gesamtbild des Mosaiks, der Aufführung selber, nahm ihn immer mehr gefangen. Der Direktor des Stadttheaters, Ernst Lert, erkannte dieses für einen jungen Schauspieler ungewöhnliche Interesse und liess Wälterlin in einer nicht nur beratenden, sondern aktiv teilhabenden Arbeit an Regieaufgaben mitwirken. Durch diesen Glauben an die Begabung des jungen Mannes wurde Ernst Lert zu einer entscheidenden Figur, die durch Ermunterung und die Erteilung eines ersten Regieauftrages den Berufsweg des Kunstnovizen prägte. Es zeugt von Wälterlins Anstand und menschlicher Wärme, dass sich trotz seiner unerwartet raschen Laufbahn keine Neider einstellten. Umgänglichkeit und Begabung hatten ihn innert weniger Monate zu einer verlässlichen Stütze des Hauses am Steinenberg gemacht. Wälterlin hat in der Rückschau auf sein Leben dieser unvermittelt und mit voller Wucht einsetzenden Bewährungsprobe immer eine besondere Bedeutung beigemessen. Ein Blick auf die Liste der ihm anvertrauten Aufgaben während der ersten Spielzeiten lässt den hoch anerkannten Wert als gerechtfertigt erscheinen. Nach seinem Debut auf der grossen Bühne als Regisseur von Flotows Oper *Martha* umfasste seine Verantwortung so verschiedenartige Werke wie Pergolesis *La Serva Padrona*, Carl Maria von Webers *Freischütz*, Goldonis *Mirandolina*, Carl Sternheims *Der Snob*, Wagners *Tristan und Isolde*, Strindbergs *Der Vater*, Schillers *Die Jungfrau von Orleans*, Ibsens *Peer Gynt* und Shakespeares *Hamlet*. Er hat jede ihm gebotene Möglichkeit lebhaft aufgegriffen, um sich an ihrer Verschiedenartigkeit zu prüfen. Und doch zeigten sich innerhalb dieser bunt zusammengewürfelten Vielfalt immer deutlicher die Leitlinien, jene Autoren und Komponisten, denen er sich durch ein besonders starkes Band verbunden fühlte. Die Arbeit an ihnen wurde ihm zu einem ganz persönlichen Anliegen, und so gelangen ihm hier, bei Shakespeare und Schiller, bei Richard Wagner, Mozart und Gioacchino Rossini die schönsten Leistungen.

Seine Neu-Inszenierung des *Barbier von Sevilla* in der Spielzeit 1923/24 etwa war eine jener meisterlichen Leistungen, die von der Tageskritik überschwenglich gelobt und vom Publikum durch regen Zuspruch geehrt wurde. Der künstlerische und geschäftliche Erfolg des *Barbier* war so eng mit dem Namen des Regisseurs verknüpft, dass die Inszenierung ein knappes Jahrzehnt später für Wälterlins Abschiedsvorstellung von Basel ausgewählt wurde. Als Regisseur hat er Rossinis Oper immer seine Treue bewahrt. Was ihn anzog, war ein Libretto, das für Helles und Dunkles gleichzeitig Raum liess; das die vielen Handlungsfäden kunstvoll zu einem feinen Netz spann; und das von der Natürlichkeit und Eleganz des Stegreifspiels belebt war. In der Musik fand dieser textliche Grundbau seine genaue Entsprechung. Wälterlin bewunderte vor allem die Frische der Partitur, die jede Sentimentalität aussparte und durch Einfallsreichtum, Anmut und frohe Laune zu einem Meisterstück der alten opera buffa geworden war. Ausgangspunkt und Zielpunkt des Basler *Barbier* sollte daher die Tradition der commedia dell'arte sein. Im gebändigten Übermut dieser theatralischen Spielform führte Wälterlin die Figuren. Die für eine Oper ungewöhnlichen Einzelproben, auf denen der Regisseur bestand, ermöglichten den Sängern eine für ihre Gattung seltene schauspielerische Durchdringung der Rolle. Leicht und doch präzis, beschwingt, aber nie frivol, einem unendlich bunten, und doch sauber gezeichneten Reigen gleich, hielt Wälterlin das Geschehen in Gang. Wenn sich etwa die Verwandlung in der Tradition des Stegreifspiels auf offener Bühne vollzog; wenn Figaro, lässig auf dem Souffleurkasten sitzend, das Publikum mit seinen Spässen unterhielt; wenn die Musikanten aus der Tiefe des Orchestergrabens, ihr Instrument auf den Rücken gepackt, auf die Bühne stiegen, um vor Doktor Bartolos Haus ihr Ständchen zu singen: dann erfüllte sich in schöner, weil ganz natürlicher Art der Grundsatz von der Inszenierung aus dem Kern des Werkes heraus. Den commedia-Charakter des *Barbier* wiederentdeckt und neu belebt zu haben, bleibt eine der wichtigen Leistungen des jungen Regisseurs am Theater seiner Heimatstadt.[6]

Oskar Wälterlin hatte in Basel die für einen jungen Bühnenkünstler aussergewöhnliche Möglichkeit, sich mit verantwortungsvollen Aufgaben in den verschiedenen Sparten des Theaters zu bewähren. Obwohl er akademisch geschult war, machte er sich erstaunlich rasch die Praxis als Schauspieler und Regisseur zu eigen. Schon im Verlauf der ersten Jahre am Stadttheater wurde jede Gefahr des Dilletierens durch die immer sicherer arbeitende Hand des Künstlers ersetzt. Wälterlins Laufbahn schien auf einem klaren, geradlinigen Kurs. Stetig mehrte er seine berufliche Erfahrung und ebnete sich so den Weg zu einer schnellen, und doch in der echten Leistung begründeten Karriere.

Diese frühe berufliche Laufbahn erfuhr noch in Basel eine entscheidende Wendung. Durch seine Zusammenarbeit mit dem grossen Bühnenreformer Adolphe Appia wurde Wälterlins Name weit über das Lokale und Nationale hinaus Teil der europäischen Theatergeschichte. Wie kam es zu diesem ausserordentlichen Ereignis, das den jungen Regisseur schlagartig ins internationale Blickfeld rückte? Die ursprüngliche Anregung zu einer Kontaktnahme zwischen dem Basler und dem Genfer war von Ernst Lert ausgegangen, Wälterlins älterem, doch dem Neuen immer aufgeschlossenen Kollegen. Schon 1920 traf sich der junge Regisseur mit dem grossen Reformer. Im Herbst des gleichen Jahres entwarf er einen kühnen Plan für eine Aufführung von Wagners *Ring*-Zyklus, ein Plan, der aus gesundheitlichen Rücksichten auf Appia vorerst verschoben werden musste. Aber Wälterlin war nun zu einem feurigen Streiter für die Ideale des Genfer Reformers geworden. In langen Sitzungen schmiedeten die beiden neue Pläne. Endlich wurden die werbenden Bemühungen des jungen Regisseurs belohnt: für die Spielzeit 1924/25 des Basler Stadttheaters konnte Adolphe Appia als Mitarbeiter gewonnen werden.

Für Appia war der Weg, der zu den Erfolgen seiner Spätzeit führte, lang, mühsam, mit Augenblicken der Erfüllung, aber auch voll enttäuschender Niederlagen.[7] 1862 als Sohn eines belesenen und musikliebenden Genfer Arztes geboren, zeigte sich schon im Knabenalter eine unwiderstehliche Anziehung zur Welt der Musik. In der Schulzeit am Collège de Vevey reifte der Entschluss, sich ganz der Musik zu widmen, ein Entschluss, der durch das Erlebnis von Bachs

Matthäus-Passion entscheidend bestärkt wurde. Der junge Appia studierte so in der Heimatstadt Genf, dann in Zürich, Leipzig und Dresden. Ein frühes Theatererlebnis hatte jedoch den Impuls zur Reform geweckt, der ihn bis zum Lebensende schöpferisch gefangenhalten sollte. Im Genfer «Grand Théâtre» wurde eine Aufführung von Gounods *Faust* zur Zäsur. Appia, der das Märchenhafte eines grossen Theaterabends erwartet hatte, überfiel eine tiefe Ernüchterung: flache Kulissen; aufgemalte Perspektiven; der verzerrende Gebrauch des Rampenlichts; die pedantisch detaillierten Kostüme; die übertriebene Gestik der Darsteller: all dies erschien dem jungen Theaterfreund als befremdlich, ja als verlogen. Die gewonnene Einsicht in die Notwendigkeit der Reform wurde durch den Besuch in Bayreuth im Jahre 1882, also noch zu Lebzeiten Richard Wagners, verstärkt. Die Musik des *Parsifal* nahm Appia begeistert auf, ja er erkannte in Wagners Musikdrama das Schauspiel der Zukunft. Aber die vom historischen Realismus bestimmten Kostüme und die fast photographische Treue des Bühnenbildes lehnte er entschieden ab, da sie ihm gegen die Reinheit der Musik zu verstossen schienen. Von nun an setzte er sich ein klar umrissenes Lebensziel: für Wagners Musikdramen eine kongeniale Szenenform zu erarbeiten. Praktische Bühnenerfahrung war für diese schwierige Aufgabe notwendig. So studierte er in Bayreuth selbst, dann am Dresdner Hoftheater, am Burgtheater und an der Wiener Hofoper die dekorativen, bühnen- und beleuchtungstechnischen Möglichkeiten. Die Frucht dieser Erfahrungen, die sich der Autodidakt in mühsamer Kleinarbeit aneignete, war das schriftstellerische Werk, in dem er seine Vision in Worte einzufangen versuchte. Die lange Reihe der Schriften entwickelte sich in der Ganzheit zu einem in sich abgesicherten und konsequent durchdachten Programm der Reform. Das Neue Theater aber, das sich im geschriebenen Wort so kühn und unbedingt fordern liess, fand in der Praxis des täglichen Theaterbetriebes nur mühsam einen Zugang. Vision und Wirklichkeit waren noch durch einen tiefen Graben getrennt. So lehnte etwa die Bayreuther Sachwalterin Cosima Wagner Appias Entwürfe für eine stilisierte Raumbühne schroff ab. Aber die Anerkennung kam, wenn auch zunächst zögernd. Besonders die Experimente in Hellerau bei Dresden machten die auf verwandten Bahnen arbeitenden Bühnenreformer auf den Genfer aufmerksam. In unzähligen Ansätzen wurden nun die von Appia ausgesandten Impulse aufgenommen, direkt in die eigene Arbeit übertragen, oder in einer persönlichen Brechung umgewandelt. Durch Arturo Toscaninis Einladung an die Mailänder Scala im Jahre 1923 erreichte den Genfer endlich die späte Anerkennung. Das Zusammenwirken mit Oskar Wälterlin in den zwei darauffolgenden Jahren wurde so zu einer eigentlichen Krönung von Appias praktischer Bühnenarbeit, bevor der grosse Reformer, nun weltweit anerkannt, 1928 am Genfersee starb.

Die Arbeit in Basel bot Appia nach der Mailänder Aufführung von *Tristan und Isolde* erneut die Möglichkeit, seine Vision auf der Wirklichkeit der Bühne zu prüfen. Basel schien in vieler Hinsicht der ideale Boden für ein erneutes Experiment. Als Theater mittlerer Grösse war es weit weniger durch den bürokratischen Apparat belastet, der die Arbeit an der Scala so behindert hatte. Entscheidend aber war, dass er sich hier in Basel zur Zusammenarbeit mit einem Regisseur fand, der ihm in vielem, sowohl persönlich als auch beruflich, verwandt war. Beide glaubten fest an den Grundsatz, dass sich die Kraft des Theaters ständig neu zu bewähren und zu erneuern habe. Ein statisches Theater, das sich mit einmal gefundenen Formeln zufriedengab, erschien beiden als der sichere Tod der Bühnenkunst. Dynamik wurde so zu einem Schlüsselwort. In einer ständig vorwärtsdrängenden Lust am Experiment sollten die Grundfragen und Grundforderungen des Theaters immer wieder neu durchdacht und neu erprobt werden. Ein ganz jugendlicher Wagemut, der oft als blosse Tollkühnheit missverstanden wurde, paarte sich bei Appia und Wälterlin mit einer natürlichen Achtung vor den grossen Leistungen der Vergangenheit. Für beide war somit das Experiment nicht Selbstzweck, sondern der Versuch, dem Kunstwerk in der reinsten Form näherzukommen. Dieser Glaube an die Notwendigkeit der vollen und verantwortlichen Hingabe an das auf der Bühne darzustellende Werk verband die zwei, und verbürgte so die Eintracht, die ihre Zusammenarbeit in Basel kennzeichnete.

Trotz dieser Gemeinsamkeit im künstlerischen Willen unterschieden sich die beiden in einer wichtigen Hinsicht. Während Appia der kühne Visionär war, der seine übermächtige Phantasie in Wort und Bild einzufangen verstand, glich der junge Wälterlin viel eher dem abwägenden Theaterpraktiker, für den die Verwirklichung auf der Bühne ebenso wichtig war, wie das Ideal der Vision. Was hier zu einer Kluft, ja zu einem Bruch hätte führen können, verband die beiden: sich gegenseitig ergänzend, war so die reale Möglichkeit geschaffen, die Reinheit der Vision in die so viel gröbere Welt der Bühne überzuleiten. So war der künstlerische Erfolg des Basler Experiments entscheidend vom vollen Einverständnis zwischen dem Visionär Appia und dem Praktiker und Pragmatiker Wälterlin geprägt.

In ihrem Willen, dem grossen Kunstwerk mit voller Hingabe zu dienen, hatte der Weg der beiden zu Richard Wagner geführt. Für beide war es eine natürliche Annäherung, die sich von den ersten Anfängen in der Jugend zu einem engen Dialog in den Mannesjahren steigerte. Bei Oskar Wälterlin waren schon die frühen Theatereindrücke durch die Verzauberung Wagners bestimmt. Es war dabei ein doppelter Bann, dem der Schüler und Student erlag: während die Musik ihn gegen jeden Widerstand in ihre betörende

Klangwelt einbezog, nahmen die überlebensgrossen Heldenfiguren den jungen Theaterbesucher ganz gefangen. Die magische Anziehungskraft, die von Wagners Musikdrama ausging, war so mächtig, dass sie das kritische Vermögen schwächte, ja zeitweilig lähmte. Und doch war Wälterlin, besonders in den Studentenjahren, scharfsichtig genug, um zu erkennen, dass die traditionelle Bühnenpraxis diesem Giganten der Opernliteratur nur sehr mangelhaft gerecht wurde. Was ihn zunehmend befremdete, war der szenische Ballast, der sich in einem pedantisch detailfreudigen Realismus wie ein schwerer Mantel auf das Werk legte und es zu ersticken drohte. Die reine Sprache des Kunstwerkes war damit gestört, da der Oberfläche, dem veräusserlichten Bild mehr zugetraut wurde als dem freien Fluss der Musik. Den Kern des Wagnerschen Dramas, eben die Musik selber, zur ungehinderten Selbstaussage kommen zu lassen, war so eines der noch unsicher formulierten Ziele des jungen Wälterlin.[8]

Was der Basler nur in Umrissen spürte, war für den älteren Genfer schon zur fordernden Gewissheit geworden. Hier hatte ein einzelner Künstler in einem gewaltigen Denkanstoss das Theater in seiner Ganzheit einer radikalen Analyse unterzogen. Kein Bereich blieb dabei unberührt. In immer wieder neuen Ansätzen, schriftlich, im Vortrag oder auf der Bühne, wurden die Grundsätze neu durchdacht. Es war ein radikales Denken im eigentlichen Sinn des Wortes, da sich Appia mit besonderem Eifer den Kernproblemen, den Wurzeln der Theaterpraxis, widmete. Es war aber auch radikal in bezug auf die Forderungen, die er nun, nach gründlichem Studium, an das zeitgenössische Theater stellte.[9]

Diese Radikalität zeigte sich am klarsten in der Gestaltung des Szenenbildes. Die Heftigkeit, mit der Appia auf die vorangegangene Tradition antwortete, mag sich zwar biographisch aus dem frühen Genfer Opernbesuch ableiten lassen, aber er selber hat seine Rolle als radikaler Neuerer in einem grösseren Rahmen einzuschätzen gewusst. Appia sah deutlich die Zäsur, die er gesetzt hatte; er erkannte die dialektische Bewegung, die seinem ganzen Werk, aber besonders seiner Bildgestaltung, zugrunde lag. Der erste Zug in diesem dialektischen Doppelschritt war die gründliche Entrümpelung, ja Leerung der Bühne. Der Ballast, der sich seit dem späten Realismus im Bühnenraum festgesetzt hatte, schien ihm das Kunstwerk mit einer Anhäufung von Äusserlichkeiten zu verdecken. Eine teil- oder schrittweise Beschränkung der Mittel hielt er nicht mehr für möglich, da sich das szenische Beiwerk ohne Regenerationsmöglichkeit verkrustet hatte. So befürwortete er das Leerfegen der Bühne. Im Namen und zur Rettung des lebendigen Kunstwerkes sollte der Bühnenraum vollumfänglich gereinigt werden.

Dieser «via negativa» entsprach als dialektisches Gegenstück die Schaffung einer neuen Szenenwelt. Die Formung aus dem Nichts glich so einer eigentlichen Schöpfung, in der sich szenisches Material zum allerersten Mal in Beziehung setzte. Diese gottähnliche Zeugungskraft bürdete dem Szenenbildner eine nie gekannte Verantwortung auf. Er war nun nicht mehr Illustrator, sondern setzte Zeichen, die selbsttragend waren. Diese Zeichen, die szenischen Elemente, die Appia nun schuf, konnten ihre Herkunft aus Urformen nicht verleugnen. Zuerst zögernd, dann immer kühner, drang der Genfer zu jenen monolithischen Grundformen vor, die wie die Bausteine der Natur selbst mächtig, ja oft drohend dastanden. Was er in seinen Schriften gefordert hatte, sollte ihm nun auf der Wirklichkeit der Bühne gelingen: die Rückführung, über das Individuelle hinaus, zur alles verbindenden Urform.

Dieses unbedingte Gebot einer Rückführung auf das Grundsätzliche bezog sich auch auf die Gestaltung des Kostüms. Jede soziale oder historische Treue wurde zugunsten der strengsten Vereinfachung überwunden, die aus dem

Symbolwert allein, etwa durch die Farbgestaltung, ihre Aussagekraft gewann. Wie das Szenenbild, so war für Appia auch das Kostüm im Realismus zu einem Panzer des lebendigen Kunstwerkes geworden. Das Kunstwerk aus dieser Verhärtung zu befreien wurde ihm zur Lebensaufgabe.[10]

«Lebendig» war ein Kennwort von Appias Programm. Für ihn war der späte Realismus mit seinen szenischen Auswüchsen künstlerisch «tot». Was er anstrebte, war Leben in der elementarsten Form und damit auch Bewegung. In diesem Glauben an das dynamische Prinzip sollte das Licht als Urquelle der Bewegung eine zentrale Rolle spielen.[11] Was Appia hier für die Theaterpraxis forderte, fand nicht nur den erbitterten Widerstand der Traditionalisten, sondern war auch beleuchtungstechnisch nur schwer zu verwirklichen, da die Bühnenapparatur jener Jahre nur unzulängliche Hilfe bot. So konnte Appia in seinen Schriften die Vision in Worte fassen und hoffen, sie einmal in ihrer reinsten Form in den Bühnenraum übertragen zu können. Drei Punkte dieser Vision sollten für den Basler *Ring* in Oskar Wälterlins Regie kennzeichnend werden. Der erste betraf die Hilfe des Lichts bei der architektonischen Gliederung des Raumes. Alle plastischen Körper, wie Kuben, Würfel und Treppen wurden in ihrer Eigenart durch den Lichteinfall bestimmt. Es ergab sich somit ein lebendiges Wechselspiel zwischen dem Objekt selber und dem von ihm geworfenen Schatten. Ziel dieses Spiels war die räumliche Wirkung, in der etwa die Tiefe nicht als perspektivischer Kniff, sondern als echtes Raumverhältnis wahrgenommen wurde. Neben diese raumschaffende Aufgabe des Lichts trat ein zweiter Punkt. Für Appia war das Licht unendlich gefügig. Was der Bühnenkünstler zu erkennen und dann zur Verwendung zu bringen habe, sei der ganze Reichtum des Lichts in seinen feinsten Schattierungen, vom blendenden Weiss bis zur vollen Dunkelheit. Er müsse lernen, das Licht zu orchestrieren, es als einen äusserst komplexen Spielkörper einzusetzen. Der dritte Punkt betraf wiederum die Gefügigkeit des Lichts, doch diesmal nicht im technischen, sondern in einem künstlerischen Bezug. Nie durfte das zur eigenen Kunst gewordene Spiel mit dem Licht Selbstzweck sein; immer hatte es sich dem Werk dienend unterzuordnen. So bekam das Wort von der Orchestrierung einen doppelten Sinn: es wies auf die noch ungenutzten Möglichkeiten der technischen Apparatur und betonte gleichzeitig die Aufgabe des Lichts als Versinnlichung der im Spieltext oder in der Partitur selber gesetzten Zeichen.

Appias Ästhetik beschränkte sich nicht auf die szenische Neugestaltung des Bildes und einen neuartigen Gebrauch des Lichts, sondern schloss auch die Figur des Spielers ein, ja die Körperlichkeit des Darstellers wurde zu einem Schlüssel seines ganzen Programms.[12] Auch hier zeigte sich die radikale Loslösung von den festgefahrenen, zum Dogma erstarrten Geboten des Spätrealismus. Ganz entschieden lehnte Appia den pedantischen Nachahmungszwang im Gebärdenspiel ab, der die spätrealistische Bühnenpraxis bestimmt hatte. Worauf er hinzielte, war eine Wiederentdeckung der Körperlichkeit, der Plastik in der menschlichen Figur. Appia reihte sich damit deutlich in eine europäische Bewegung ein. Wie Rodin in der Skulptur, sein Landsmann Böcklin in der Malerei und Pierre de Coubertin durch die Wiederaufnahme der Olympischen Spiele, mass Appia dem Körper als gestalteter Natur einen hohen Wert bei. Und wie die Natur sich in ständiger Selbsterneuerung vorwärtstrieb, so sollte der menschliche Körper in Bewegung seine höchste Ausdruckskraft entdecken. Dies bedeutete einen klaren Bruch mit der spätrealistischen Aufführungspraxis. Mienenspiel und Gebärde waren nun nicht mehr Spiegelbild einer genau beobachteten historischen, sozialen oder psychologischen Wirklichkeit, sondern leiteten sich direkt aus den werkimmanenten Zeichen in Text und Musik ab. Die Betonung dieser rhythmischen Impulse führte zu einer aussagereichen Sprache des Körpers, in der die tänzerische Bewegung die Figur des Spielers belebte.[13]

Szene, Licht und Körper: mit diesen drei Grundbausteinen gestaltete Appia den theatralischen Raum. Allen drei Elementen ist er in immer neuer gedanklicher und zeichnerischer Auseinandersetzung auf den Grund gegangen. Aber schon in seinem theoretischen Werk zeigt sich trotz der oft gesonderten Abhandlung der Drang zur Synthese. In der Bühnenpraxis sollten sich die Elemente kunstvoll ineinander verschränken, sich gegenseitig stützen und zu einer neuen, übergeordneten Einheit fügen. Auf das Verhältnis von Kubus, Schatten und Licht wurde schon hingewiesen. In diese Dialektik sollte sich der Spieler eingliedern: er bewegte sich nun nicht mehr *vor* einem flachen Bühnenbild, sondern *in* einer dreidimensionalen, architektonisch gegliederten Landschaft. Es war dies ein für Appias Ästhetik charakteristisches Paradox: während jeder Baustein den höchsten Eigenwert besass, ordnete er sich doch wie selbstverständlich einem höheren Gestaltungswillen unter. Der Drang zur Synthese aller darstellerischen Mittel wurde so zu einem Grundpfeiler von Adolphe Appias Theaterarbeit.[14]

Sowohl für Appia als auch für Wälterlin sollte das Basler Projekt des gesamten *Ringes* zur Erfüllung langgehegter Wünsche werden. Für den Genfer ging die Beschäftigung mit dem Wagnerschen Zyklus in die Jugendjahre zurück. In immer wieder erneutem Ringen hat er sich mit ihm auseinandergesetzt. Die Grundpositionen seiner Ästhetik bauten wesentlich auf diesem Kunsterlebnis auf. Es scheint daher wie natürlich, dass Appias erste Schrift dem *Ring* und seiner Verwirklichung auf der Bühne galt. Die *Notes de Mise-en-Scène pour L'Anneau de Nibelungen*, 1891/92 entstanden, bargen in knappster Form all jene Forderungen, die später in den bis in alle Einzelheiten ausgearbeiteten Regiebüchern zu den vier Teilen des Zyklus vollumfänglich niedergelegt wurden, wobei die theoretische Erörterung in den zahlreichen Bühnenskizzen eine wertvolle Ergänzung fand. Auch für Oskar Wälterlin war das grosse Basler Projekt trotz all der Neuartigkeit in der bildnerischen Gestaltung der vorläufige Zielpunkt schon lange vorher gehegter Pläne, und wie bei Appia verlief die Beschäftigung mit Wagners Musikdrama auf der doppelten Bahn von privatem Studium und öffentlicher Bewährung auf der Bühne. Schon als Knabe hatte ihn gerade die in sich geschlossene Welt des *Ringes* gefangengenommen. In unbändigem Lesedrang eignete sich der Schüler die verschiedenen dichterischen Ausformungen des Mythos an. Wie Appia gab er sich in der Folge einer text- und musiknahen Lesung der Tetralogie hin. Trotz seiner vollen zeitlichen Beanspruchung als angehender Schauspieler, Dramaturg und Regisseur hat er sich in bezug auf den *Ring* nie mit einem flüchtigen Dialog begnügt. Dem Zyklus in der Ganzheit galt seine besondere Bewunderung, und die noch vor dem Basler *Ring* von ihm am Stadttheater inszenierten Wagnerschen Musikdramen waren Vorbereitungen, Stufen auf dem Weg zum nun alles erfordernden künstlerischen Einsatz für den gigantischen Komplex des *Ringes*.[15]

Oskar Wälterlin wusste um die für einen jungen Theatermann ungewöhnliche Aufgabe der Zusammenarbeit mit einem Künstler, der schon in seiner eigenen Zeit zur Legende geworden war. Umstritten, bejubelt, missverstanden und kopiert: Appia hatte sich als einer der grossen Anreger behauptet. Diesem beunruhigenden und damit so fruchtbaren Denkanstoss gab sich der junge Basler Regisseur mit ungeduldiger Lerngier hin. Verschiedene Wege der Annäherung standen ihm dabei offen. Entscheidend waren hierbei die persönlichen Gespräche der beiden, die in unregelmässigen Abständen, aber sich über Jahre hinstreckend, immer wieder geführt wurden. Wälterlins seltsame Mischung von Eifer und Geduld, von Leidenschaft für die Sache und

Unaufdringlichkeit im Umgang, machte es dem scheuen Appia leicht, sich aufzuschliessen und mitzuteilen. Der ältere Genfer erkannte in Wälterlin einen Schüler, der für das Gedankengut des Lehrers aufgeschlossen war und der es doch mit klugen Fragen immer wieder kritisch prüfte. Der junge Basler hat diese ihm bewiesene Offenheit Appias grosszügig zu nutzen gewusst. Die Gespräche wurden zu einem entscheidenden Mittel, um den schwierigen Komplex des *Ringes* und seiner Realisierung auf der Bühne zu klären. Der durch verschiedene Verpflichtungen bedingte Unterbruch der Gespräche wurde durch den regen Austausch von schriftlichen und bildnerischen Zeugnissen überbrückt. Von kurzen, flüchtig als Gedankensplitter hingeworfenen Notizen bis zu ausführlichen, das Grundsätzliche erörternden Briefen; von der Zeichnung eines einzelnen Lichteinfalls bis zum Gesamtplan aller szenischen Mittel: in beiden Richtungen wurden Impulse gesendet und aufgenommen, sodass sich ein vielfältiges, enggeflochtenes Netz von Beziehungen ergab. Der mündliche und schriftliche Dialog schärfte so beiden den Blick auf das grosse gemeinsame Unternehmen des *Ringes*.

Eine weitere Anregung für den jungen Regisseur bildeten die schriftlichen Äusserungen Appias, und zwar sowohl die schon im Druck erschienenen als auch jene in Manuskriptform, die der Genfer, ganz gegen seine Gewohnheit, dem lernbegierigen Schüler überliess. Unter ihnen nahmen die Regiebücher zu den vier Teilen des *Ring*-Zyklus eine besondere Bedeutung ein. Sie waren schon 1891/92 entstanden und zeigten trotz der so neuartigen bildnerischen Vision die Verwandtschaft des frühen Appia mit dem Kreis der Symbolisten. Noch hatte sich seine Szenenkunst nicht ganz von den Überresten der neuromantischen Tradition befreit. Sowohl in der Bildgestaltung als auch im Einsatz des Lichtes fehlte noch jene unbedingte Klarheit, die alle späteren Entwürfe, so auch jene für Basel, charakterisieren sollte. Selbst ein flüchtiger

Blick auf diese frühe Arbeit am *Ring* bestätigt dies. Das Raumbild ist offener, lockerer gestaltet. Die noch bevorzugten runden Formen verleihen der Szene eine Weichheit, die für den bildnerischen Symbolismus kennzeichnend ist. Auch das sorgfältig gedämpfte Licht, in fliessenden Schattierungen eingesetzt, trug zur Stimmungsfülle bei. Raum und Licht sprachen, aber es war eine verhaltene, stille Sprache, die in ihrer unaufdringlichen Verzauberung noch dem Programm des Symbolismus, besonders dem französischer Prägung, entsprach.[16]

Wälterlin war sich bewusst, dass diese frühe Fassung des *Ringes* nur der erste Schritt Appias auf dem langen Weg der Auseinandersetzung mit der gewaltigen Tetralogie war. Er erkannte die Schlüsselbedeutung des Wortes Dynamik in Appias Werk, aber auch in dessen Schaffensprozess, und so zog er alle Zwischenstufen zu Rate, bis hin zu den für Basel geschaffenen Bildfolgen von 1924/25. Nur durch eine genaue Beobachtung der künstlerischen Metamorphose konnte er hoffen, Appias grundsätzlichem Anliegen, das alle Phasen prägte, näherzukommen. Die Basler Entwürfe unterscheiden sich denn auch eher in den Mitteln als im Ziel. Zielpunkt blieb, wie schon bei den Skizzen aus den frühen neunziger Jahren, die Befreiung der Bühne von allem spätrealistischen Ballast und die Schaffung eines idealen Raumes, in dem sich die Musik ungehindert entfalten konnte. Die Mittel jedoch waren andere. Appia hatte sich vom Einfluss des Symbolismus gelöst. Die Weichheit in der Formgebung, das Verwischen der harten Konturen, war zugunsten eines viel strenger angelegten Raumes überwunden, in dem klar umrissene architektonische Körper das Bild bestimmten. Der Kubismus, der sich in der Malerei nach hartnäckigem Widerstand als eine Befreiungsbewegung durchgesetzt hatte, fand hier in vielen Forderungen sein Zwillingsstück auf der Bühne. Diesem neuen, vom kubischen Formprinzip bestimmten Bild, wollte Wälterlin dienen.[17]

Das in der Schreinerei des Malersaales unter Appias persönlicher Anleitung erstellte Szenenbild war so das Ergebnis einer jahrzehntelangen Suche nach der vollkommenen, reinsten Bühnenform für Richard Wagners Musikdrama. Wie lässt sich dieser szenische Beitrag charakterisieren? Schon das erste Bild des Basler *Rheingold* von 1924 zeigte die neue Strenge an. Wuchtig, ganz monolithisch, beherrschte ein kubenförmig vereinfachter Felsen die Szene. Als Mittelstück des Bühnenraumes wurde er zur Achse, um den sich das Geschehen entwickelte. Auch das zweite Bild beschränkte sich auf dreidimensionale Grundelemente. Eine fünfstufige Treppe, auf beiden Seiten von einem ineinandergefügten Doppelkubus flankiert, führte auf einen erhöhten Bühnenboden. Die an den seitlichen Bildrahmen gehängten, etwa drei Meter breiten Vorhänge verhalfen zu einer vertikalen Dynamik, sodass der Blick des Zuschauers auf die im Hintergrund erscheinende Burg Walhalla gelenkt wurde. Der vor Walhalla gespannte Gazevorhang liess die Burg als weit entfernt erscheinen, sodass sich durch die Gegenüberstellung mit den Kuben des Vordergrundes eine für das kleine Basler Theater erstaunliche Tiefenwirkung ergab. Auch die Bildgestaltung in der *Walküre* hielt sich an das Gebot der Rückführung auf geometrische Bausteine. Dies zeigte sich besonders deutlich im zweiten Akt. Wiederum bestimmten freistehende, sich anschliessende, oder zu grossen Quadern ineinandergefügte Kuben das Bild. Sie formten zu beiden Seiten eine geometrisch klare Gebirgslandschaft, durch die sich in der Mitte ein Durchgang zog, bedrohlich wie eine enge Schlucht. Vom Realismus weit entrückt, konnten diese Kuben ihre vielfältige Wirkung tun: so lag der tote Siegmund auf dem höchsten Würfel, aufgebahrt wie auf einem Katafalk.[18]

Das zweite bildnerische Element, dem Appia eine grosse Bedeutung zumass, war das Licht. Seine für Basel erarbeiteten Regiebücher legten den Einsatz der Lichtquellen in allen

Einzelheiten fest. Wälterlin musste dem älteren Meister aber schon bald mitteilen, dass diese Anweisungen weit über das am Stadttheater technisch Mögliche hinausgingen. Das Haus am Steinenberg besass zwar einen solid-durchschnittlichen technischen Apparat, der jedoch für besonders anspruchsvolle Aufgaben kaum vorbereitet war. Es verfügte über das traditionelle Rampen- und Seitenlicht, aber nur über zwei im Zuschauerraum angebrachte Scheinwerfer, deren Streuung zudem so breit war, dass sie keinen gebündelten Strahl erlaubten. Zu diesen technischen Unzulänglichkeiten kam eine andere Beschränkung praktischer Art hinzu. Als Mehrspartenbetrieb mit einem täglich wechselnden Spielplan waren Sonderwünsche aus Rücksicht auf die übrigen laufenden Inszenierungen kaum erfüllbar. Der abendliche Sprung vom Kammerspiel zur grossen Oper, von der antiken Tragödie mit Chor zum Einzelgastspiel, erzwang geradezu eine Beweglichkeit der technischen Mittel, die bei allen Beteiligten eine Bereitschaft zum Kompromiss voraussetzte. Obwohl sich Wälterlin diesem notwendigen Gebot der gegenseitigen Absprache fügte, hat er doch den besonderen Anforderungen Appias zu dienen versucht. Der Einbau von vier Speziallampen mit Gelb-, Rot- und Blaufiltern war so der Versuch, die Unzulänglichkeiten der technischen Mittel am Steinenberg durch Selbsthilfe zu überwinden.

Bei einer Beurteilung von Appias Lichtregie für den Basler *Ring* fällt auf, wie er sich von den Entwürfen der frühen neunziger Jahre zum gleichen Projekt gelöst hatte. Wie schon in der Bildgestaltung, so zeigte auch der Einsatz des Lichtes den Weg an, den Appia vom Symbolismus in der Richtung auf ein abstrakteres Formprinzip gegangen war. Das Weiche, Stimmungshafte der frühen Vision war einer klar gliedernden, mit geometrischer Präzision eingesetzten Lichtführung gewichen. Die Annäherung an den Stilwillen des Kubismus machte sich auch hier geltend. In engstem

Zusammenwirken erarbeiteten Appia, Wälterlin und Hermann Jenny, der unermüdliche und immer wieder erfindungsreiche technische Leiter, die Lichtregie zum *Ring*. Augenzeugen berichten noch heute von der eindrücklichen Wirkung dieses Bühnenmittels. Dabei weisen sie mit Vorliebe auf zwei Beispiele hin, die auch Wälterlin im Rückblick als besonders geglückt erschienen. Das erste betraf die durch den Lichtgebrauch seltsam verfremdete Götterburg Walhalla. Sowohl in der zweiten als auch der vierten Szene des *Rheingold* trennte ein Gazevorhang das Geschehen von der im Hintergrund mächtig aufragenden Burg. Auf diesen Vorhang projizierte Appia milchig-weisse, sich selbst auflösende Wolkenbilder, die auf die Bewegung in der Musik hin orchestriert waren. Die Götterburg fand so ihre bildliche Aussagekraft: sie war nah und fern zugleich, bedrohlich in ihrer Grösse und doch durch den Lichtschleier wie in eine übermenschliche Welt entrückt. Das zweite oft erwähnte Beispiel entstammt dem dritten Akt der *Walküre*. Wiederum bildeten würfelförmige Elemente das Bild. Appia hielt die Vorder- und Mittelbühne ganz dunkel, leuchtete aber den abschliessenden Rundvorhang stark aus, sodass beim Einzug der Walküren auf den oberen Kuben eine scherenschnittartige Wirkung entstand. Der Kunstcharakter dieser Silhouette, erreicht durch das Spiel des Lichts, enthob so das Geschehen von jedem realistischen Wirklichkeitsanspruch.

Dieser im ganzen Basler Projekt wirkende Impuls zur Überwindung all der Praktiken des späten Bühnenrealismus machte sich auch im dritten gestalterischen Mittel Appias geltend, nämlich der Bewegung. Hier, in der tänzerischen Anleitung der Darsteller, fand die aus dem musikalischen Rhythmus gewachsene Interpretation ihre sichtbarste Form. Doch wie schon beim Einsatz des Lichtes, so galt es auch hier zunächst eine ganze Reihe praktischer Hindernisse zu überwinden. Das erste betraf die Unvertrautheit fast aller am

Projekt Beteiligten mit der eurhythmischen Körperführung. Scheu, in einigen Fällen gar Ablehnung, erschwerten manchen Künstlern den Zugang zu dieser so neuartigen Form des darstellerischen Ausdrucks. Ein zweites Hindernis kam hinzu. Die durch den Mechanismus eines Repertoiretheaters bedingte kurze Probenzeit liess es nicht zu, Chor und Solisten mit der erforderlichen Gründlichkeit für die neue Aufgabe zu schulen. Oskar Wälterlin aber erkannte die eurhythmische Bewegungsführung als einen Grundpfeiler von Appias Reform und sah sich so als Regisseur verpflichtet, diesem Mittel trotz der Hindernisse zur vollen Geltung zu verhelfen. Da er sich selber nicht die nötige praktische Erfahrung zutraute, band er Gustav Güldenstein an das Unternehmen des *Ringes*. Güldenstein hatte die Eurhythmie an ihrer Quelle studiert. Als Schüler und langjähriger Freund von Emile Jaques-Dalcroze war er mit dieser schwierigen Kunst vertraut geworden, und als Lehrer einer Meisterklasse unterrichtete er nun das Fach an der Basler Musikakademie. Er stützte sich bei seiner Arbeit am *Ring* auf diese lange Erfahrung als Lehrer. Geduldig, aber arbeitsbesessen; selbstsicher, aber nie auftrumpfend führte er die Künstler am Steinenberg in ihre ungewohnte Aufgabe ein.[19]

Im Geiste von Dalcroze leitete Gustav Güldenstein die eurhythmischen Vorarbeiten zum *Rheingold* und zur *Walküre*, aber er wurde dabei lebhaft von Wälterlin und Appia unterstützt. Während der vor grösseren Gruppen scheue Genfer einzelne Darsteller im persönlichen Gespräch an die Erkenntnisse von Dalcroze heranführte, versuchte Wälterlin vom Schauspielerischen her die Sänger zu einem stilisierten, vom Tänzerischen bestimmten Spiel anzuregen. Das gute Einverständnis der drei führte so zu überzeugenden Lösungen, wobei Augenzeugen noch heute auf zwei besonders geglückte Beispiele hinweisen. Zu Beginn des ersten Teils der Tetralogie erschienen die Rheintöchter, befreit von jeglichem

Schwimmapparat, als sanft dahingleitende, von den Wellen getragene Geschöpfe des Wassers. Keine ihrer Bewegungen jedoch sollte das Schwimmen in der Nachahmung einfangen. Vielmehr musste das von der Musik getragene Spiel des Wassers in den Rheintöchtern zum körperlichen Ausdruck finden. In einem lebendigen, und doch immer streng disziplinierten Einsatz des Körpers, in dem die Übergänge von einer Haltung in die andere dem Wasser gleich wie fliessend gestaltet wurden, waren die Rheintöchter hier nicht nur stimmlich, sondern auch körperlich mit der Musik eins.

Das zweite von Augenzeugen hervorgehobene Beispiel entstammt dem dritten Akt der *Walküre*. Die vor dem hell ausgeleuchteten Hintergrund als schwarze Silhouetten erscheinenden Walküren zogen, dem Impuls der Musik folgend, über die hohen Kuben, die den Horizont bildeten, die Stufen hinab. Die aufeinander abgestimmten Bewegungsabläufe, die sich im Gleichbild ergänzten, liessen die Walküren als eine geschlossene Gruppe erscheinen. Darüberhinaus erarbeitete Güldenstein besonders erfolgreich das Spiel zwischen festem und lebendem Körper: in immer wieder neuen Abänderungen setzte sich die biegsame menschliche Figur mit dem geometrisch starren Speer der Walküren in einen Bezug. Doch nie wurde Gustav Güldensteins Arbeit sich selbst zum Ziel. Wie Wälterlin, war ihm der Dienst an der Musik, und sein Beitrag aus dem Geist der Musik, höchstes Gebot.

Dieser musikalische Beitrag zum Basler *Ring* soll nicht unterschätzt werden. Gewiss, das Hauptaugenmerk sowohl der Kritik als auch der Zuschauerschaft richtete sich auf die szenische Neugestaltung. Der Fettdruck von Adolphe Appias Name im Programmheft zeigte, dass auch die Theaterleitung dem Beitrag des Genfers einen ganz besonderen Wert beimass. Trotzdem wurde der künstlerische Erfolg des *Rheingold* und der *Walküre* durch den unermüdlichen Einsatz des

Kapellmeisters Gottfried Becker wesentlich mitbestimmt. Hier fand sich ein Interpret, der Feingefühl und höchste Energie glücklich verband. Ganz im Sinne Appias enthielt sich Becker der Versuchung, die Klarheit der Partitur durch blosse Klangschönheit zu verraten. Seine Deutung liess Wagners grossräumige Architektur erkennen und entsprach damit vom Musikalischen her der klar gliedernden Bildgestaltung Appias. Auch mit dem Regisseur verband Becker ein volles Einverständnis. Nie überwältigte das Orchester den Gesang; jedes Wort der Spieler blieb ganz deutlich hörbar.

Dies Beharren auf einer klaren Diktion, die alle Gesangspartien, auch die des Chores und der Solisten im forte, deutlich vernehmbar machte, war ein zentrales Kennzeichen von Wälterlins Inszenierung. Weit über jeden pedantischen Anspruch jedoch wies dieses Merkmal auf ein Grundanliegen der Regie hin, nämlich Wagners doppeltem Ideal des Wort-Ton Dramas gerecht zu werden. Was Appia vom Szenischen her versuchte, wollte Wälterlin vom Inszenatorischen her entsprechen: die Rückführung über alles nur Historische oder Mythologische auf den Kern der menschlichen Auseinandersetzung, wie sie in der Einheit von Text und Musik enthalten war. Was Wälterlin als Regisseur des *Ringes* unter allen Umständen vermeiden wollte, war Wagners Bühnenwelt als ein romantisch verklärtes Stück deutscher Vergangenheit, als ein Museum wirklichkeitsferner, mythischer Gestalten. Die Oper mit ihrem zu oft falschen, leeren Pomp, wie sie gerade die Wagner-Pflege des späten 19. Jahrhunderts belastet hatte, sollte zugunsten des Musik-Dramas überwunden werden, in dem trotz der Fülle des Stoffes klar und erkennbar gezeichnete Figuren vor uns entstehen. In sorgfältigen, für ein Repertoiretheater recht ungewöhnlichen Einzelproben formte der Regisseur so die Sänger zu Darstellern, deren konzentriertes Spiel, von jeder bloss opernhaften Äusserlichkeit gereinigt, den Zuschauer direkt ansprechen sollte. Appias und

Wälterlins Forderungen wurden hier eins: die klar gezeichnete, auf ein menschliches Mass gebrachte Figur des Darstellers fügte sich spielerisch in den einfachen, architektonisch gegliederten Raum. Dieses fugenlose Zusammenspiel aller beteiligten Kräfte war ein kennzeichnendes Merkmal des grossen Basler Projektes. Die Solisten; der Chor; die Musiker unter der Leitung Gottfried Beckers; der Choreograph Gustav Güldenstein; Hermann Jenny und der technische Stab; Adolphe Appia und der alle Fäden sicher, und doch unaufdringlich zusammenhaltende Regisseur Oskar Wälterlin: sie alle wussten um die Besonderheit dieses Experimentes. Was sie trotz aller künstlerischen Eigenständigkeit verband, war der Glaube, mit neuen, ehrlichen Mitteln einem alten Meister des Musikdramas zu dienen. Ihr Einsatz ging weit über das an einem Repertoiretheater Übliche hinaus. Aber von der Vision Appias und der gewinnenden Art Wälterlins beflügelt, waren sie zum Wagnis bereit. Theater erwies sich hier einmal mehr als ein kollaborativer Akt. Gemeinsam, unter Aufbietung aller Kräfte, sollte dem Kunstwerk in einer wagemutigen Deutung gedient werden. Der Basler *Ring* von 1924/25 wurde so über die künstlerische Bedeutung hinaus zu einem Zeugnis echter Solidarität.

Wälterlin wusste genau, wie wichtig dieser solidarische Zusammenhalt aller Beteiligten war, denn schon während der Vorbereitungen zum grossen Projekt waren in Basel vereinzelte kritische Stimmen laut geworden. Die Theaterleitung konnte die Stärke dieser Gruppe von Traditionalisten nur schwer abschätzen, hat aber doch durch eine Reihe von Aufsätzen in der Theaterzeitung, durch eine Ausstellung im Gewerbemuseum und einen Vortrag Oskar Wälterlins versucht, die oft gehässigen Argumente der Reformgegner im vornherein zu entkräften. Die Stimmung aber war gespannt, da sich die Traditionalisten nicht belehren liessen und ihren

Widerstand ankündigten. Dieser Widerstand war gleich in der Premiere des *Rheingoldes* vom 21. November 1924 hörbar. Offensichtlich noch unorganisiert und vom zustimmenden Beifall fast ganz übertönt, waren Pfiffe und missmutige Buhrufe zu hören. Der menschenscheue und leicht verwundbare Appia war durch diese Zeugnisse des Unmuts verängstigt, aber Wälterlin versuchte seinen älteren Kollegen mit dem Hinweis auf den toleranten Grundcharakter der Basler zu stärken. Dieser Glaube des jungen Regisseurs sollte jedoch im Laufe der folgenden Wochen und Monate böse enttäuscht werden. In der Zeit bis zur Aufführung des zweiten Teils der Tetralogie sammelte und steigerte sich der Widerstand jener kleinen, aber entschlossenen Gruppe von Reformgegnern, angefeuert von einer zum Teil gehässigen Presse. Nach der Premiere der *Walküre* am 1. Februar 1925 entlud sich dieser Unmut in einer nun genau orchestrierten, über halbstündigen Missfallenskundgebung. Als sich Wälterlin und seine Mitarbeiter vor dem Vorhang zeigten, konnte der Applaus die Pfiffe und Schmährufe nicht mehr übertönen. Die Beckmesser hatten ihr Werk getan.

Der Reflex in der Presse auf die Basler Zusammenarbeit Oskar Wälterlins mit Adolphe Appia zeugt von der Bedeutung, die man dem Werk des grossen Bühnenreformers beimass. Nicht nur ausserkantonale, sondern auch ausländische Kritiker kamen in die Rheinstadt, um die Aufführungen zu besprechen. Ihre Neugierde war auf zweierlei Weise angeregt worden. Der *Tristan* an der Mailänder Scala hatte weit über die Grenzen Italiens Beachtung gefunden, wenn auch nicht immer zustimmende. Hier nun, im zentraler gelegenen Basel, gab sich für all jene Rezensenten die Möglichkeit, Appias Werk zu beurteilen, denen die wenigen Mailänder Aufführungen entgangen waren. Zudem hatte Wälterlin der regionalen und überregionalen Presse Material zukommen lassen, das über die neue Darstellungsform und über Appia selbst informierte.

Unter diesen neugierig gewordenen, nicht lokalen Rezensenten, nimmt Karl Reyle eine besondere Stellung ein. Als Kritiker des «Berner Tagblattes» besuchte er *Das Rheingold* und *Die Walküre* und erwies sich mit seinen Berichten als ein unabhängig denkender Geist, der zur Welt Adolphe Appias einen ganz natürlichen Zugang zu finden schien.[20] Reyle vereinigte in glücklicher Art zwei Tugenden des Kritikers, die sich dialektisch ergänzten: Anteilnahme und Distanz. Seine Berichte sind wertvoll, da sie sowohl klar beschreibend als auch vorsichtig interpretierend dem Werk Appias näherzukommen versuchen. Ein feines Gespür für das Besondere in den Reformbestrebungen des Genfers brachte ihn, den jungen Rezensenten, dem verehrten älteren Meister näher: Appia hat dem klugen und aufgeschlossenen Karl Reyle wiederholt für seine verständnisvolle Berichterstattung gedankt.

Ein ähnliches Bemühen um die so ganz neuartige Aufführungsform bewiesen die beiden grossen Basler Tageszeitungen. Sowohl die konservativen «Basler Nachrichten» als auch die radikal-demokratische «National-Zeitung» übten eine gerechte Abgewogenheit im Urteil.[21] Was ihre Besprechungen charakterisierte, war eine tief in der Tradition Basels begründete Toleranz, die sich offen, ohne beengendes Vorurteil, des Neuen und Fremden annahm. Schon in der klaren Gliederung der Rezensionen zeigte sich der Versuch, der ungewöhnlichen Erfahrung mit der gebührenden Sorgfalt näherzukommen: in deutlich gesetzten Abschnitten wurden die einzelnen Bausteine der Aufführung gewürdigt. Die sängerische und schauspielerische Leistung; die musikalische Ausdeutung der Partitur durch den Dirigenten; die Interpretation des Regisseurs: für sie alle war im Rahmen der Besprechung Raum. Und doch regte der Beitrag Appias zum raummässig ausführlichsten Dialog an. Ganz grundsätzlich begrüssten die beiden Rezensenten die Reformen des Genfers. Sie wiesen dabei besonders auf die wohltuende Befreiung von allen Überresten der alten Operntheatralik hin, und auf das Herausarbeiten jener ursprünglichen Grösse und Kraft im Werk, die an die antike Tragödie erinnerte. Appia und Wälterlin sei der Vorstoss zum Kern des Wagnerschen Musikdramas so überzeugend gelungen, da sie sich nicht gescheut hätten, den Ballast einer kunstfeindlichen Aufführungspraxis abzuwerfen. So galt dem Basler Experiment, trotz vereinzelter Vorbehalte, ihre Bewunderung und ihr Lob.

Diese klugen, bemessenen, um Verständnis bemühten Rezensionen in den «Basler Nachrichten» und in der «National-Zeitung» standen in einem schroffen Gegensatz zu den ausführlichen Besprechungen im katholisch-konservativen «Basler Volksblatt».[22] Was sich hier als Besprechung maskierte, war in Wirklichkeit nur ein gezielter, von Gehässigkeit verzerrter Angriff auf das ganze Projekt, ja in gemeinen Anspielungen auf die Person Appias selbst. Die baslerische Toleranz, so kennzeichnend für die Vertreter der beiden grossen Tageszeitungen, fehlte hier ganz. Joseph Cron gab ungeduldig seinem Missmut schon gleich zu Beginn der Kritik Raum. Dabei war sein Vorwurf nicht neu; Traditionalisten hatten schon seit Appias Anfängen ähnliche Vorbehalte geäussert. Hauptpunkt ihrer Argumentationen war der Einwand, der Genfer Reformer verstosse gegen die von Wagner genau festgelegten szenischen Vorschriften. Appia habe seine ganz persönliche, modernistische Vision auf ein Kunstwerk übertragen, das einem anderen Stilwillen, der Illusionsbühne, verpflichtet sei. Cron wurde so zum Fürsprecher der traditionellen, noch ganz im Spätrealismus wurzelnden Aufführungspraxis. Dies allein schon machte ihm den Brückenschlag zu Appias Welt schwierig. Was sein Verständnis jedoch vollends trübte, war die Leidenschaft seines Angriffes. Es schien, als ob er sich an seinen eigenen Worten berauschte. Ungebunden von jedem journalistischen Anstand gab er Appia und Wälterlin der Lächerlichkeit preis. Hohn, Spott und Verunglimpfung, von einer gewandten Feder geführt, sollten in der Leserschaft zu einer Hetzjagd auf die Reformer anstimmen. Joseph Cron machte sich damit für ein unrühmliches Kapitel der Basler Presse verantwortlich.

Die böse Saat, die Cron geworfen hatte, ging schon bald auf. Seine Rezensionen waren das Signal für alle Traditionalisten, ja Reaktionäre, die ihrem Unmut nun in einer immer geschlosseneren Front Ausdruck gaben. Diesmal war es der Präsident des Basler Wagner-Vereins, der im Sinne Crons, aber mit ungleich schärferen Waffen, das Reformwerk angriff. Als Mittelsmann der Bayreuther Festspiele für das Gebiet der Schweiz vertrat Adolf Zinsstag mit aller Entschiedenheit die traditionelle Wagner-Pflege im Sinne des spätrealistischen Illusionstheaters. Für jeden Versuch einer szenischen Erneuerung aus dem Geiste der Musik hatte er kein Verständnis, ja er griff mit erbarmungsloser Dogmatik Reform und Reformer an. Seine in der «Rundschau-Bürgerzeitung» erschienenen Berichte sind Zeugnisse dieser unbeugsamen Haltung.[23] In Tonfall und Wortwahl ging Zinsstag noch weit über Joseph Cron hinaus. «Die Prostitution eines Kunstwerkes am Basler Stadttheater»; «Kunstfeindliches aus Basel»; «Via Appia»: schon die Titelwahl seiner Berichte lässt die Angriffigkeit erkennen, mit der er die zögernden oder unzufriedenen Zuschauer weiter verunsichern und die Theaterleitung einschüchtern wollte. Beides ist Zinsstag gelungen. Die kleine, aber unentwegt und lautstark agitierende Gruppe der Traditionalisten setzte die Theaterleitung durch gezielte Missfallenskundgebungen, eine Fülle von Protestbriefen und lokalpolitische Drohungen unter einen solch starken Druck, dass sich diese gezwungen sah, den Plan eines vollständigen *Ringes* aufzugeben.[24] Die Reaktion hatte gesiegt. Was zu einer künstlerischen Tat von internationaler Bedeutung zu werden versprach, blieb Fragment. Das mutige

Experiment mit dem *Rheingold* und der *Walküre* endete in einem schrillen Misston; die Basler selber blieben dabei die wahren Verlierer.

Der Sturm über Adolphe Appias Neukonzeption von Wagners *Ring* hatte die Gemüter erregt. Durch Anschuldigungen, Repliken, Missverständnisse und einen sowohl offen als auch hinterhältig geführten Kampf war die für jede Theaterarbeit so wichtige öffentliche Meinung verwirrt, ja zum Teil vergiftet. Diese Überhitzung der Diskussion hat zu oft vergessen lassen, dass sich Appia und Wälterlin in der gleichen Spielzeit neben dem *Ring*-Fragment zu einer weiteren Zusammenarbeit am Stadttheater gefunden hatten: zum *Prometheus* des Aeschylus. Die Anregung hierzu war von Max Eduard von Liehburg ausgegangen. Liehburg, ein vermögender junger Mann, hatte sich nach dem Schulabschluss in Zürich dem Studium der Musik in Genf gewidmet. Die Musik führte ihn zum Tanz, und es war hier, im Studio von Emile Jaques-Dalcroze, wo er zum ersten Mal Skizzen von Appia sah. Mächtig angeregt durch diese Erfahrung, setzte sich Liehburg mit dem Werk des Genfer Reformers auseinander und wurde zu einem feurigen Fürsprecher Appias. Liehburg, der sich später als Übersetzer einen Namen machen sollte, hatte zu diesem Zeitpunkt gerade den *Prometheus* neu übertragen und war durch die Vermittlung seines Freundes Oskar Wälterlin mit der Bitte an Appia gelangt, gegen ein Honorar von fünfhundert Franken Bühnenskizzen für das Werk zu schaffen. Appias Wahlverwandtschaft mit der Welt der Antike und der ungestüme, begeisterte Einsatz des jungen Liehburg liessen den Genfer die Einladung annehmen. Das Stadttheater selbst schloss sich dem Plan an, und Oskar Wälterlin, mit beiden freundschaftlich verbunden, wurde zum Regisseur bestimmt. Bei ausführlichen Arbeitsgesprächen im «Hotel Krafft» einigten sich Spielleiter, Übersetzer und Szenenbildner auf die Form der Aufführung. Trotz dem alle Energien erfordernden Einsatz am *Ring*, hatte der *Prometheus* am 11. Februar 1925, zehn Tage nach der stürmischen ersten Aufführung der *Walküre*, Premiere am Steinenberg.

Für Appia war die Beschäftigung mit dem *Prometheus* nicht neu. Schon 1910 hatte er sich in einer Gruppe von Skizzen zu einem Tanzdrama mit dem Mythos auseinandergesetzt. Ein Vergleich dieser frühen Entwürfe mit dem Basler Modell zeigt den Weg an, den Appia in jenen fünfzehn Jahren zurückgelegt hatte. Noch entschiedener und unerbittlicher drängte sein Basler Szenenbild zu einer grösstmöglichen Vereinfachung, zu einer schmucklosen Monumentalität, die ihm ganz der antiken Tragödie zu entsprechen schien. Jeder Historizismus, jede falsch verstandene Gelehrsamkeit im Geiste des Spätrealismus war hier zugunsten der strengsten Stilisierung überwunden. Unmittelbar von der Prosceniumslinie beginnend hob sich zunächst sanft, dann immer steiler und die gesamte Bühnenbreite einnehmend, eine Rampe, aus der wie organisch der gewaltige Felsen des Prometheus herauswuchs. Dieses monolithische Bild, wie das Mahnmal aus einer drohenden Urzeit, wirkte gerade durch seine unsentimentale Härte: es wurde damit zur überzeugenden szenischen Metapher für das erbarmungslose Leiden des Titelhelden.

Appia selber war mit dem Ergebnis des Basler *Prometheus* nicht zufrieden. Er bedauerte die Kompromisse in Bild und Darstellung, die der Druck der Umstände dem Unternehmen aufgezwungen hatte. So etwa blieb es ihm aus technischen Gründen verwehrt, den Anstieg des Felsens schon im Orchestergraben anzusetzen, um damit an Höhe und Bedrohlichkeit zu gewinnen. Auch bemängelten er und Liehburg den Gebrauch von Frauen im Chor der Okeaniden. Trotz dieser Vorbehalte der Beteiligten selbst fand der *Prometheus* in der Basler Presse fast einhelligen Zuspruch, wobei nur wieder das «Basler Volksblatt» und die «Rundschau-Bürgerzeitung» in einer unbeugsamen Abwehrstellung verharrten. Die übrigen Rezensenten lobten besonders Appias architektonisch gegliederten Raum, der in seinem Verzicht auf jedes ornamentale Beiwerk der wuchtigen, erhabenen Grösse des Aeschylus sehr angemessen sei.[25] Darüberhinaus galt das besondere Lob Oskar Wälterlins Führung des Chores in Sprache und Tanz. Die aus dem textlichen Impuls geborene Bewegung hatte einen rhythmischen Gebrauch von Stimme und Körper geschaffen, der ganz im Geiste von Appia und Jaques-Dalcroze war.

Der Erfolg des *Prometheus* bei Presse und Öffentlichkeit konnte weder Appia noch Wälterlin über den Sturm der vergangenen Wochen und den Abbruch des *Ring*-Projektes hinwegtrösten. Zu tief war die Enttäuschung beider über die in der Presse geführte Hetzjagd und die Verführbarkeit von Theaterbesuchern. Verbittert zog sich Appia wieder in die Westschweiz zurück; Oskar Wälterlin, nicht weniger verbittert, aber durch einen Vertrag an das Stadttheater gebunden, musste hier, nun von manchem angefeindet, weiterarbeiten.

Der Sturm über den abgebrochenen *Ring* brachte für das Stadttheater eine Zäsur: Otto Henning trat als Direktor zurück. Bei der Suche nach einem Nachfolger stand die Auswahlkommission vor einer schweren Aufgabe, da sich mehr gut qualifizierte Anwärter gemeldet hatten als erwartet. Der Basler Posten war schon immer verlockend gewesen, da er dem Hausherrn einen doppelten Vorteil bot: für die Grösse der Stadt verfügte das Theater über ein unverhältnismässig starkes und erfahrenes Personal, das selbst sehr ehrgeizigen künstlerischen Plänen zur Wirklichkeit verhelfen konnte. Darüberhinaus galt Basel als eine wichtige Zwischenstufe auf dem Weg zu den grossen Bühnen des deutschsprachigen Raumes. Die Auswahlkommission prüfte sorgfältig alle Eingänge und entschied sich dann in einem für alle überraschenden Schritt für den erst dreissigjährigen Oskar Wälterlin. Dieser mutige Entscheid war dem Wahlgremium nicht leicht gefallen. Es wusste um die kleine, aber äusserst regsame Gruppe von Feinden, die sich Wälterlin als Hauptverantwortlicher des *Ring*-Projektes geschaffen hatte. Die Theaterkommission aber vertraute dem jungen Basler Regisseur vollumfänglich und war entschlossen, dem angekündigten Widerstand jener konservativen Minderheit durch eine einhellige Unterstützung Wälterlins zu begegnen.

Ein Mann besonders hat sich mit ganzer Kraft für diesen Wahlentscheid eingesetzt, nämlich das Mitglied der Theaterkommission Rudolf Schwabe. Der selber noch junge Basler hatte sich schon früh mit unzähmbarer Energie um die Belange des Stadttheaters bemüht. Dort hatte er über die Jahre einen Künstler heranwachsen sehen, der sich in fast allen Sparten erprobt und bewährt hatte. Verbunden durch gemeinsame künstlerische Überzeugungen schlossen Schwabe und Wälterlin eine enge Freundschaft. Feurig und beredt hat der Basler Verleger die Kandidatur Wälterlins gefördert; seine leidenschaftliche, doch immer sachkundige Befürwortung überzeugte selbst manchen Zweifler: die Wahl des jungen Regisseurs zum neuen Basler Theaterdirektor war gesichert.

Eine Fülle von Aufgaben drängte sich nun dem neuen Hausherrn am Steinenberg auf. Trotz der aufreibenden, kräftezehrenden Ereignisse um den Fragment gebliebenen *Ring* stellte sich Wälterlin mit jugendlichem Einsatz dem schweren Amt. Es war schwer, weil er sah, dass er unverzüglich und erfolgreich handeln musste, um das volle Vertrauen der Zuschauerschaft zurückzugewinnen, das durch das Appia Experiment teilweise gefährdet schien. Der kritische, aber immer ehrliche Dialog mit dem Publikum lag ihm durch sein Dissertationsthema sehr am Herzen, und so entwarf er schon in den ersten Wochen nach der Amtsübernahme Pläne, um diesen Dialog zu vertiefen. Eine erste Massnahme betraf die redaktionelle Aufwertung der Programmhefte. Schon in den früheren Jahren als Schauspieler und Regisseur hatte er sich für eine Stärkung dieser so oft vernachlässigten Brücke zwischen Theater und Publikum eingesetzt. Sein Entscheidungsrecht als Hausherr gab ihm nun die Möglichkeit, dieses Ideal kompromisslos zu verwirklichen. Die Heranziehung von anerkannten Fachleuten für Aufsätze zu den einzelnen Stükken; kurze Profile der Mitarbeiter in den verschiedenen Sparten; tagebuchartige Einblicke in die Probenarbeit; regelmässige Rechenschaftsberichte der Theaterkommission; ein sorgfältig redigierter und ernstgenommener Briefkasten: all diese Neuerungen oder Verbesserungen entsprangen dem Wunsch, den lebendigsten Austausch zwischen Theater und Zuschauerschaft zu fördern.

Eine weitere Stärkung im Sinne dieser Öffentlichkeitsarbeit war der Ausbau der Matineen. Diese sonntagmorgendlichen Vorträge mit Gesangsproben oder Rezitation hatten schon in früheren Jahren dank Wälterlins tatkräftiger Förderung Anklang gefunden; nun sollten die Matineen zu einer festen Tradition werden und sich wie selbstverständlich in das gesamte Angebot des Theaters einfügen. Als Planer, aber oft auch als gewandter Sprecher hat Wälterlin mit den Matineen Brücken zur Basler Bürgerschaft geschlagen.

Eine weitere administrative Massnahme des neuen Hausherrn betraf wiederum dieses Ausgreifen in die Öffentlichkeit, aber diesmal sollte über den engen Kreis der Stadt hinaus das weite und vielgestaltige Einzugsgebiet Basels angesprochen werden. Am genauen Schnittpunkt von drei Ländern konnte die Rheinstadt als Sammelbecken für den historisch, kulturell, sozial, aber eben auch demographisch so reichen Umkreis Basels wirken. Vereinzelte Gastspiele, doch in erster Linie das Auswärtige Abonnement machten Elsässer, Badenser und Baselbieter zu Zeugen der Theaterarbeit am

Steinenberg. Der so oft zur Rhetorik erstarrte Begriff einer Regio Basiliensis wurde hier zur lebendigen Wirklichkeit. Wälterlin wusste genau, dass diese energisch betriebene Öffentlichkeitsarbeit nur ihre Berechtigung verdiente, wenn sie auf einer echten künstlerischen Leistung am Theater selbst aufbauen konnte. Der ebenmässigen Stärkung aller Glieder des weitverzweigten Bühnenbetriebes galt denn auch sein besonderer Einsatz als neugewählter Direktor. Der kaufmännische Stab, die technische Mannschaft, die Mitarbeiter der Bild- und Kostümabteilung, besonders aber das Ensemble selber wurden auf ihre Tragkraft hin geprüft, und dann ergänzt, oder wenn nötig, durch neue Beizüger ersetzt. Lange vor der grossen Zürcher Zeit hat der junge Wälterlin hier am Basler Stadttheater versucht, ein Modell zu schaffen, in dem alle Teile, von der Direktion bis zur Komparserie, jedem Stück des Spielplanes ihren ungeteilten Einsatz zuführten.

So galt der Zusammenstellung eines anregenden und verantwortlichen Spielplanes Wälterlins besonderes Bemühen, da sich hier gleichsam das Profil eines Theaters offenbarte. Er berücksichtigte die Vorschläge aller Mitarbeiter und gab dann doch der Auswahl als Ganzem sein eigenes Gepräge. Vielfalt innerhalb der Geschlossenheit, Reichtum innerhalb eines klaren Profils, war sein Ziel. Dabei war er sich genau um die Schwierigkeiten bewusst, wobei die Verpflichtung zum Dreispartenbetrieb besonders auf ihm lastete. Er anerkannte die echte Herausforderung, auch die Notwendigkeit dieser Spielart für eine Stadt mittlerer Grösse wie Basel, doch fürchtete er, aus eigener Erfahrung belehrt, eine gefährliche Zersplitterung der Kräfte, die für eine konzentrierte Arbeit am einzelnen Stück nur wenig Energie übrigliess. Wälterlin nahm das Dreispartenmodell in Kauf, hat aber versucht, durch eine geringfügige Verminderung der Premierenzahlen jeder Inszenierung eine vermehrte Probensorgfalt zu ermöglichen. Nur so erhoffte er sich, jener lieblosen und kunstfeindlichen Arbeitsweise zu entgehen, die jeden Stadttheater-Betrieb bedrohte.[26]

Eine Durchsicht der Spielpläne während seiner Direktion zeigt, dass er sich energisch, und doch mit einem klugen, pragmatischen Sinn für eine Kursänderung eingesetzt hat. Am deutlichsten erkennbar bleibt hierbei die Zurückdämmung der Boulevard-Komödie zugunsten des anspruchsvollen, oft vergessenen Lustspiels. Das Auftragswerk an Schweizer Autoren und Komponisten bildete eine zweite Konstante, während den grossen Werken der klassischen Literatur seine besondere Pflege galt. Das Angebot war somit, wie später in Zürich, von einem doppelten Anspruch bestimmt: das Theater sollte immer im besten Sinne des Wortes unterhalten, und doch nie seine Aufgabe als Ort der Wahrheitssuche verraten.

Als Opernregisseur hatte sich Wälterlin, besonders durch die Zusammenarbeit mit Appia, internationale Anerkennung erworben. Dem Musikdrama galt denn auch als neugewählter Theaterdirektor seine ganze Aufmerksamkeit, wobei das Opernschaffen Mozarts zu einem Hauptpfeiler seiner Musikdramaturgie wurde. Hier verschuf sich offenkundig eine ganz persönliche Vorliebe des Hausherrn ihr Recht. Aber über den privaten Bezug hinaus war seine Mozart-Pflege auch von einem musikhistorischen Anspruch bestimmt: die Opern und Singspiele sollten in ihrer ursprünglichen Bühnenfassung zur Aufführung kommen. Ohne die entstellenden Zusätze oder Kürzungen von editorischer Hand wollte er dem Geist Mozarts in der reinsten Form entsprechen. Für das Basler Theater bedeutete dies ein mutiges Unterfangen, da man sich der gängigen Praxis entgegenstemmte und wohl auch manche durch Gewohnheit erstarrte Erwartung im Publikum zerbrach. Wälterlin aber glaubte an die Notwendigkeit seines Einsatzes und fand sich in dieser Überzeugung vom Mozartkenner Felix Weingartner bestärkt. Auch Weingartner, dessen Laufbahn über das Studium bei Franz Liszt zur Wiener

Oper geführt hatte, setzte sich tatkräftig für die ursprünglichen Bühnenfassungen ein. Als Dirigent mit langjähriger Bühnenerfahrung kannte er die Praxis jener theatergerechten, aber werkfremden Einrichtungen. Eine ganz spontane, ehrliche Achtung vor Mozart verbot damit sowohl Weingartner als auch Wälterlin entstellende Eingriffe. Das volle Einverständnis der beiden führte dazu, dass der grosse österreichische Dirigent seit 1927 als ständiger Gast am Basler Theater wirkte. Die von den beiden sorgfältig und liebevoll betreuten Mozart-Aufführungen gehören zu den schönsten Zeugnissen aus Wälterlins Basler Intendanz.[27]

Trotz mancher künstlerischer und menschlicher Erfüllung war die Basler Direktion für Wälterlin auch eine Zeit enttäuschter Hoffnungen und bitterer Niederlagen. Der schwerfällige bürokratische Apparat des Stadttheaters war hierbei ein Hauptgrund seines wachsenden Unmutes. Obwohl ihm die Verwaltung günstig gesinnt war, musste er enttäuscht einsehen, dass seine Unternehmungslust immer von neuem auf eng gesetzte Grenzen stiess. Das systemerhaltende Prinzip setzte sich gegen viele seiner Reformvorschläge zur Wehr. Die unablässig vorgebrachten Anträge um höhere Subventionen blieben zudem meist ohne Erfolg. Diese täglich geführte Auseinandersetzung mit einer erstarrten Bürokratie entwickelte sich nie zu lauten Zusammenstössen; dazu war Wälterlin ein zu umgänglicher, auf pragmatische Lösungen bedachter Mensch. Aber als Verwalter eines vielgliedrigen Betriebes fühlte er sich zunehmend in seiner künstlerischen Arbeit beengt. Ungeduldig sah er neuen Aufgaben entgegen, in denen er sich, fern aller administrativen Verpflichtung, ganz als Bühnenkünstler bewähren konnte.

Neben dem Unbehagen an einer versteinerten Bürokratie kam ein weiterer, ganz persönlicher Grund hinzu, der ihm einen Abschied von Basel nahelegte. Wälterlin war immer ein sehr privater Mensch gewesen. Gerade die Arbeit in einer so öffentlichkeitsbezogenen Kunst wie dem Theater liess ihn den Wert eines Reservates erkennen, in dem er seinen persönlichsten Gefühlen Ausdruck geben konnte. Die Freundschaft mit einem jungen Schauspieler war eines dieser Reservate, das er vor dem neugierigen Zugriff der Öffentlichkeit schützen wollte. Der Versuch, sein eigenes, sich selbst treues Leben zu führen, ist ihm aber hier in Basel nicht gelungen. Solange er als Schauspieler und Regisseur wirkte, duldete man stillschweigend seine Eigenart, obwohl sich schon während der Zusammenarbeit mit Appia einzelne Spötter hervorgetan hatten. Seit der Ernennung zum Theaterdirektor aber wurden diese gehässigen Stimmen lauter. Die Gegner, die sich Wälterlin durch seine mutigen Inszenierungen geschaffen hatte, brachten nun sein Privatleben ins Gespräch, da ihnen künstlerische Argumente in ihrem zerstörerischen Spiel nicht weiterhalfen. Der wiederholte Hinweis auf das Verhältnis des Theaterleiters mit einem jungen Schauspieler tat seine Wirkung. Wälterlin war nicht bereit, diese Freundschaft aufzugeben, doch die unablässigen Vorwürfe zermürbten ihn, besonders da sie seinen Glauben an die traditionelle Toleranz der Basler schwer erschütterten. In der Entscheidung zwischen der Treue zur Heimatstadt und der Treue zum Freund konnte es nur eine Wahl geben. Schweren Herzens, und doch froh, den täglichen Verdächtigungen zu entgehen, kündigte Wälterlin 1932 seinen Vertrag mit dem Basler Theater und verliess die Stadt, in der er Kindheit, Jugend und die frühen Mannesjahre verbracht hatte.[28]

Wie lässt sich dieser erste Abschnitt von Wälterlins Berufsleben in der Rückschau beurteilen? Was zunächst auffällt, ist die gründliche Schulung in allen Sparten der praktischen Theaterarbeit, die ihm hier am Steinenberg geboten wurde. Sein unbändiger Lerneifer liess ihn mit jugendlichem Übermut auf allen Fronten gleichzeitig angreifen. In harter

Selbstprüfung, und doch fast spielerisch, eignete er sich das Handwerk der Schauspielerei an und fügte sich unaufdringlich in ein Ensemble mit jahrelanger Berufserfahrung. Als Dramaturg schärfte er seinen Sinn für literarische Werte und legte damit den Grundstock der Erkenntnisse, die Jahre später in der grossen Zeit am Pfauentheater so wegweisend werden sollten. Als Regisseur lernte er durch die Feuerprobe, indem er sich gleich an schwierigen Werken zu bewähren hatte. Als er 1925 zum Direktor des Basler Stadttheaters gewählt wurde, hatte eine noch kurze Laufbahn ihren vorläufigen Höhepunkt erreicht.

Und doch hat Wälterlin im Rückblick auf jene Jahre dem raschen äusseren Erfolg immer weniger beigemessen als dem entscheidenden Ereignis der Zusammenarbeit mit Adolphe Appia. Der junge Regisseur war klarsichtig genug, um zu erkennen, dass er hier geholfen hatte, Akzente zu setzen, die das Theater der Zukunft mitbestimmen sollten. Über diese künstlerische Bedeutung hinaus war er sich über den persönlichen Einfluss des Genfers bewusst: die Berührung mit dem Künstler, auf den das seltene Wort Genie zutraf, sollte Oskar Wälterlin ein Leben lang prägen.

3. Zwischenspiel in Frankfurt

Oskar Wälterlins frühe Basler Arbeit zeigte sich ihm in der Rückschau immer als zweigesichtig. Zunächst waren jene Jahre von 1918 bis 1932 eine Zeit voller herausfordernder Aufgaben und künstlerischer Erfüllung. Vom Baumgarten im *Wilhelm Tell* hatte ein langer Weg zur Direktion des Basler Theaters geführt. Er war erst Mitte dreissig, und doch schien sich für ihn alles erfüllt zu haben, was er vom Theater hätte erhoffen dürfen. Man bezeichnete ihn als ein Glückskind, dem Begabung und unermüdlicher Einsatz alle ersehnten Erfolge zugespielt hatten.

Die Kehrseite dieses äusseren Erfolges aber war die missliche Erfahrung mit der Intoleranz der Basler, die ihn zweimal traf. Der in der Presse angeführte und von einer lautstarken Minderheit durchgefochtene Kampf gegen das *Ring*-Projekt hatte ihn schwer enttäuscht. Der Wegzug, ja die Verbannung seines Lehrmeisters und Freundes Adolphe Appia aus Basel setzte auch für ihn Zeichen. Es war eine Enttäuschung, die tiefer ging als viele meinten und deren Bitterkeit er nie ganz vergessen sollte. Die zweite Ernüchterung betraf die neugierige, gemeine Kampagne gegen sein Privatleben. Die von einer kleinen Gruppe gezielt vorgebrachten Verdächtigungen zermürbten ihn und beschleunigten seinen Entschluss, die Heimatstadt zu verlassen.

Durch die Kündigung seines Vertrages mit dem Basler Stadttheater setzte Wälterlin eine deutliche Zäsur. Noch einmal, wie schon beim Ende seiner Studienzeit, packte ihn nun die grosse Reiselust. Befreit von der alle Zeit raubenden Verpflichtung als Theaterleiter schmiedete er gross angelegte Pläne, die ihn ins Weite, fern von der täglichen Kleinarbeit, bringen sollten. Die Vereinigten Staaten, in die er einmal sogar auszuwandern gedachte; Mexiko; Nordafrika; der Nahe Osten; Japan: von einer nervösen Ungeduld gedrängt und wie um der schmerzlichen Erinnerung an Basel zu entgehen, plante er verwegen Reisen ins weite Ausland.

Aber wie schon 1918 durchschaute er all diese Pläne als Fluchtversuche. Der Realist in ihm setzte sich wieder durch. Und doch hat es Wälterlin verstanden, in den Monaten nach der Vertragskündigung seiner Reiselust einen Raum zu gewähren, ohne die künstlerische Arbeit zu vernachlässigen. Freunde hatten ihm zwar nach den aufreibenden Geschehnissen gerade des letzten Basler Amtsjahres zu einer längeren Ruhepause geraten; aber Wälterlin drängte neuen Aufgaben zu. In einem eigentlichen Arbeitsrausch inszenierte er, ohne sich zu schonen, in vielen Städten des In- und Auslandes. Sein Ruf, besonders als Opernspezialist, hatte sich über die Jahre so gefestigt, dass ihm die Wahl der aufzuführenden Werke meist freistand. Mit *Orpheus und Eurydike, Der Entführung aus dem Serail, Der Verkauften Braut* und *Carmen* etwa überzeugte er Opernfreunde von seinem sicheren Handwerk als Regisseur.[1]

Neben den Einladungen zu einzelnen Inszenierungen, die so häufig eintrafen, dass er nach Gutdünken auswählen konnte, erhielt Wälterlin auch verschiedene Angebote zu festen Bindungen an einen Theaterbetrieb. Unter diesen erschien ein Angebot aus Dresden als besonders verlockend. Die alte Oper im Semperbau war trotz ihrer langen Geschichte nie in der Tradition erstarrt, sondern hatte sich im Sinne der Reform neuen Wegen immer offen gezeigt. Dieser künstlerische Wagemut musste den erneuerungsfreudigen Regisseur Wälterlin locken. Aber die Unrast, die ihn seit dem

Abschied von Basel gekennzeichnet hatte, war vorläufig noch stärker. In einem freien Arbeitsverhältnis fühlte er sich wohl: wie um der ruhigen Besinnung zu entgehen, zog er als Gast von einem Theater zum andern.

Und doch hat er sich schon bald wieder fest an ein Haus binden lassen. Sosehr er die freie Arbeit als Gastregisseur zu schätzen wusste, sosehr vermisste er das enge, kameradschaftliche Zusammenwirken mit einem ihm vertrauten Ensemble. Der Drang zur Eingliederung in einen aufeinander abgestimmten Spielkörper zeigte sich immer stärker, und so folgte Wälterlin 1933 einem Ruf als Oberspielleiter der Oper an die Städtischen Bühnen Frankfurt.

Die Mainstadt zog ihn aus zweierlei Gründen an. Frühere Besuche hatten ihn die Schönheiten der verwinkelten Altstadt entdecken lassen, die vom traditionsbewussten Bürgersinn der Frankfurter geprägt war. Auch hoffte er, in der Geburtsstadt Goethes die Erinnerung an *Dichtung und Wahrheit* wieder zu beleben, eine Lektüre, die den jungen Wälterlin in den Gymnasialjahren stark beeindruckt hatte.

Die eigentliche Anziehungskraft aber bildete die Herausforderung, frei von den Bürden einer Intendanz an einer grossen Bühne mitarbeiten zu können, wobei sich die Grössenbezeichnung sowohl auf den Bau und den technischen Apparat als auch auf die künstlerische Qualität bezog. Das Frankfurter Opernhaus hatte eine lange und glanzvolle Geschichte hinter sich.[2] Das altehrwürdige Gebäude konnte sich der modernsten Bühneneinrichtung Deutschlands rühmen. Die Tätigkeit der künstlerischenLeiter, etwa des Dirigenten Clemens Krauss, hatte den Ruf der Frankfurter Oper weit über die Grenzen des Landes getragen. Hans Meissner war 1933 zum Direktor der Vereinigten Städtischen Bühnen berufen worden; er war somit gleichzeitig für Schauspiel und Oper verantwortlich.[3] Da er selber von der Sprechbühne herkam, wählte er die leitenden Vertreter des Opernstabes mit grösster Sorgfalt aus, da sie als die eigentlichen Pfeiler dieser Sparte wirken sollten. Meissner bewies mit seiner Wahl eine glückliche Hand. Für die Regie verpflichtete er Walter Felsenstein und Oskar Wälterlin; für die Ausstattung Caspar Neher und Ludwig Sievert, vier Künstler, die alle zu hoher Anerkennung kommen sollten. Das Rückgrat bildeten eine nach strengsten Maßstäben zusammengestellte Gruppe von Solisten, ein geschulter Chor, erfahrene Dirigenten und ein sorgfältig aufeinander abgestimmter Spielplan.

Bei der Zusammenstellung dieses Spielplanes verliess sich der Frankfurter Intendant in entscheidendem Masse auf die Vorschläge Oskar Wälterlins. Meissner kannte die langjährige Opernerfahrung seines Basler Oberspielleiters; er gewährte ihm ein grosszügiges Auswahlrecht, sodass die Spielpläne von 1933 bis 1938 deutlich die Handschrift Wälterlins verraten. Zwei Schwerpunkte lassen sich hierbei erkennen. Zum einen fühlte sich Wälterlin verpflichtet, dem traditionellen Erbe zu dienen. Als Theater, das aus Steuergeldern aller Schichten getragen wurde, war es auch allen Schichten verantwortlich. Wälterlin verschmähte es deshalb garnicht, eigentliche Zugopern in den Plan einzubeziehen. *Martha, Der Wildschütz, Die Macht des Schicksals* wurden mit der gleichen künstlerischen Sorgfalt vorbereitet, wie jede andere Oper auch. Neben der Tradition, in der deutsche und italienische Werke besondere Beachtung fanden, galt der zweite Schwerpunkt dem zeitgenössischen Schaffen, wobei jungen, noch wenig erfahrenen Komponisten des Landes oder gar der Stadt Frankfurt ein Vorrecht zugesprochen wurde. So bewegte sich der Spielplan in einem klugen Gleichgewicht zwischen der Tradition und dem Wagnis. Beiden Möglichkeiten hat der Regisseur Wälterlin mit Erfolg gedient.

Innerhalb der Tradition gelangen ihm die schönsten Leistungen bei den Opern Mozarts, Rossinis und Richard Wagners. Mit dem *Don Giovanni* hatte er sich am 16. September 1933 erfolgreich dem Frankfurter Publikum vorgestellt, und dem Werk Mozarts galt in den fünf Jahren der Tätigkeit in der Mainstadt immer wieder sein besonderer Einsatz. Diese wiederholte, durch immer neue Einsichten angereicherte Beschäftigung mit Mozart kam auch jener Oper zugute, der von Jugend an seine besondere Gunst gegolten hatte, nämlich der *Hochzeit des Figaro*. Die besondere Stellung dieser Oper in Wälterlins Schaffen lässt sich aus einem Impuls erklären, auf den er selber im Gespräch oft hingewiesen hat: es war dies der Wille, ein von allen entstellenden Überlagerungen freies Mozart-Bild zu zeichnen.[4] Wälterlin hatte sich schon früh mit aller Kraft gegen eine hartnäckige Tradition gewehrt, die Mozarts Werk einem enggefassten Rokoko zuwies und das Idyllische, Tänzerische, Verspielte als Hauptmerkmal hervorhob. Zu oft war er im Konzertsaal und auf der Bühne einem Mozart begegnet, der liebenswürdig, neckisch, ja leichtfertig erschien und damit der gängigen Auffassung des Rokoko entsprach. In dieser verharmlosten Sicht mussten Mozarts genaue Menschenkenntnis, sein Sinn für die tragische Erfahrung und das Dämonische unbekannte Grössen bleiben. Das Bild vom kindlich-heiteren, nie ganz erwachsenen Komponisten hatte sich tief im Bewusstsein des Publikums festgesetzt.

Gerade *Die Hochzeit des Figaro* aber erschien Wälterlin als der schönste Beweis für einen reicheren, kräftigeren Mozart. Hier fand er eine Oper, die im Geist dem ihm durch Schiller so vertrauten Sturm und Drang verwandt war. Ein Jahr nach *Kabale und Liebe* und vier Jahre vor der Französischen Revolution niedergeschrieben, wurde *Die Hochzeit des Figaro* für ihn zu einem mit scharfem Auge erfassten Zeitbild des ancien régime. Für Wälterlin war der *Figaro* über die frivole Intrigenkomödie hinaus ein Spiegel gesellschaftlicher Spannungen; die Vorbeben der Revolution, wie sie Beaumarchais im Gleichnis des Spiels eingefangen hatte, waren für ihn auch in Mozarts Werk deutlich spürbar. Für den Regisseur bedeutete dies vor allem eine ganz ursprüngliche, frische Erfassung der Charaktere. Weit entfernt von den zerbrechlichen Porzellan-Figuren im Sinne des Rokoko, leitete Wälterlin die Sänger zu einem vollblütigen Spiel an, das der Freude und dem Leid der dargestellten Menschen den lebendigsten Ausdruck verlieh. Mozarts Oper wurde in Wälterlins Regie zu einem geglückten Beispiel des realistischen Musiktheaters. Ohne Beschönigung, ohne die Flucht in eine verspielte Eigenwelt, wurde der Kern des menschlichen Dramas in Libretto und Musik freigelegt: *Die Hochzeit des Figaro* gewann so ihr ursprüngliches, kraftvolles Profil als musikalisches Dokument des Sturm und Drang zurück. Die Neuinszenierung zum Ende der Spielzeit 1936 brachte dem Regisseur das ungeteilte Lob von Presse und Zuschauern. Der Vorstoss zum wahren Mozart hinter der entstellenden Maske hatte sich gelohnt.[5]

Auch Gioacchino Rossini hat Wälterlin mit gleicher Überzeugungskraft gedient. Sein *Barbier von Sevilla* in der Spielzeit 1936/37 riss mit seiner überschäumenden Spiellaune die Frankfurter, wie schon Jahre zuvor die Basler, zu wahren Beifallsstürmen hin.[6] Wälterlins wichtigster Beitrag zur Frankfurter Oper innerhalb der Tradition betraf aber das Werk Richard Wagners. Mit dessen Musikdramen hatte er sich schon in Basel zu verschiedenen Malen auseinandergesetzt, und auch hier sollte er, wie schon damals in der Heimatstadt, starke Akzente setzen. Zur Seite stand ihm wiederum ein eigenwilliger Szenenbildner, dem eine Erneuerung der Wagnerschen Bühne aus dem Geist der Musik höchstes Gebot war. Ludwig Sievert war in der Tat ein Schüler Adolphe Appias.[7] Er hatte sowohl die theoretischen Schriften als auch die zahlreichen bildlichen Entwürfe des Genfers genau studiert. Auch hatte er es sich nicht entgehen lassen, die wenigen Aufführungen als Augenzeuge zu erleben. Der *Tristan* in Mailand, *Das Rheingold* und *Die Walküre* in Basel wurden ihm zum Leitbild. Er bewunderte die strenge Stilisierung, das Erbauen eines szenischen Raumes aus wenigen monolithischen Grundformen. Schon Sieverts frühe Entwürfe, so etwa jene für den Freiburger *Ring* im Jahre 1912, zeigen deutlich die Spuren, die der Impuls des grossen Genfers gelassen hatte. Und doch war Sievert eigenständig genug, um nicht zu einem Sklaven seines Vorbildes zu werden. Seine Arbeiten an Wagner für das Frankfurter Opernhaus verbanden die Einsichten Appias mit einem stilisierten Realismus. Diese Synthese war nicht ein Kompromiss aus Schwäche, sondern ein immer neu unternommener Versuch, die Tradition mit der Radikalität neuer Forderungen zu verbinden. Wälterlin hat sich in seinen Frankfurter Wagner-Inszenierungen mit Hingabe und Erfolg für diesen Mischstil eingesetzt. Für ihn bedeutete dies keineswegs einen Verrat an den in Basel noch so getreu befolgten Idealen Adolphe Appias; vielmehr sah er in der Zusammenarbeit mit Ludwig Sievert ein künstlerisches Abenteuer, in dem die grundsätzlichen Forderungen des Genfer Reformers in einer neuen Brechung gespiegelt wurden.

Die Opern des traditionellen Erbes bildeten den einen Schwerpunkt der Frankfurter Spielplanpolitik. Der Intendant Hans Meissner und sein Oberspielleiter Oskar Wälterlin wussten aber um die Gefahren einer nur historisch bestimmten Opernauswahl und förderten daher im Sinne eines gerechten und gesunden Gleichgewichts zeitgenössische Werke. Besonders Wälterlin erwarb sich bei dieser aktiven Musikdramaturgie hohe Verdienste. Seine Förderung des zeitgenössischen Opernschaffens entsprang nicht modischer Avantgarde, sondern seinem Glauben an die Notwendigkeit eines liberalen Spielplanes, der die ganze Vielfalt der Möglichkeiten von der Tradition bis zur Moderne miteinschloss. Im Auftrag des Hausherrn Hans Meissner schuf Wälterlin so Verbindungen zu Komponisten der Gegenwart, regte sie zur Arbeit für die

Gattung der Oper an und band die Besten unter ihnen vertraglich an das Frankfurter Haus.

Im Zuge dieser Ermunterung junger Musiker ging auch ein Kompositionsauftrag an den 33jährigen Bayern Werner Egk.[8] Nachdem dieser in seiner frühen Laufbahn literarischen und philosophischen Interessen gefolgt war, wurde die Musik zur immer stärker fordernden Aufgabe. Studien in Frankfurt und München, aber besonders ein fast zweijähriger Aufenthalt in Italien halfen Egk, seinen eigenen Stil zu finden. Mit dieser selbst erarbeiteten Klangsprache setzte sich der junge Komponist schon bald mit Erfolg durch. Der für das neue Musikschaffen aufgeschlossene Rundfunk nahm sich seiner Werke an. 1932 errang er hier mit seinem *Columbus* den ersten grossen Erfolg. Die Frankfurter Dramaturgie ermutigte Egk, nach seinen symphonischen Arbeiten nun ein Bühnenwerk zu wagen. So kam am 22. Mai 1935 seine erste Oper, *Die Zaubergeige*, hier zur Uraufführung.

Es waren besonders zwei Punkte, die den Regisseur Oskar Wälterlin an diesem Bühnenerstling anzogen. Einmal bewunderte er die Theaterwirksamkeit der *Zaubergeige*. Hier schien ihm ein Komponist am Werk, der über ein intuitives, ganz sicheres Verhältnis zur Bühne verfügte und dessen Geschick als Librettist den Sängern wirkungsvolle Spielmöglichkeiten bot. Die reine Oper wurde hier zum Musikdrama, in der das innere und äussere Geschehen, besonders aber die Beziehung der Figuren zueinander, zu einer bühnengerechten Wirkung fand. Der für den Regisseur zweite wichtige Punkt war hiermit eng verknüpft. Er betraf die an Werner Egks Musik oft hervorgehobene Volkstümlichkeit. Wälterlin misstraute jener Gruppe von Avantgardisten, die sich akademisch gab, sich in Zirkeln abschloss, ja eine eigentliche Verachtung für den Erfolg beim Publikum hegte. Dem Hochmut mancher Modernisten stellte er sein Ideal vom Musikschaffenden entgegen, der die Tradition ganz in sich aufgenommen hatte, der auch unerschrocken neue Wege ging, der aber den Dialog mit der grossen Zuhörerschaft nie verlor. Werner Egk schien diesem Ideal sehr nahe zu kommen. Volkstümlichkeit hatte hier nichts mit einer Anbiederung an das Publikum zu tun; vielmehr war sie ein ganz reiner Ausdruck des Vertrauens, das Egk und Wälterlin der Gemeinschaft aller Zuschauer zollten. Diese Volksverbundenheit, ernstgenommen als Verpflichtung dem Publikum gegenüber, darf nicht darüber hinwegtäuschen, dass *Die Zaubergeige* sowohl vom Libretto als auch von der Partitur her ein äusserst komplexes künstlerisches Gebilde darstellt. Schon als Schüler war Egk mit dem Stoff vertraut geworden. Seit er das alte Marionettenspiel des Grafen Pocci in München gesehen hatte, hielt ihn der Stoff der *Zaubergeige* gefangen. In verschiedenen Stufen erarbeitete er eine Opernfassung, die den simplen Ablauf der Vorlage zugunsten der genau abgezirkelten Form des Kunstmärchens überwand. Auch die Musik konnte trotz ihrer Nähe zum Volksgut den Kunstcharakter nicht verleugnen. In dieser Doppelbeziehung erwies sich Egk als ein gelehriger Schüler Strawinskis. Beide verstanden es, den volksliedhaften Grundton mit einer Orchestrierung zu verbinden, die alle Möglichkeiten, besonders des Rhythmischen, ausschöpfte. Volksmusik und Kunstmusik fanden in der *Zaubergeige* zwar nicht zur Deckung, aber doch zu einer grösstmöglichen Annäherung.

Wälterlin widmete der Uraufführung der *Zaubergeige* seine ganz besondere Sorgfalt, denn er wusste um die hohen Erwartungen, die an Egks Bühnenerstling geknüpft waren. Nicht nur die Frankfurter, sondern auch die überregionale Presse hatte Theaterfreunde durch Aufsätze über Egk und Gespräche mit dem Komponisten neugierig gemacht. Zudem hatten die führenden deutschen Zeitungen versprochen, ihre Musikkritiker zur Uraufführung zu schicken. Dieser genauen Prüfung durch Kenner wollte Wälterlin genügen. Aber stärker noch als der äussere Druck war die innere, künstlerische Verantwortung. Jede Uraufführung setzte ja ein Mass. Ohne den Rückhalt auf vorangegangene Inszenierungen galt es hier, neue Werte zu schaffen. Ein volles Einverständnis aller am Unternehmen beteiligten Kräfte war daher Voraussetzung für Geschlossenheit und damit Überzeugungskraft des neuen Bühnenwerkes. Grundbaustein dieses Einverständnisses in Frankfurt war die enge Zusammenarbeit von Wälterlin und Egk. Eine stete Zwiesprache kennzeichnete die Vorbereitungen. Nie spielte sich der Regisseur selbstherrlich auf; der Dienst am Werk im Sinne des Komponisten war ihm Gebot.

Nach einer langen, intensiven Probenzeit kam es im Mai 1935 zur festlichen Premiere, zur Uraufführung der *Zaubergeige*. Wie uns Augenzeugen jenes ersten Abends bestätigen, fand die Oper beim Publikum ungeteilten Zuspruch. Dirigent, Regisseur und Komponist mussten sich am Ende immer wieder mit den Sängern dem Beifall stellen. Auch die Kritik in der Tagespresse war fast ohne Ausnahme zustimmend.[9] Neben der Würdigung von Egks Libretto und Musik galt das Lob wiederholt der Regieführung Oskar Wälterlins, wobei man besonders auf die schwierige, aber vollends geglückte Verbindung des Märchencharakters mit Elementen der Wirklichkeit hinwies. In der Gestaltung der grossen Szenen, etwa der Ehrung Kaspars durch die Bürgerschaft, gelangen Wälterlin bewegte und doch genau durchgestaltete Bildwirkungen, während er die einzelnen Figuren durch schauspielerische Präzision lebendig werden liess. Der Erfolg der Uraufführung war so in einem entscheidenden Masse vom Regisseur bestimmt, in dessen Hand alle Fäden zusammenliefen.

Nicht immer aber war Wälterlin bei Uraufführungen das Glück und der Erfolg beschieden, den er mit der *Zaubergeige* erleben durfte. Es konnte vorkommen, dass er sich als Musikdramaturg auf junge Komponisten verliess, deren Begabung der harten Probe auf der Bühne selbst nicht standhielt.

Wälterlin hat nie versucht, diese Fehlgriffe zu entschuldigen. Ehrlich sich selbst gegenüber, anerkannte er die Misserfolge, griff aber dann ganz pragmatisch wieder neue Projekte auf, um sich frisch zu bewähren. Als Beispiel eines solchen dramaturgischen Fehlgriffes sei hier nur Hans Heinrich Dransmanns *Münchhausens letzte Lüge* genannt, der Wälterlin am 18. Mai 1934 in Frankfurt zur Uraufführung verhalf. Das Libretto hatte zwar durch die altvertraute Figur des Münchhausen den Vorzug einer gewissen Volkstümlichkeit, aber der Handlungsablauf erwies sich schon bei den ersten Proben als so langatmig, dass selbst Straffungen dem kaum abzuhelfen vermochten. Wälterlins Regie ist denn auch als unsicher und nervös bezeichnet worden, zwei für seine Arbeit sonst ganz uncharakteristische Vokabeln. Die Uraufführung von Dransmanns Werk gehört so gewiss nicht auf das Ruhmesblatt der Frankfurter Oper.[10]

Und doch war es die Uraufführung eines deutschen Werkes, mit der Oskar Wälterlin von Frankfurt aus internationale Anerkennung fand. Unter seiner szenischen Leitung wurden Carl Orffs *Carmina Burana* am 8. Juni 1937 zum ersten Mal aufgeführt. Orff gehörte dem gleichen Jahrgang an wie Oskar Wälterlin.[11] 1895 in München geboren, wuchs er in einem musikliebenden Familienkreis auf. Schon als Knabe zeigte sich seine Begabung im Feld der Komposition. Mit Verständnis förderten die Eltern die musikalische Leidenschaft ihres Sohnes. Als Schüler der Münchner Akademie der Tonkunst wurde der junge Orff in Systematischer Komposition ausgebildet. Sodann kamen für den jungen Musiker fünf wichtige Jahre. Von 1915–1920 arbeitete er als Korrepetitor und Kapellmeister in München, Mannheim und Darmstadt. Wie Orff wiederholt betont hat, war diese enge Bindung an den täglichen Betrieb dreier grosser Theater von entscheidendem Einfluss auf seinen Sinn für die spezifischen Gegebenheiten der Bühne. Hier erarbeitete er sich durch stete

Erfahrung und kluge Beobachtung das Rüstzeug zu seinen späteren Bühnenwerken. Um die Welt des Theaters kreist denn auch Orffs Schaffen, denn selbst das bedeutende Schulwerk bezieht ja durch seine Didaktik den einzelnen Zuhörer in einem ganz theatermässigen Sinn ein.

Orffs musikalische Laufbahn erfuhr eine scharfe Zäsur, als er auf eine mittelalterliche Textsammlung stiess, die seine Phantasie mächtig anregte. Es handelte sich dabei um die im späten 13.Jahrhundert im bayrischen Stift Benediktbeuern zusammengestellte Anthologie meist mittellateinischer Lyrik, die, erst 1803 entdeckt, unter dem Namen *Carmina Burana* bekannt geworden ist. Was Orff besonders anzog, war die urtümliche Kraft und die Weite des Empfindens. Die oft obszöne Derbheit des Bänkelgesangs, die Lobpreisung des Weins in ausgelassenen Trinkliedern, die verwegene antiklerikale Spötterei hatten hier ebenso ihren Raum wie die Mahnung des Schicksalsrades und der Bezug auf die Passion Christi. Auch sprachlich erfüllten die Lieder der *Carmina Burana* Orffs Ideal von einer umfassenden Schau des menschlichen Treibens. Aus dem bunten Gemisch von Mittellatein, mundartlichem Französisch und Bayrisch entstand ein Sprachrhythmus, der sich Orff ganz unmittelbar mitteilte.

Von diesem im Wort geborgenen Rhythmus ist die Musik zu den *Carmina Burana* geprägt. In ihrer sinnlichen, fast heidnischen Direktheit fängt sie die geballte Kraft des mittelalterlichen Textes unverwechselbar ein. Klar, entschieden, unzimperlich, von hart federnden Schlageinheiten getragen, fügt sich die szenische Kantate in drei Episoden zu einer geschlossenen Einheit von unerhörter Wirkung.

Um dem Werk all die Sorgfalt entgegenzubringen, die es verdiente, wurde trotz der Kürze der Oper eine längere Probenzeit anberaumt als dies für Neuinszenierungen die Regel war. Für Wälterlin persönlich ergab sich eine zusätzliche Schwierigkeit. Trotz seiner leichten Einfühlungsgabe in fremde Kulturkreise und weit zurückliegende Epochen, war ihm seit jeher der Zugang zum Mittelalter nie so selbstverständlich gelungen wie zur Klassik und Romantik. Zur Welt der *Carmina Burana* musste er sich durch ein genaues Studium heranarbeiten, ein Studium, bei dem ihn Orff tatkräftig unterstützte. Mit Ernst, aber doch ganz jugendlichem Schwung, eignete er sich eine Kenntnis an, die sein bisheriges Bild des Mittelalters durch historische, politische, soziale, künstlerische und volkskundliche Einsichten ergänzte. Diese neugewonnene Erkenntnis übertrug er in die Probenzeit. In geduldigen Gesprächen erläuterte er allen Mitspielern den kulturgeschichtlichen Rahmen, in dem sich das seltsame Werk der *Carmina Burana* bewegte. Mitglieder des Ensembles berichten noch heute, wie sachkundig und feurig zugleich Wälterlin seine Exkurse zu vermitteln wusste.

All diese sorgfältigen Vorbereitungen blieben nicht akademische Übung; vielmehr verstand es Wälterlin, das mühsam aus Büchern, Museumsbesuchen und Gesprächen Erarbeitete ganz natürlich in die Wirklichkeit der Bühne überzuleiten. So trug seine genaue Vorsorge ihre Früchte; die *Carmina Burana* erlebten die ihnen gemässe Uraufführung ganz aus dem Geiste des Mittelalters. Das zeigte sich am deutlichsten in der szenischen Gestaltung, bei der er sich einmal mehr auf die bewährte Hilfe von Ludwig Sievert verlassen konnte. Ein Gerüst aus hellem Naturholz; ganz links und rechts in langen Reihen übereinandergestaffelt der grosse Chor; mehr zur Mitte hin, und wie Miniaturen von Teilen des Gerüsts eingerahmt, die beiden Gruppen des kleinen Chores; in Mitte und Vordergrund eine leicht gehobene Kreisfläche für die Spieler, Sänger und Tänzer, während sich als Bildabschluss, hinter dem Thron der Fortuna, das Schicksalsrad drehte. Die satten, ungemischten Farben der Kostüme erinnerten an die Buntheit der mittelalterlichen Codices, und als König, Bischof, Schnitter und Weib einzeln wie aus einem Uhrengehäuse aus dem Gerüst heraustraten, da schien die Welt des Mittelalters in ihrer Emblematik meisterhaft heraufbeschworen.[12]

Augenzeugen der Frankfurter Uraufführung berichten noch heute von der begeisterten Aufnahme durch das Publikum. Immer wieder mussten sich die Künstler, allen voran Carl Orff selber, vor dem Schlussvorhang zeigen. Es herrschte eine festliche Stimmung im Haus, an die sich Wälterlin später immer gern zurückerinnert hat. Die am darauffolgenden Tag erschienenen Rezensionen der lokalen und überregionalen Presse waren fast ohne Ausnahme von der gleichen Begeisterung getragen, wie die Premierengäste.[13] Carl Orffs Mut und Erfindungsreichtum; Ludwig Sieverts architektonischer Bildsinn; das belebte Spiel der Sänger; ganz besonders aber Oskar Wälterlins kraftvolle, lebendige Führung fanden dabei hohes Lob. Die Frankfurter Aufführung hatte ein Mass gesetzt. Sie war aus dem Geist der Musik gearbeitet und in vielen ihrer szenischen Einsichten so mustergültig, dass sie zu einem Modell für künftige Inszenierungen geworden ist. Weit über die Grenzen Deutschlands hinaus haben die *Carmina Burana* in der Folge internationale Anerkennung gefunden. Ausgangspunkt für diesen Weltlauf war das Frankfurter Modell, für das Oskar Wälterlin als Regisseur so entscheidend mitverantwortlich war.

Wälterlins Frankfurter Jahre waren eine Zeit der beruflichen Erfüllung. Die Städtischen Bühnen drängten dem Oberspielleiter eine Verantwortung auf, der er sich in immer wieder erneutem Ansatz zu stellen hatte. Im Gegensatz zu Basel aber blieben hier in der Mainstadt alle Energien auf die künstlerische Arbeit beschränkt. Frei von jeder bürokratischen Belastung erweiterte er hier ungehindert seine Bühnenerfahrung. In altbewährten Zugopern und Werken der Avantgarde; in aufwendigen Inszenierungen und sparsamen Werkstatt-Abenden; in glanzvollen Premieren mit führenden Sängern und in Studioarbeiten mit den Absolventen der Akademie: mutig machte er sich jede Herausforderung zu eigen. In steter Bewährung konnte er als Künstler weiterwachsen.

Auch privat waren die Jahre in Frankfurt Jahre des Glücks. Wälterlin war zum ersten Mal über einen längeren Zeitraum von seiner Heimatstadt getrennt. Die neue Umwelt erlaubte ein Loslösen von gewohnten Verbindungen und die Schaffung eines neuen Freundeskreises. Die enger begrenzte, in sich gefügte Welt Basels war der weltoffenen und energiegeladenen Großstadt Frankfurt gewichen. Wälterlin hat die Treue zu Basel nicht verraten, aber immer wieder auf die Erweiterung des Blickfeldes hingewiesen, die der Aufenthalt in Frankfurt mit sich brachte. Angeregt durch den mächtigen Impuls der Mainstadt hat er sich hier als Mensch und Künstler weiter verwirklicht. Das Glück schien ihm günstig.

Seine künstlerische und persönliche Erfüllung in Frankfurt wurde jedoch im Laufe der Jahre von immer dunkleren Wolken getrübt. Die politischen Umstände in Deutschland änderten sich grundlegend und führten in ihrer letzten, scheinbar unausweichlichen Folgerung zum Ausbruch des zweiten Weltkrieges. Wälterlin war als genauer Kenner Schillers und als Regisseur historischer Dramen mit dem Stoff der Geschichte vertraut. Hier in Frankfurt aber war er nicht mehr bloss Betrachter des Geschehen, sondern unmittelbarer Zeuge einer Dynamik, die zur Weltgeschichte werden sollte. Die Jahre von 1933 bis 1938, von der Machtergreifung Hitlers bis zu den deutlichen Vorbeben des Kriegsausbruches, waren auch seine Arbeitsjahre in Deutschland. In der Fremde wurde der Schweizer so in den Sog der Ereignisse miteingezogen, die für Deutschland und für Europa ein nie gekanntes Mass von Menschenverachtung mit sich brachten.

Das Datum von Wälterlins Frankfurter Amtsbeginn, 1933, war für Deutschland die innenpolitische Zäsur. Gleich nach der Machtergreifung zeigten die Nationalsozialisten ihr wahres Gesicht. Systematisch begannen sie mit dem Abbau der demokratisch verankerten Freiheiten. Zunächst noch zögernd, dann immer rücksichtsloser, ging die Partei gegen alles vor, was sich ihr widersetzte. Ständig und unbarmherzig wurde der Druck auf die Bevölkerung, auf Verbände und Institutionen erhöht. Schon bald schien die Umklammerung durch die allgewaltige Partei vollkommen gesichert. Deutschland war innert weniger Monate fest im Griff Hitlers und seines Parteiapparates. Von dieser umgreifenden Einflussnahme blieb kein Lebensbereich verschont. Auch die Künste hatten sich ohne Widerstand dem Diktat der Herrschenden zu fügen, und das Theater, als die öffentlichste aller Künste, war nun direkt dem Gebot der Partei unterstellt.[14]

Wie hat der Frankfurter Intendant diese Belastungsprobe bestanden? Wie war es ihm gelungen, trotz der ständigen Überwachung durch die Organe der Regierung ein eigenständiges und künstlerisch hochwertiges Theater zu verwirklichen? Der Grund hierzu lag in Hans Meissners taktischem Geschick. Meissner war ein überzeugter Demokrat. Um aber die Bühnen Deutschlands nicht ganz den parteitreuen Kollegen zu überlassen, war er zu vereinzelten Kompromissen bereit, die ihm wiederum als Gegenleistung einen grösseren Spielraum einräumten. Die beachtliche Leistung von Hans Meissner bestand in dieser klug abwägenden Schachpartie mit den Herrschenden. Es bleibt sein Verdienst, eine der grossen Bühnen Deutschlands von der Entmachtung durch die Partei bewahrt zu haben. Sein Plan der Erhaltung demokratischer Ideale erforderte nicht nur taktisches Geschick, sondern auch Mut. Gerade in den Jahren der Bedrängnis hat er immer von neuem bewiesen, dass er sich für Künstler einsetzen konnte, deren politische Anschauungen der Partei zuwiderliefen. Seine offen gebotene Deckung für die drei überzeugten Demokraten Walter Felsenstein, Caspar Neher und Oskar Wälterlin, die alle am Frankfurter Theater

Schlüsselstellungen innehatten, ist ein gutes Beispiel seines Einsatzes. Ohne diese schützende Deckung durch Meissner hätte Oskar Wälterlin wohl kaum in jenen kritischen Jahren von 1933 bis 1938 so ungehindert arbeiten können. Den Kulturfunktionären war er seit seiner Ernennung zum Oberspielleiter ein Dorn im Auge. Als Ausländer hätte man ihn nur geduldet, wenn er als Sympathisant oder gar Verfechter der neuen Kulturpolitik hervorgetreten wäre. Dazu aber war Wälterlin weder aus Opportunismus und schon gar nicht aus Überzeugung bereit. In verschiedenen privaten Vorstössen hat die Frankfurter Partei versucht, den Schweizer Regisseur für sich zu gewinnen. Wälterlin hat all diese Annäherungsversuche deutlich von sich gewiesen. Als die weltanschauliche Gewinnung Wälterlins fehlschlug, ging die Frankfurter Parteiführung, offensichtlich unter Druck von Berlin, zum Gegenangriff über. Hans Meissner wurde bedrängt. Es wurde ihm warnend nahegelegt, den Schweizer von allen Verpflichtungen zu lösen. Die parteihörigen Künstler im Ensemble wurden zur Insubordination und Verleumdung des Regisseurs angeregt. Wälterlin sah hier einen Konflikt wachsen, der das von ihm so geliebte Frankfurter Theater als Einheit zu sprengen drohte. So zog er, zermürbt durch den Druck, aber stolz auf seine Unkäuflichkeit, die Konsequenzen, noch bevor die Partei zugreifen konnte. Er bat Hans Meissner um die sofortige Entlassung aus seinem Vertragsverhältnis. Mit der *Götterdämmerung* am 13. April 1938 bewies er den Frankfurtern noch einmal sein Können. Dann, nach fünfjähriger Arbeitszeit in der Mainstadt, verliess Wälterlin Frankfurt, um in seine Heimat zurückzukehren.

4. Die Bastion Zürich

Der Abschied von Frankfurt ist Wälterlin nicht leicht gefallen. Zu eng waren die Bindungen, die ihn nach dem fünfjährigen Aufenthalt mit der Mainstadt verknüpften. Schon die Stadt selber bot Vorzüge, die er nur ungern missen wollte. Großstädtisch, und doch behaglich; weltoffen, und doch sich zum eigenen Charakter bekennend; traditionsbewusst, doch Neuem immer aufgeschlossen: Frankfurt schien so Wälterlins Ideal eines dynamischen Gemeinwesens zu entsprechen. Der merkantile Geist verband sich hier glücklich mit dem wissenschaftlichen und künstlerischen Impuls. Die philosophisch-historische Fakultät der Universität etwa wurde durch die vorzüglichen Fachvertreter zu einem Zentrum der geistigen Auseinandersetzung, und die mit reichen Mitteln unterstützten Theater wirkten im Wettstreit mit der Metropole Berlin weit über die Grenzen der Stadt, ja oft des Landes, hinaus. Ein vielfältiges Angebot an Vorträgen, Ausstellungen und Konzerten liess zudem Frankfurt immer wieder als eine Stadt von aussergewöhnlicher Dynamik im künstlerischen Tun erscheinen. Auf diese verlockende und immer von neuem anregende Vielfalt zu verzichten, musste dem aufnahmegierigen Wälterlin schwerfallen.

Ein persönlicher Grund kam hinzu. Der neugeschaffene Kreis von Bekannten und Freunden hatte ihm Frankfurt zu einer vertrauten Stadt gemacht. Der frühe Abschied kam einer gewaltsamen Entwurzelung gleich, besonders da die drohenden Kriegsereignisse eine lange Trennung wahrscheinlich machten. Auch hiess es nun, sich von einem Theater zu trennen, dem fünf Jahre lang Wälterlins ganze Opferbereitschaft gegolten hatte. Seine stark gefühlsbetonte Abhängigkeit an die Frankfurter Oper sollte nicht als blosse Sentimentalität missverstanden werden. Hier in der Mainstadt hatte er als Regisseur aus dem Vollen schöpfen können. Ein gewaltiger technischer Apparat, international bewährte Sänger und eine wohlwollende Intendanz gewährten dem noch jungen Regisseur ganz ungewöhnliche Arbeitsbedingungen. Die Lösung von Frankfurt bedeutete so auch einen schmerzlichen Verzicht auf die Annehmlichkeiten eines grossen Theaterbetriebes.

Trotz all dieser glücklichen Bindungen an Frankfurt im beruflichen und persönlichen Bereich musste es zu einer Trennung kommen. Ungeduldig und missmutig hatte die Parteiführung die Arbeit des Schweizers beobachtet. Vorerst liess sie ihn unbehelligt weiterarbeiten, so lange gar, dass Wälterlin vermutete, im lokalen Parteiapparat einen anonymen Gönner zu haben, der ihn deckte. Die gegen alle nichtkonformen Ausländer hart vorgehenden Kräfte aber waren stärker als es jede schützende Deckung hätte sein können. Der Druck wurde immer lastender, bis Wälterlin zur Aufgabe gezwungen wurde. Auch ohne diese direkte Herausforderung wäre er kaum länger in Deutschland geblieben. Was er in den Monaten und Jahren seit der Machtergreifung im politischen Tagesgeschehen hatte beobachten können, sprach sein Gewissen ganz unmittelbar an. Ein sich Abschliessen vom täglichen Verrat an den demokratischen Idealen war kaum möglich. Die Beschäftigung mit der wirklichkeitsfernen Welt der Oper konnte zwar für kurze Momente den Blick von den geschichtlichen Umwälzungen ablenken, aber die selbstzerstörerische Dynamik jener Jahre liess sich nicht übersehen.[1] Zunächst ungläubig, dann mit wachsendem Entsetzen und endlich mit Abscheu verfolgte Wälterlin die Machenschaften der neuen Regierung. Die erbarmungslose Verfolgung Andersdenkender; die Ächtung ethnischer Minderheiten, besonders der in Frankfurts Kulturleben so wirksamen Juden; der Abbau der freiheitlichen Rechte; die Gleichschaltung aller Organe und damit die Aufgabe jeder Individualität: hierin sah Wälterlin nicht nur die Preisgabe der demokratischen Tradition des von ihm so geliebten Deutschland, sondern eine beschämende Verletzung seines humanistischen Ideals. Mit einer Politik, die dieses Ideal ohne Zögern preisgab, wollte er sich nicht identifizieren. Der Wegzug aus Deutschland war so ein bewusster Bruch mit einer Staatsführung, die sich selbst verraten hatte.

Das grosse Zürcher Kapitel in Oskar Wälterlins Leben lässt sich aber ohne die in Frankfurt gesammelten Erfahrungen nicht denken. Die Jahre in der Mainstadt kamen einer eigentlichen politischen Schulung gleich. Der Gymnasiast und junge Student war zwar nicht apolitisch gewesen, wohl aber unpolitisch im Sinne eines interessierten und aufmerksamen, aber nicht aktiv eingreifenden Staatsbürgers. Das Schiller-Erlebnis der späten Studienjahre brachte eine erste Wende. In der Auseinandersetzung mit dem politischen Dichter wuchs die eigene staatsbürgerliche Verantwortung. Aber es blieb bei einem geistigen Dialog, einem intellektuellen Spiel mit Formen der Herrschaft und dem Ideal der Demokratie, ohne dass Wälterlin von hier direkte Brücken in den politischen Alltag geschlagen hätte. Das unmittelbare Beobachten, ja das ganz persönliche Erleben der Vorgänge in Deutschland brachte die zweite, nun entscheidende Wende. Beim Verlassen Frankfurts war Wälterlin tief von der öffentlichen Verantwortung der Künste überzeugt. In Zeiten der Bedrohung menschlicher Werte musste sich der Künstler mutig dem Kampf stellen. Auch Wälterlin hat hier deutlich Stellung bezogen, nicht im Sinne der Bindung an eine Partei, denn davon hielt ihn sein Misstrauen gegenüber jeder engen

Doktrin ab, wohl aber im Sinne eines vollen Einsatzes für die freiheitlichen Grundwerte mit den kämpferischen Mitteln der Bühne. Der Aufenthalt in Frankfurt hat so das politische Bewusstsein Wälterlins geschärft. Die Jahre von 1933 bis 1938 wurden zur Lehrzeit für die Direktion am Pfauen.

Die politische Stellung Wälterlins beim Amtsantritt in Zürich lässt sich am ehesten mit dem Begriff radikal-demokratisch beschreiben. Dabei waren seinem politischen Willen zwei Kennzeichen eigen. Das erste war das Fehlen jeder dogmatischen Enge. Wälterlin hatte seine Überzeugungen: die Grundfesten der demokratischen Gesinnung blieben unangetastet; aber er blieb besseren Einsichten immer offen und schärfte seinen Einblick in das politische Geschehen durch ein interessiertes und aufmerksames Beobachten. Er war ein informierter, verantwortlicher Staatsbürger, auch wenn er nicht direkt durch das Werkzeug einer Partei in den politischen Prozess eingriff. Aus diesem offenen Blick ergab sich das zweite Kennzeichen, nämlich seine Fähigkeit, Gegensätze zu überbrücken. Die Gabe zum Mediator hatte ihn ja schon früh ausgezeichnet. Auch hier in der politischen Auseinandersetzung verstand er es, Streitgruppen zu versöhnen; und dies nicht mit einem billig erkauften Kompromiss, sondern durch eine erzwungene Besinnung auf die demokratischen Gemeinsamkeiten. Sein Freundeskreis umfasste so ganz natürlich sowohl Konservative als auch Sozialisten. Mit ihnen fühlte er sich, trotz aller Gradunterschiede, in der Grundverpflichtung verbunden, jeder antidemokratischen, totalitären Staatsform entgegenzutreten. In diesem Sinne war Wälterlin als politischer Mensch radikal. Mit Feinden der Demokratie konnte es keinen Kompromiss geben.

Der Weg ans Pfauentheater in Zürich ergab sich so ganz natürlich. Obwohl sich auch andere Schweizer Bühnen, besonders Bern, um seine Mitarbeit beworben hatten, entschloss er sich für das Schauspielhaus, denn dort sah er am ehesten die Möglichkeit, das durch Frankfurt gewonnene Ideal eines politisch verantwortlichen Theaters zu verwirklichen. Seit der Machtübernahme in Deutschland war die Zürcher Bühne zu einem Hafen exilierter Künstler geworden. Die wegen ihrer ethnischen Herkunft oder politischen Überzeugung Geächteten hatten hier auf neutralem Boden Zuflucht gefunden. Mit ihnen wollte Wälterlin durch die Mittel der Bühnenkunst dem drohenden Vormarsch des Faschismus begegnen.

Das Schauspielhaus am Pfauen konnte auf eine bewegte und zum Teil glanzvolle Geschichte zurückblicken.[2] Alfred Reucker etwa hatte der Bühne durch seine wagemutigen Inszenierungen im Sinne der Reform weit über die Grenzen der Schweiz Anerkennung gebracht. Ein stark profilierter, von den grossen Werken der Klassik bestimmter Spielplan, zeigte Reucker als einen Theaterleiter von hohen Idealen und Maßstäben.[3] Von einer ganz anderen, pragmatischeren Gesinnung war Ferdinand Rieser, der die Geschicke des Pfauen bis zur Übernahme durch Wälterlin leitete.[4] Rieser war Kaufmann von Beruf und der Vorwurf lässt sich nicht ganz vermeiden, dass ihm der Kassenerfolg oft wichtiger war als die künstlerische Leistung. Stücke der leichten Unterhaltung bestimmten so den Spielplan, während die Klassiker nur eine Repräsentationspflicht zu erfüllen schienen. Dieser Kurs, der die Pfauenbühne gefährlich nahe an das Boulevardtheater geführt hatte, erfuhr zunächst unter dem Druck des herannahenden Krieges, dann durch die Gründung der Neuen Schauspiel AG. und mit der Wahl Oskar Wälterlins eine deutliche Wende.

Die Annahme Zürichs als neuer Arbeitsort hatte für Wälterlin berufliche wie auch private Gründe, wobei die ersteren offenkundiger waren. Der für einen Regisseur seiner Altersgruppe ungewöhnlichen Möglichkeit, einem so vorzüglichen Theater wie der Pfauenbühne als verantwortlicher

Leiter zu dienen, wollte er sich nicht verschliessen. Es war eine Herausforderung, deren Annahme neben aller künstlerischen Begabung Mut erforderte, da die politische Lage gerade das Schauspielhaus mit seinen vielen exilierten Künstlern unter einen gewaltigen Druck gestellt hatte. Diesem hohen beruflichen Anspruch wollte er sich in Zürich stellen. Zwei persönlicher bedingte Gründe beeinflussten darüberhinaus den Entschluss für Zürich. In ihrer kosmopolitischen Offenheit schien ihm die Limmatstadt Frankfurt recht ähnlich. Beide waren Zentren eines regen kulturellen Lebens, das weit über regionale Grenzen ausstrahlte. Die künstlerische Vielfalt der Mainstadt sah er hier im kleineren gespiegelt. Der zweite private Grund betraf die Scheu, nach Basel zurückzukehren, obwohl ihm auch von dort ein Angebot vorlag. Aber die Enttäuschungen am Ende seiner ersten Intendanz waren noch unvergessen. Er fürchtete einen erneuten Zusammenstoss mit der Intoleranz jener Gruppe, die ihn damals dazu bewogen hatte, seine Heimatstadt zu verlassen. Er wusste genau, dass seit jenen Tagen der Verdächtigungen und der üblen Nachrede erst sechs Jahre vergangen waren, und dass die Gehässigkeit jener Gegner wieder wirksam hätte werden können. Die geographische Lage Zürichs schien ihm daher ideal: Wälterlin war vom Ort jener enttäuschten Hoffnungen abgerückt, konnte aber seine Heimatstadt, an der er trotz allem sehr hing, innerhalb von zwei Stunden erreichen.

Der Mann, dessen Tatkraft ganz entscheidend die Wahl Oskar Wälterlins zum neuen Theaterdirektor beeinflusste, war Emil Oprecht, der erste Vorsitzende der Neuen Schauspiel AG.[5] Als Sohn eines Aufsichtsbeamten im Zürcher Stadttheater war er schon früh an die Welt der Bühne herangeführt worden. Das Theater wurde zu einer Leidenschaft, die ihn trotz vieler anderer Verpflichtungen ein Leben lang gefangen halten sollte. Als Leiter eines Verlages, dem auch ein Theatervertrieb angegliedert war, hat er sich bis ins Alter mit ungebrochener Jugendlichkeit für die Belange der Pfauenbühne eingesetzt. Für den Neuankömmling Wälterlin wurde Emil Oprecht zum treuen Freund der Zürcher Jahre, der ihn in die neue Wirkungsstätte einführte und in vielen schweren Entscheidungen der Kriegszeit mit Rat und Hilfe beistand. Mit Oprecht verband Wälterlin die ganz ernste und täglich zu beweisende Verpflichtung auf die demokratischen Grundrechte. Beide erkannten die Aufgabe der Schweiz als Bastion des Widerstandes und die Wirksamkeit der Bühne als Waffe. Entschlossen, und doch nie starr; voller Energie, aber immer diszipliniert: Emil Oprecht war in so vielem Oskar Wälterlin verwandt. Das volle Vertrauen und die Freundschaft der beiden wurden mitbestimmend für das Gelingen der grossen Zürcher Jahre.

Die endgültige Wahl zum Theaterdirektor am Pfauen verlief nicht ganz so reibungslos, wie es sich Emil Oprecht erhofft hatte. Verschiedene Hindernisse stellten sich in den Weg, die erst sorgsam überwunden werden mussten. Das wichtigste dieser Hindernisse waren drei Vorbehalte gegenüber dem neuen Leiter, die von Mitgliedern des Ensembles vorgebracht wurden. Zunächst wurden Stimmen laut, die auf Wälterlins Alter hinwiesen. Selbst für seinen Schutzherrn Emil Oprecht war der neue Direktor noch sehr jung. Obwohl er knapp dreiundvierzig war, ergab sich doch eine Spanne gegenüber der Gruppe älterer Schauspieler, die im Exil nach Zürich gefunden hatten. Auch schien vielen die besondere Lage des Schauspielhauses als letzte der grossen, freien Bühnen deutscher Sprache einen Leiter von mehr Jahren, also mehr Erfahrung, zu erfordern. Ein zweiter, diesmal politisch motivierter Vorbehalt kam hinzu. Gerade jenen Schauspielern, die unter dem Faschismus hatten leiden müssen, war Oskar Wälterlins fünfjähriger Arbeitsaufenthalt im Dritten Reich verdächtig. Sie wussten um die parteiliche Auslese der Künstler in einem Staat, der alle kulturpolitischen Entscheidungen zentral traf. In der Tat konnte gerade das Datum von Wälterlins Arbeitsbeginn in Frankfurt erstaunen. 1933, im Jahr der Machtergreifung, trat er seinen Vertrag an der Oper an. Die Zweifel der Zürcher Exilierten lassen sich aus ihren bitteren Erfahrungen verstehen; aber die Schauspieler übersahen dabei, dass Wälterlin selber zu einem Exilierten geworden war, nachdem er in Frankfurt unter steigendem Druck und manchmal unter Gefahr um die eigene Sicherheit das Theater als eine Insel der Demokratie verteidigt hatte. Der junge Schweizer hatte sich in Deutschland nie an die Machthaber angebiedert; vielmehr hat er mutig darum gekämpft, die Bühne dem Zugriff der alles umfassenden Partei zu entziehen. Der dritte, besonders von jüngeren Schauspielern vorgebrachte Einwand gegen Wälterlin, betraf dessen mangelnde Erfahrung mit dem Sprechstück. Man wies dabei wiederholt auf seine zwei grossen Leistungen im Gebiet der Oper hin, mit denen er sich international bewährt hatte, nämlich die frühe Basler Zusammenarbeit mit Adolphe Appia und später die Förderung des zeitgenössischen Musikdramas in Frankfurt. Gerade für ein Theater, das sich unter den Drohungen der Zeit vorgenommen hatte, das Schauspiel zu versachlichen, zu entopern, schien ein Opernfachmann fehl am Platz.

Emil Oprecht kannte seinen Mitarbeiterstab und damit auch diese Vorbehalte genau. Als überzeugter Demokrat wollte er keine Entscheidung ohne den Zuspruch aller treffen. So überliess er es Wälterlin selbst, die Zweifler mit Erwiderungen und Argumenten für sich zu gewinnen. In oft langwierigen Einzelgesprächen mit allen Mitgliedern klärte dieser manches Missverständnis, wies etwa auf seine Erfahrung mit dem Sprechstück als Schauspieler, Regisseur und Autor hin und legte seine politischen Überzeugungen dar. Es bleibt ein Zeugnis seiner menschlichen Kraft, dass er es verstanden hat, die oft sehr starken Persönlichkeiten seiner Gesprächspartner umzustimmen. Erst jetzt fühlte sich Emil Oprecht in seinem Vorschlag bestätigt: Oskar Wälterlins Wahl zum neuen Hausherrn war endlich von der Gesamtheit der künstlerischen und administrativen Belegschaft getragen. Der neugewählte Direktor war nun der Unterstützung durch das geschlossene Ensemble gewiss. Wälterlin erkannte genau, wie wichtig dieser unbedingte Rückhalt war, denn es galt, in den kommenden Jahren unter ganz ungewohnten Voraussetzungen Theater zu spielen. Eine erste Schwierigkeit, der er zu begegnen hatte, waren die baulichen Mißstände des Hauses am Pfauen.[6] Die Geschichte des Zürcher Schauspielhauses als architektonische Einheit ist durch immer wieder unternommene Verbesserungsarbeiten gekennzeichnet, die aber alle die grundsätzlichen Mängel kaum zu beheben vermochten. Schon Alfred Reucker hatte kurz nach der Jahrhundertwende Änderungen am ursprünglichen Bau vorgenommen, um die Pfauenbühne gegenüber dem neueröffneten Stadttheater am See aufzuwerten. Auch Wälterlins Vorgänger, Ferdinand Rieser, bemühte sich um einen Ausbau, der sowohl für die Künstler als auch für das Publikum Vorteile bringen sollte. Aber alle Umbauarbeiten brachten nur Verbesserungen um Grade, da die Grundstruktur unangetastet blieb. Für Wälterlin bedeutete der Zürcher Spielort eine gewaltige Beschränkung der ihm bisher vertrauten Mittel. Gerade die Frankfurter Oper mit ihrer technisch vollkommenen Bühnenapparatur war ihm zu einem gefügigen Instrument geworden, dem er immer wieder neue Wirkungen entlocken konnte. Hier am Pfauen aber waren die Mängel offenkundig: die Künstlergarderoben entsprachen nicht den hygienischen Anforderungen; das Fehlen einer Probenbühne machte umständliche Stundenpläne für die Schauspieler nötig; der Mangel an eigenen Magazinen verunmöglichte eine Repertoiregestaltung von mehr als vier Stücken; die Ausleuchtung der Mittel- und Hinterbühne bereitete immer wieder Schwierigkeiten, da nur vier Beleuchtungssoffitten zur Verfügung standen und die Beleuchterloge, ganz ungewohnt, auf der äussersten linken Bühnenseite angebracht war; die Spielfläche der Bühne selber setzte mit ihren neun mal neun Metern gerade den Klassikerinszenierungen enge Grenzen; der Blick vom Zuschauerraum auf die Bühne blieb von vielen Plätzen aus beschränkt; und das Publikum war während der Pause in einem kleinen Foyer zusammengedrängt. Der Realist in Wälterlin erkannte aber schon bald, dass er aus der Not eine Tugend machen musste. Die finanzielle und politische Lage des Vorkriegsjahres liess einen grösseren Umbau, oder gar Neubau, nicht zu. So galt es, mit vereinten Kräften die Hindernisse zu überspielen und mit einer erfindungsreichen Bild- und Regiekunst dem Bau Wirkungen abzuringen. Vor allem aber lag nun eine erhöhte Verantwortung auf dem Schauspieler, dessen Ausdruckskraft das Publikum oft alle baulichen Mängel vergessen liess. Die Geschichte des Pfauen unter der Leitung Oskar Wälterlins ist so auch eine Geschichte des Sieges von Kunst über alle baulichen Widerstände.

Die Schwierigkeiten mit der Architektur und der technischen Einrichtung des Pfauen aber schienen recht belanglos, ja eigentlich nichtig im Vergleich zu den Schwierigkeiten der politischen Lage. Während die baulichen Mißstände überspielt werden konnten, waren die Kräfte des politischen Feldes unkontrollierbar. Wälterlin hatte sein Amt in Zürich zu einer Zeit angetreten, die das kleine Land der Schweiz unter einen vorher nie gekannten Druck gesetzt hatte.[7] Es war ein Druck, der die Eidgenossenschaft nicht nur bedrohte, sondern ihre Existenz selber in Frage stellte. Im Laufe der frühen Kriegsjahre sollte sich der Kreis immer enger schliessen: im nördlichen Nachbarland waren die zerstörerischen Kräfte entschlossen, die noch freien Teile Europas unter ihre Gewalt zu bringen; die Achse mit Italien bedrohte die

Schweiz vom Süden her, während die Angliederung Österreichs und der militärische Überfall auf Frankreich das zentral gelegene Land nun gänzlich umzingelt hielten. Zu dieser militärischen Umklammerung kam eine Gefahr wirtschaftlicher Art hinzu. Die hochindustrialisierte Schweiz war für den Fortbestand ihres wirtschaftlichen Wohlergehens auf die Einfuhr von Rohstoffen angewiesen. Der dicht geschlossene Ring um das ganze Land ermöglichte es aber dem Feind, die Zufuhr dieser so wichtigen Grundstoffe zu kontrollieren, einzuschränken oder gar ganz zum Stillstand zu bringen. Ein zweites Hindernis erschwerte das wirtschaftliche Wachstum. Das kleine Land verdankte seinen Reichtum und seine gesunde wirtschaftliche Kraft dem Verkauf spezialisierter Erzeugnisse im Ausland. Mit den vier unmittelbar benachbarten Ländern in Feindeshand war der Markt für jeden Absatz empfindlich beschränkt. Um zu überleben, musste die Schweizer Wirtschaft kühn und erfindungsreich nach neuen Wegen suchen.

Der politische, militärische und wirtschaftliche Druck von aussen wurde durch eine Bedrohung von innen gefährlich verschärft. Von der verführerischen Demagogik Adolf Hitlers geblendet, hatten sich Schweizer zu kleineren Gruppen und grösseren Verbänden nationalsozialistischer Gesinnung zusammengeschlossen.[8] Als gefügiges Werkzeug der Deutschen sollten sie den demokratischen Widerstand brechen, den Willen zur Abwehr lähmen und die Schweiz für eine Übernahme durch das deutsche Reich vorbereiten. Den von Hass verzerrten Verleumdungen der Fröntler waren alle demokratischen Einrichtungen der Schweiz ausgesetzt. So wurden auch Oskar Wälterlin und das Schauspielhaus als Bastion des geistigen Widerstandes mehrmalig zur Zielscheibe heftiger Angriffe.[9]

All diese durch die politischen Umstände bedingten Schwierigkeiten lasteten schwer auf dem neugewählten Hausherrn, aber es waren historische Gegebenheiten, denen er mutig entgegenzutreten gedachte. Wälterlin musste sich gleich beim Arbeitsbeginn in Zürich mit einer zweiten Schwierigkeit, diesmal hausinterner Art, auseinandersetzen. Sein Vertrag mit dem Schauspielhaus verpflichtete ihn nämlich dazu, keine Kündigungen zu erteilen, den Spielkörper also unverändert zu übernehmen. Für einen neugewählten Theaterleiter war dies eine ungewöhnliche Forderung. Anstatt seiner Vision in der Auswahl der Künstler Form geben zu können, musste sich Wälterlin der von Vorgängern getroffenen Auswahl fügen. Als Leiter der Kommission zur Wahl eines neuen Direktors hatte Emil Oprecht auf dieser Klausel bestanden. Er wollte damit die Geschlossenheit des Ensembles sichern und die mit jedem Jahr wachsende Solidarität mehren helfen, gerade in einer durch die drohenden Kriegsereignisse unsicheren Zeit. Eine stabile Kerntruppe war nötig, um den vorausgeahnten Stürmen der kommenden Jahre zu widerstehen. Obwohl Wälterlin dieser Vertragsklausel nur ungern zustimmte, gab er doch nach, da er um die unbestreitbaren Vorzüge des Zürcher Ensembles wusste. Gewiss, er hätte Änderungen vorgenommen, besonders durch den Beizug jüngerer Kräfte. Aber für Wälterlin war der ihm aufgedrängte Kompromiss vertretbar, denn er stand nun einem Spielkörper vor, der im deutschsprachigen Raum einzigartig in der Zusammensetzung blieb. Hier am Pfauen konnte er mit Schauspielern arbeiten, die alle der Elite zuzurechnen waren. Therese Giehse, Maria Becker, Wolfgang Langhoff, Heinrich Gretler, Karl Paryla, Leonard Stekkel: auf sie und die lange Liste der anderen führenden Kräfte konnte der neue Hausherr bauen.

So eindrucksvoll die Liste der Schauspielernamen war, so glücklich war auch die Zusammensetzung des Regiestabes. Hier fanden sich Talente verschiedenster Prägung zu gemeinsamer Arbeit. Leopold Lindtberg, Kurt Horwitz und Leonard

Steckel etwa offenbarten in ihrer Regiearbeit jeweils ein starkes, unverwechselbares Profil. In der Affinität zu bestimmten Autoren, in den Arbeitsmethoden, in stilistischen Vorbildern und im Temperament boten sie durch ihre künstlerische Eigenart dem Zürcher Publikum eine reiche Auswahl. Was die Regisseure am Pfauen trotz aller Unterschiede in den regielichen Mitteln verband, war eine unumstössliche politische Überzeugung: sie verpflichteten sich ohne Einschränkung dem Gebot der Demokratie. Die Bühne als politisches Forum zur Wahrung der Freiheit war ihnen eine hohe Aufgabe.

Wälterlins Arbeitsbeginn in Zürich wurde ganz wesentlich dadurch erleichtert, dass er von der administrativen Sparte des Pfauen, der Verwaltung der Neuen Schauspiel AG., grosszügig unterstützt wurde. Für den neuen Theaterdirektor war ein gutes Einverständnis, ja eine enge Zusammenarbeit mit dem bürokratischen Apparat wichtig, gerade weil er in den späten Jahren seiner Amtszeit am Basler Stadttheater unerfreuliche Erfahrungen hatte sammeln müssen. Die Verwaltung hier in Zürich war ein Glücksfall. Zügig arbeitend, für alle, auch künstlerisch schwierige Belange aufgeschlossen, wirkte sie offen und ehrlich mit Wälterlin und nicht gegen ihn. Nie blieb sie eine Gruppe von grauen Bürokraten, sondern sie nahm viel eher tatkräftig an den Geschicken des Pfauentheaters Anteil. Für den neuen, mit der Stadt Zürich noch unerfahrenen Theaterdirektor wurde die Verwaltung am Schauspielhaus so zu einem unentbehrlichen Helfer.

Unter den ausübenden Künstlern stand keiner Wälterlin näher als der Bühnen- und Kostümbildner Teo Otto. Über das künstlerische Einverständnis hinaus verband beide eine herzliche Freundschaft. Teo Otto brachte eine vorzügliche Schulung mit, als er sich 1933 der Pfauenbühne als verantwortlicher Szenenbildner anschloss. Nach anfänglichen Studien in der Bautechnik hatte sein Weg über die Kasseler Kunstakademie und die Bauhochschule in Weimar an die Berliner Staatsoper geführt. Trotz der hohen Arbeitsbelastung als Ausstattungschef dieser führenden Musikbühne Deutschlands fand Teo Otto immer wieder Zeit für künstlerische Wagnisse ganz anderer Art, so etwa wenn er mit den Rebellen Jürgen Fehling und Lothar Müthel zusammenarbeitete, oder für das politische Theater Bertolt Brechts Szenenbilder schuf. Der künstlerische Ausdruck war ihm ein Abenteuer. Die Vielzahl und Vielfalt seines Werkes ist ein Spiegel dieser abenteuerlichen Suche nach der jedem Stück gemässen szenischen Form. Für die besonderen Arbeitsbedingungen in Zürich schien Teo Otto der geeignetste Mann. Einsatzfreudig, weder sich noch die Kräfte seiner Helfer schonend, erfindungsreich und doch anpassungsfähig wurde er zu einer unersetzlichen Stütze des Pfauentheaters. Seine Erfindungskraft und Anpassungsgabe kamen ihm gerade hier in Zürich zugute, als es galt, in der Geldnot der Kriegsjahre in einem schlecht ausgerüsteten Theater dem Bühnenbild trotzdem starke Wirkungen abzugewinnen. In Teo Otto fand Wälterlin so einen Künstler und einen Freund, auf dessen Verständnis und Hilfe er auch in stürmischer Zeit bauen konnte.[10]

Wälterlins Mitarbeiter am Pfauen, gleich welcher Sparte des Theaterbetriebes sie auch angehörten, waren Männer und Frauen von stark ausgeprägtem Profil. Es waren erfahrene Theaterleute, oft Meister ihres Faches, die mit Stolz auf ihren schon geleisteten Beitrag hinweisen konnten. Eine der schweren Aufgaben Wälterlins während der ersten Zürcher Jahre war es, die Eigenheit jeder dieser starken Persönlichkeiten voll zur Entfaltung kommen zu lassen, ohne Rivalitäten heraufzubeschwören. Wie uns die Zeugen und Zeugnisse aus jenen Jahren bestätigen, ist ihm dies, mit wenigen Ausnahmen, glücklich gelungen.[11]

Die wahre Probe für die Vermittlungsgabe des neuen Hausherrn ergab sich aber aus dem breiten politischen Spektrum der Mitarbeiter. Die geschlossene Kampffront, als die das Zürcher Theater nach aussen hin erschien, darf nicht darüber hinwegtäuschen, dass innerhalb des Ensembles, vereinzelt oder in Gruppen, weit auseinanderliegende politische Überzeugungen vertreten waren. Einen Pol, den radikalen Kern, bildeten die Kommunisten und Linkssozialisten, etwa die von Hitler ins Exil vertriebenen Wolfgang Langhoff und Wolfgang Heinz. Den Gegenpol bildeten die Bürgerlich-Konservativen, die auf parlamentarischem Weg ihre Ideale verwirklicht sehen wollten. Zwischen diesen beiden Flügelpositionen fand eine Anzahl kleinerer Mischgruppen, meist liberal-demokratischer Prägung, Raum. Was alle verband, war der entschlossene, kämpferische Einsatz gegen den totalitären Machtanspruch Deutschlands. Trotz dieser gemeinsamen, als lebensnotwendig anerkannten Aufgabe, liessen sich Fraktionskämpfe nicht immer vermeiden. Dass diese Kämpfe aber nie zersetzend wirkten, sondern viel eher den politischen Einsatz aller Gruppen schöpferisch bestärkten, ist ganz wesentlich der ausgleichenden Vermittlungsgabe Oskar Wälterlins zu verdanken.

Bot dieses breite politische Spektrum eine Schwierigkeit für den Direktor, so kam eine weitere, durch die Schauspieler bedingte Besonderheit künstlerischer Art hinzu, um die Wälterlin bei seinem Amtsantritt besorgt war. Das Ensemble des Pfauentheaters unterschied sich in manchem von anderen Bühnen. Wohl in keinem Punkt aber war die Abgrenzung deutlicher als in der ungewöhnlich starken Zentrierung von führenden, in langer Erfahrung bewährten Kräften des Spielkörpers. Was sich über die Jahre seit Hitlers Machtergreifung herangebildet hatte, war ein Ensemble, das Gewähr für höchste künstlerische Leistungen bot, das aber unausgeglichen war, da ihm junge, noch am eigenen Handwerk feilende

Schauspieler weitgehend fehlten. Wälterlin musste hier mit Spitzenkräften arbeiten; mehr noch, er musste die Gefahren überwinden, die sich aus einer solchen Arbeitslage ergeben konnten. Zwei Gefahren galt dabei sein besonderer Einsatz. Für Wälterlin war der Schauspieler der wichtigste Baustein jedes theatralischen Geschehens. Durch seine Vermittlerrolle übertrug sich das Wort des Autors an den Zuschauer. Der Spieler war jenes Element, ohne das die Bühnenaktion nicht auskommen konnte, während alle anderen Bausteine, wie Szenenbild, ja Text nicht unbedingte Voraussetzung waren. Trotz dieser hohen Einschätzung des schauspielerischen Beitrages hat Wälterlin dem Schauspieler selber nie eine absolute, sondern immer eine mitarbeitende, sich einfügende Rolle zugewiesen. Theater als kollaborativer Akt musste sich zu jenem empfindlichen Gleichgewicht aller beitragenden Kräfte finden, aus dem das Kunstwerk in seiner Vielfalt erwachsen konnte. Ein Ensemble von Spitzenspielern hätte dieses Ideal der selbstlosen Eingliederung gefährden können, wenn nicht Wälterlin immer wieder um einen Ausgleich besorgt gewesen wäre. Eng damit verknüpft war die zweite Schwierigkeit, diesmal in der menschlichen Natur begründet. In einem Spielkörper von lauter Solisten liess sich der Rollenneid nicht vermeiden. Die lange berufliche Erfahrung und Reichweite im künstlerischen Ausdruck liess bei jeder Besetzung verschiedene Spieler als geeignet erscheinen. Missmut, Spannungen, ja gar offen ausbrechende Rivalitäten bedrohten so manchmal die Einheit der Pfauengemeinde.

Die Spannungen, die sich aus politischen Differenzen und beruflichem Neid ergaben, wirkten nur darum nicht zersetzend, weil die Persönlichkeit Oskar Wälterlins als ausgleichende Kraft in das Spannungsfeld eingriff. Verschiedene Charaktereigenschaften kamen ihm bei dieser schweren Vermittlerrolle zugute. Wenn sich etwa die Gemüter erhitzt hatten, so war die Gelassenheit und Geduld des Hausherrn der ruhende Pol, um den sich zunächst die Einsichtigen, dann wieder alle Mitglieder des Ensembles scharten. Als Mensch wie als Künstler mied Wälterlin die Extreme; gerade deshalb schien er wie berufen, die Extreme bei andern zu überbrükken. Als Mediator, als Mann des mittleren Weges in einer alten schweizerischen Tradition, hat er als Leiter der Pfauenbühne die divergierenden Meinungen zu einer einheitlichen Kraft verschmolzen. Das besondere an Wälterlins Vermittlerrolle war der demokratische Ansatz. Nie hätte er seine eigene Meinung einer Mehrheit aufgezwungen. Vielmehr versuchte er, alle Impulse in die Hauptrichtung einfliessen zu lassen. Zu mässigen, ohne die Vielfalt der Meinungen zu beschränken; zu leiten, ohne sich Sonderrechte anzumassen: hierin sah Wälterlin seine Rolle als vermittelnde Kraft.[12]

Diese seltene Gabe der Vermittlung und des Ausgleichs, die den neugewählten Direktor kennzeichnete, kam dem Schauspielhaus auch in der grundlegenden Arbeit der Spielplangestaltung zugute. Verschiedene Gruppen machten in der beratenden Phase ihren Einfluss geltend, manchmal klug abwägend, dann wieder ungeduldig drängend. Die erste, wohl entscheidende Gruppe war das hausinterne Ensemble selber. Die Künstler am Pfauen nahmen diese mitgestaltende Aufgabe leidenschaftlich wahr, da sie wussten, wie direkt sie von den einmal gefällten Entscheidungen betroffen würden. Die Vielzahl starker Persönlichkeiten aber hatte zur Folge, dass die Vorschläge nicht einheitlich in eine Richtung zielten, sondern der politischen und ästhetischen Grundhaltung entsprechend sehr vielgestaltig waren. Die zweite Gruppe, der sich Wälterlin als geduldiger Zuhörer verpflichtet fühlte, war der Partner jedes Theaters, das Publikum. Wälterlin hat gerade diesen Einfluss ernst genommen, da ihn seit der Jugend, und besonders seit seiner Dissertation, der Dialog mit dem Zuschauer eine unabdingbare Voraussetzung für das Gedeihen eines Theaters war. Trotz dieses von der Beschäftigung mit Schiller bestärkten Idealismus erkannte er aber auch die Gefahren einer Spielplanpolitik, die dem Willen des Publikums bedenkenlos nachgab. Die Impulse der Zuschauer aufzunehmen, ohne erfolgreichen modischen Torheiten, und damit Erwägungen der Kasse zu folgen, war so eine der heiklen Aufgaben der Stückwahl. Und doch machte sich der Druck der Kasse während der Kriegsjahre bemerkbar.[13] Schon vor dem eigentlichen Kriegsbeginn, besonders aber nach 1939, als die wirtschaftliche Lage der Schweiz von Monat zu Monat angespannter wurde, riet die Verwaltung der Neuen Schauspiel AG. zum Einbezug von Stücken, die das Haus mit Sicherheit zu füllen vermochten. Die Verwaltung erkannte aber dabei das Dilemma: der geschäftliche Erfolg, auf den die Bühne als Aktiengesellschaft angewiesen war, durfte nie zu einer Minderung des künstlerischen Anspruches führen. Ein Vergleich der Spielpläne mit den Besucherziffern zeigt, dass die Verwaltung in Einklang mit Wälterlin ein Arbeitsmodell schuf, in dem der Kassenerfolg nie um des blossen finanziellen Gewinnes erkauft wurde. Neben dem künstlerischen Personal, dem Publikum und der Geschäftsleitung war Oskar Wälterlin selber formgebend an der Spielplangestaltung beteiligt. Ratend, fördernd, auch leidenschaftlich drängend, aber nie seinen Willen aufzwingend, konnte er hier seine reiche Kenntnis der dramatischen Literatur zum Nutzen bringen.

Bei der Auswahl der Stücke galt es so, verschiedenen Versuchungen zu widerstehen, wobei eine aus naheliegenden Gründen das Gleichgewicht immer wieder zu gefährden drohte. Es war dies die aus dem Druck der Zeit verständliche Forderung nach einem ausschliesslich politischen Theater. Der Aufruf hierzu war spätestens seit 1933 von den radikalen Mitgliedern des Ensembles ausgegangen und hatte sich seit Kriegsbeginn deutlich verstärkt. Dieser politisch aktiven Gruppe erschien das Theater als eine Waffe, die gezielt und erbarmungslos eingesetzt werden musste, um dem Feind zu begegnen. In der Radikalität dieses kämpferischen Anspruches sollten politische Erwägungen entscheidend sein, während sich der künstlerische Impuls unterzuordnen hatte. Dieser hierarchischen Stufung konnte Wälterlin nicht zustimmen. Überzeugt ging er davon aus, dass beide Ansprüche sich die Waage zu halten hatten. Kunst und politische Verantwortung sollten zu einem Zwillingspaar werden, nicht aber durch ein starres Abhängigkeitsverhältnis zugunsten einer Kraft das Gleichgewicht stören.[14]

Keine Gruppe von Stücken kam diesem Ideal von Kunst und Verantwortung näher als die Klassiker. Sie bildeten deshalb auch den Grundstock, den unentbehrlichen Felsen, auf dem der Spielplan als ganzer ruhte. Während den stürmischen Zeiten der Kriegsjahre schien eine erneute Auseinandersetzung mit den Werken der Klassik fast lebensnotwendig. In der Besinnung auf das humanistische Ideal, wie es die klassische Dramatik verkörperte, wurden die Kräfte des Widerstandes gestärkt, die so nötig waren, um dem zersetzenden totalitären Anspruch entgegenzuwirken. In einer Zeit, da alle Werte in Frage gestellt schienen, bot das Drama der Klassik Mahnung, Zuspruch und Trost.[15]

Wälterlin hat den Begriff der Klassik immer recht weit gefasst. Für ihn war sie weniger eine literar-historische Zeit- oder Stilbestimmung als ein Bekenntnis zum humanistischen Ideal. Damit schloss sie nicht nur die im traditionellen Sinn klassischen Autoren ein, sondern umfasste ebensosehr Dramatiker, die einer anderen literarischen Tradition angehörten, aber den unerschütterlichen Grundwerten des Humanismus verpflichtet waren. Diese über Landesgrenzen und Zeiträume verbindende Erfahrung liess Wälterlin einen Spielplan zusammenstellen, der von der Antike über die Renaissance zur Neuzeit führte. Der von Emil Staiger neuübersetzte *Aias* des Sophokles war hier ebenso vertreten wie *Der Richter von*

Zalamea des Calderon und Bertolt Brechts *Mutter Courage*. Der so vieles umspannende Spielplan sollte zeigen, wie stetig das Bemühen grosser Dramatiker immer war, mit der Bühnenkunst dem Ideal des Humanismus zu dienen.

In diesem Sinne kam den deutschen Autoren, allen voran Schiller und Goethe, eine besondere Bedeutung zu. Während nämlich das deutsche Reich seit der Machtergreifung durch Hitler dem noch freien Europa sein wahres Gesicht zeigte, erinnerten die grossen Werke der deutschen Literatur an die stolze kulturelle Tradition eines Landes, das nun bereit schien, all die Werte der Vergangenheit einer neuen Heilsidee zu opfern. Goethes und Schillers Dramen wurden zum Beweis dafür, dass die deutsche Nation zu Besserem fähig war. Ihre klare Sprache und ihr humanistisches Menschenbild ermutigten all jene, die an der Verirrung Deutschlands ganz zu verzweifeln schienen. Das echt empfundene Freiheitspathos des jungen Goethe etwa berührte die Zürcher während der Kriegsjahre ganz unmittelbar. Wälterlin selber wusste von diesem spontanen Bezug der Zürcher zur deutschen Klassik lebendig zu berichten: als Goethes *Götz von Berlichingen* am Pfauen gegeben wurde, brach dort, wo Georg fordert «Es lebe die Freiheit», und Götz hinzufügt «... wenn die uns überlebt, können wir ruhig sterben», bei offener Szene ein frenetischer Beifall los, der minutenlang andauerte. Der Klassiker war zum Zeitgenossen geworden.[16]

Diese doppelte Funktion des Bühnenstücks als ein die Gegenwart spiegelndes Bild und ein über alle Zeitbezüge weisendes Gleichnis fand Wälterlin hier in der klassischen Dramatik am schönsten verwirklicht. Sein immer neues Bemühen um die Stücke dieser Tradition hatte aber nichts mit dem spätbürgerlichen Bildungsanspruch zu tun, der die Klassik durch eine schulmeisterliche Ehrfurcht verharmlost hatte. Für Wälterlin waren die Klassiker herausfordernd, kraftvoll, ja oft kämpferisch, und somit weit entfernt von jener falsch verstandenen Erhabenheit, die sie so oft wirkungslos machte. Einer lügnerisch verschönten, glatten Klassik wollte er den wahren, leidenschaftlich teilnehmenden, auch das Hässliche nicht aussparenden Charakter der Klassik entgegenhalten. Gleich mit seiner ersten Inszenierung als neuer Theaterleiter am Pfauen im September 1938 machte er die Zürcher mit seiner lebendigen, unverstellten Klassikerpflege vertraut.[17] Die Stückwahl selber erstaunte viele und verärgerte manche; aber Wälterlins Entscheid für Shakespeares selten gespielten *Troilus und Cressida* sollte den Einsatz für die überzeitliche, und doch unserer Gegenwart verpflichteten Dramatik von Anfang an klar bekunden. Alle Zweifler, die das Stück nur schlecht oder gar nicht kannten und den Entscheid zunächst missbilligt hatten, sahen schon bald ihren Widerstand durch Einsicht ersetzt. Der Brückenschlag von diesem vernachlässigten Stück zur unmittelbaren Gegenwart konnte keinem entgehen. Hier die fieberhafte Vorbereitung auf einen Krieg, der trotz aller Versuche zur Friedenserhaltung immer unausweichlicher erschien; dort die widersinnige Vernichtungswut, gespeist aus Raubgier, Dummheit und Stolz. Wälterlin hat die mörderische Kraft des Krieges, wie sie Shakespeare in *Troilus und Cressida* einfing, mit all der gebotenen Drastik ausgespielt. Verschlagenheit, Großsprecherei, fadenscheiniges Heldentum, Genußsucht, nackte Gewalt: mit der Unbarmherzigkeit jedes Moralisten legte der Regisseur die Charaktere in ihrer zweifelhaften Art bloss. Die Bühne als der blutige Schauplatz von Verrat, Mord und einem Chaos der Werte: der Bezug zu Hitlers Einmarsch in Österreich, zur Einberufung aller Reservisten, zum Kesseltreiben gegen die Tschechoslowakei war jedem schmerzhaft deutlich. Und doch hat sich Wälterlin nicht verführen lassen, das Dichtwerk dem Gebot des Tages unterzuordnen; er liess daher der Liebesfabel die gleiche Sorgfalt zukommen, wie dem Kriegsgeschehen. Erst in der eigentümlichen Verknüpfung von privater Erlebniswelt und gesellschaftlichem Treiben konnte er Shakespeares Bild einer sich selbst korrumpierenden Welt beikommen. Gleich hier bei seiner ersten Inszenierung am neuen Arbeitsort baute er auf die Hilfe so erfahrener Schauspieler wie Ernst Ginsberg, Leonard Steckel, Karl Paryla und Maria Becker. Ihr Spiel, Teo Ottos Szenenbild, ganz besonders aber Oskar Wälterlins texttreue, und doch den Zeitbezug scharf herausarbeitende Regie setzten im theatralischen Gleichnis eine Warnung vor Krieg und Verrat.

Mit *Troilus und Cressida* hatte Wälterlin gleich zum Auftakt seiner ersten Zürcher Spielzeit ein der Mehrzahl unbekanntes Stück des klassischen Repertoires gewählt und es in die unmittelbaren Zusammenhänge des Vorkriegsjahres gestellt. Der Erfolg der Aufführung bei Presse und Publikum bestärkte den neuen Direktor und seine dramaturgischen Mitarbeiter auf ihrem Weg zu einer Klassikerpflege, die fern allem Musealen den zeitgenössischen Zuschauer ganz direkt ansprach. Dieser Weg konnte auch an dem Drama nicht vorbeiführen, das gerade für Schweizer Bühnen mehr als jedes andere Werk in Gefahr war, zu einem Museumsstück zu werden, nämlich dem *Wilhelm Tell*. Schillers Stück hatte eine leidvolle Geschichte auf dem Schweizer Theater hinter sich. Während es nämlich rein zahlenmässig zu einem der erfolgreichsten Bühnenstücke gehörte, musste die künstlerische Darstellung in den meisten Fällen arg enttäuschen, wobei wiederholt ein doppelter Grund für das Versagen verantwortlich war. Zunächst verführte die Schillersche Sprache oft zu einer hochangelegten, ja hohlen Rhetorik. Das echte, leidenschaftliche Pathos wurde als steife Gelehrsamkeit missverstanden; der lebendige, schwungvolle Vers erstarrte in lebloser Deklamation. Der zweite Grund betraf die gängige Ummünzung des *Wilhelm Tell* von einem mit politischen Energien geladenen Drama zu einem folkloristischen Schaustück. Zu oft verdrängte ein opernhafter Aufwand, ein panoramisch angelegter historischer Bilderbogen die einzelnen Charaktere und ihre politische Triebkraft. Das romantische Bild einer beschaulichen Landidylle trübte zudem den Blick für Schillers eigentümliche Dynamik, die gerade hier, in seinem Spätwerk, zur schönsten Form fand. Dieser klug bemessenen Dynamik, die den gewaltigen Stoff ordnend gestaltete, hat Wälterlin als Regisseur des *Wilhelm Tell* seine besondere Aufmerksamkeit geschenkt. Die scharf herausgearbeiteten Charaktere; die Zeichnung des Volkes als Verband starker Einzelfiguren; die rhythmisch klar gegliederte Szenenfolge, in der sich das Geschehen Schlag für Schlag vorantrieb: hier fand er als Regisseur die Mittel, um der sentimentalen Folklore mit der Kraft und Frische zu begegnen, die Schiller gebührte. Freigelegt von aller falschen Weihe in der Tradition des Historiendramas gewann der *Wilhelm Tell* in Wälterlins Regie seine unmittelbare Wirkung als politisches Gleichnis zurück. Dieser kraftvolle, allen festlichen Glanz vermeidende Stil konnte gerade in jenen Vorkriegsmonaten seinen Eindruck auf die Zürcher nicht verfehlen. Schon in der Premiere vom 26. Januar 1939, und dann in jeder weiteren der vierzig Aufführungen in der gleichen Spielzeit, wurde das Stück an Kernstellen immer wieder von Beifall unterbrochen. Das Werk, das in Deutschland selber mit einem Aufführungsverbot belegt worden war, offenbarte unter dem Druck der Zeit seine wahre politische Sprengkraft: der *Wilhelm Tell* am Zürcher Schauspielhaus liess Schillers «In tyrannos» unerschrocken und mit aller künstlerischen Macht ertönen.[18]

Wälterlin hat in seiner Zürcher Amtszeit immer eine deutliche Trennungslinie zwischen dem verantwortlichen, zeitbezogenen Theater und der Bühne als blossem Propagandainstrument zu ziehen versucht. Im Rückblick besonders auf die Kriegsjahre zeigt sich, dass ihm dies weitgehend gelungen ist, obwohl die Aufgabe nicht leicht war. Gerade in der Zeit der ärgsten politischen, ja militärischen Bedrängnis für die Schweiz hatten vereinzelte Mitglieder des Pfauen, Vertreter der Behörden und ein Teil der Öffentlichkeit eine radikale Kampfbühne gefordert, die sich den Angriff auf den Faschismus zum alleinigen Ziel machte. Wälterlin hat all diese ehrlich gemeinten Vorschläge als einseitig und deshalb im Ende wirkungslos abgelehnt. Seiner Überzeugung nach gewann eine Aufführung erst dann ihre volle Schlagkraft, wenn sich die künstlerische Form und das gedankliche Gut zu einer untrennbaren Einheit gefunden hatten. Die jahrelange Beschäftigung mit Schiller hatte ihn im Wert dieser Überzeugung bestärkt: der politische und der ästhetische Anspruch mussten sich in einem vollendeten Gleichgewicht halten; keine Seite durfte leichtfertig der anderen geopfert werden.

Trotz dieser deutlichen Absage an ein nur dem unmittelbaren Tagesgeschehen verpflichteten Theater darf es nicht verwundern, dass einzelne zeitgenössische Stücke des Zürcher Spielplanes vom Publikum in einen direkten Bezug zu den Kriegsereignissen gesetzt wurden, ja oft einem politischen Akt gleichkamen. Unter dieser Gruppe nahm John Steinbecks Schauspiel *Der Mond ging unter* eine besondere Stellung ein, da es stärker als jedes andere Zeitstück das Publikum zu stürmischer Anteilnahme bewegte.[19] Als Spieltext diente eine geschickte, wenn auch nicht vollends gelungene Dramatisierung des schmalen Romanbändchens *The moon is down*, das Anfang 1942 in den Vereinigten Staaten erschienen war. Schon zu Beginn des folgenden Jahres erschien die deutschsprachige Fassung des Romans in der Schweiz. Der Erfolg dieses Prosawerkes war unmittelbar und durchschlagend, da die Schweizer Leserschaft den Bezug zur eigenen historischen Lage nur zu deutlich erkannte. Der Kampf eines kleinen, wehrbereiten, aber im Ende durch die fremde Besatzungsmacht überrollten Volkes: dies war eine Thematik, die jeden Schweizer im Kriegsjahr 1943 berühren musste. Aus diesem schmerzlich empfundenen politischen Bezug lässt sich der ganz aussergewöhnliche Erfolg des Romans und dann des Stückes erklären. Nach einer ersten Inszenierung am Stadttheater Basel, wo es nach der Uraufführung im Oktober 1943 monatelang im Spielplan blieb, begann mit der ausverkauften Premiere vom 2. Dezember ein denkwürdiges Kapitel für die Pfauenbühne. Immer wieder wurden die Aufführungen an Kernstellen, etwa der Beteuerung des Freiheitswillens durch den zum Tode verurteilten Bürgermeister, von spontanem Szenenbeifall unterbrochen. Die schlichte und doch so pakkende Kraft von Steinbecks Stück tat ihre Wirkung. Die Vorstellungen blieben über Wochen im voraus ausverkauft und mit einundsiebzig Aufführungen wurde *Der Mond ging unter* zu einem der grössten Erfolge für das Pfauen überhaupt. Der leidenschaftliche, ernste Einsatz der Spieler, allen voran Heinrich Gretlers als Bürgermeister, war ein Zeugnis der Verantwortung jedes einzelnen Künstlers. Mit John Steinbecks Stück sah sich Wälterlin in seinem Bemühen um eine zeitbezogene, und doch über den Tageslauf hinausweisende Dramatik belohnt.

Die starke Vertretung ausländischer Dramatik im Spielplan darf nicht darüber hinwegtäuschen, dass Oskar Wälterlin gerade in den Kriegsjahren den Schweizer Autoren ein Sonderrecht auf der Pfauenbühne zusicherte.[20] Diese Förderung der einheimischen Dramatik hatte nichts mit einer sentimentalen, oder gar folkloristischen Haltung gemein. Sie entsprang vielmehr dem Wunsch, sich in einer Zeit der militärischen Bedrohung des Schweizer Staatswesens durch den benachbarten Feind auf die eigenen Wurzeln zu besinnen. Ermuntert vom Zürcher Stadtrat und vom Auftrag des vollen Ensembles getragen, begann Wälterlin mit der Hilfe der Dramaturgie die Suche nach spielbaren Stücken. Die Aufgabe war nicht leicht. Zu oft erwiesen sich die Stücke als rühmlich im thematischen Ansatz, aber als nur wenig bühnentauglich. Wälterlin und seine Mitarbeiter waren sich einig, dass dem hohen künstlerischen Ideal der Pfauenbühne gedient werden müsse, auch wenn dies manch harte Absage an hoffnungsfrohe Autoren bedeutete.

Trotz diesen hoch angesetzten künstlerischen Leitlinien konnten Stücke gefunden werden, die dem während der Kriegsjahre so wichtigen doppelten Anspruch von Kunst und Verantwortung gerecht wurden. So fand etwa gleich zu Beginn der ersten Kriegsspielzeit von 1939/40 die Uraufführung des schweizerischen Volksstückes *Gilberte de Courgenay* von Bolo Mäglin statt. Das Stück des Basler Autors hat jene Wirtstochter aus Courgenay zum Mittelpunkt, die während der jurassischen Grenzbesetzung im Jahre 1916 die dortigen Schweizer Truppen mit ihrer Freundlichkeit unterhielt und seither durch das Soldatenlied «C'est la petite Gilberte» zu einer allen bekannten Figur geworden war. Durch die Wahl des Stoffes bildete Mäglins Stück einen direkten Bezug zur militär-politischen Gegenwart der Schweiz: knapp dreissig Jahre nach Courgenay waren die Grenzen des Landes wieder bedroht. Der Erfolg des Stückes beim Zürcher Publikum war so nicht nur Mäglins treffsicherem Dialog, sondern in erster Linie dem klar erkannten Brückenschlag im historischen Vorwurf zu verdanken.

Ein weiteres Beispiel sei hier stellvertretend für die Vielfalt des schweizerischen Beitrages genannt. Am 12. Februar 1944 kam das neue Stück des bekanntesten einheimischen Autors, Cäsar von Arx, am Pfauentheater zur Uraufführung. Mit dem *Land ohne Himmel* setzte von Arx die Reihe der grossen vaterländischen Schauspiele fort, mit denen er sich so erfolgreich auf vielen Bühnen bewährt hatte. Das Grundthema war auch hier, wie schon bei seinem Zyklus der Waldstätte, die moralische und politische Verantwortung jedes einzelnen in der Verteidigung der Freiheit, für die kein

Opfer zu gross sein durfte. Hinter dem historischen Bilderbogen des Stückes, das den Kampf der Schwyzer um den Freiheitsbrief von 1240 beschreibt, erkannten die Zürcher scharfsichtig den Bezug zur modernen Eidgenossenschaft. *Land ohne Himmel* wurde zu einem Mahnmal für den täglich zu erbringenden Einsatz für Unabhängigkeit und Menschenwürde. Mit ungewöhnlich starkem und langanhaltendem Beifall, der die ganz persönlich bezogene Anteilnahme der Zürcher im letzten vollen Kriegsjahr spiegelte, bedankte sich das Publikum beim Autor, bei Leopold Lindtberg, Heinrich Gretler und dem Ensemble für ein ergreifendes Zeitstück.[21]

In der Spielplangestaltung für das Pfauentheater während der Kriegsjahre gelang Wälterlin ein schwieriger Balanceakt. Während sich andere Bühnen des freien Europa für das Entweder-Oder von Kunst und Politik entschieden hatten, erbrachte der Zürcher Theaterleiter den Beweis für ein fruchtbares Nebeneinander der beiden Ansprüche. Nie wurde die Bühne zum blossen Instrument politischer Überzeugungen, aber ebensowenig entfloh sie in ein wertfreies Reich der Kunst. Der Mittelweg, den Wälterlin einschlug, war von Vernunft bestimmt. Das Theater am Pfauen wurde so zu einer Bastion, in der Kunst und Verantwortung, der private und der öffentliche Auftrag, zur unverbrüchlichen Einheit fanden.

In der personellen Zusammensetzung des Ensembles und in der Gestaltung des Spielplanes zeigte sich das Pfauentheater als eine Bühne von klar gezeichnetem Profil. Es bekannte sich mutig zu seiner radikal-demokratischen Überzeugung und es war gewillt, dieses Ideal gegen jeden Druck von aussen zu behaupten. Hartnäckigkeit und Ausdauer waren dabei nötig, denn das faschistische Ausland versuchte wiederholt, das Schauspielhaus mit indirekten Druckmitteln zu einer Kursänderung zu zwingen. Zwei Zielpunkten galt dabei der besonders scharfe Angriff. Die Faschisten verleumdeten zunächst das Ensemble als eine Gruppe von Juden und Kommunisten. Was sie aber in Wahrheit erzürnte, war die Tatsache, dass hier eine führende deutschsprachige Bühne noch frei, ohne die allumfassende Zensur Berlins, walten konnte. Kritik und Widerspruch kann sich aber kein autoritärer Staat leisten. Der Druck auf die Künstler am Pfauen war somit der am Ende vergebliche Versuch, den Widerstand der Demokraten zu brechen. Der zweite Angriff galt dem Spielplan. Auch hier meinte man, sich die Rolle des Zensors anmassen zu müssen, indem man versuchte, auf die Stückwahl Einfluss zu nehmen. Der immer wieder unternommene Versuch der Beeinflussung von Ensemble und Spielplan zeigt die politische Bedeutung an, die das faschistische Ausland dem Pfauentheater zuwies.

Da dem Ausland eine direkte Handhabe zum kulturpolitischen Eingriff fehlte, versuchte es über die offiziellen Stellen in der Schweiz selber den Druck anzusetzen. Die diplomatischen Vertretungen waren hierbei das wichtigste Werkzeug. Die deutsche Botschaft in Bern hielt ein wachsames Auge auf die Vorgänge am Schauspielhaus. In Briefen und persönlich vorgebrachten Protesten an Wälterlin, die Dramaturgie, den Verwaltungsrat der Neuen Schauspiel AG. und die Städtischen Behörden wurde die Arbeit am Pfauen scharf verurteilt. Da diese Vorwürfe und Ermahnungen ohne Eindruck blieben, wandte sich die Botschaft an die höhere Instanz, nämlich an das Eidgenössische Politische Departement. Als ihr auch von hier Verständnis oder gar Unterstützung versagt blieb, musste sie die Unmöglichkeit jeder Einflussnahme einsehen, auch wenn sie weiterhin die Fröntler ermunterte, mit journalistischen Störaktionen das Pfauentheater in Verruf zu bringen.[22]

Der propagandistische Feldzug gegen das Schauspielhaus blieb nicht auf die Angriffe von deutscher Seite beschränkt. Neben den Berlin hörigen Fröntlern waren es besonders die faschistischen Verbündeten Deutschlands, die ihren Unmut über die politische Haltung des Pfauentheaters kundtaten. Als charakteristisch für diesen Zusammenprall zweier gegensätzlicher Wertvorstellungen kann der Zwischenfall um die Aufführung von Georg Kaisers *Der Soldat Tanaka* gelten. Kaiser, der in der Zwischenkriegszeit zu den erfolgreichsten Bühnenautoren Deutschlands gehört hatte, war nach der Machtergreifung Hitlers der «entarteten Kunst» zugerechnet worden. Gedemütigt, aber nicht gebrochen, verfolgte er im Schweizer Exil weiter sein humanistisches Menschenbild mit der Schaffung dramatischer Gleichnisse. *Der Soldat Tanaka* war ein solches Gleichnis. Das Stück griff den Militarismus schonungslos an und verteidigte demgegenüber die bedingungslose Hingabe des Einzelnen an die Ideale der Freiheit. Die Zürcher Theaterbesucher sprach Kaisers Stück ganz unmittelbar an, als sie es im November des zweiten Kriegsjahres, 1940, sahen. Die japanische Gesandtschaft in Bern jedoch fühlte sich beleidigt und übersandte dem Eidgenössischen Politischen Departement eine scharfe Note. Weder die Behörden noch das Schauspielhaus liessen sich hierdurch beirren. So blieb der japanische Protest ungehört. Die Pfauenbühne hatte einmal mehr ihr Ideal mit Würde verteidigt.[23]

Das Schauspielhaus hielt all diesem diplomatischen Druck geschlossen stand, ja in einem eigentümlichen Gegenzug bestärkte er die Künstler am Pfauen auf dem von ihnen einmal gewählten und nun mutig gegangenen Weg. Es war, als ob die tägliche Herausforderung ihnen das Beste entlockte, sie nie auch nur wanken liess und die Gruppe als kämpferische Einheit zusammenschweisste. Die Mitarbeiter Oskar Wälterlins, und das schloss sowohl die Schauspieler als auch die Bühnentechniker, den administrativen Stab als auch die Szenenbildner und Regisseure ein: sie alle wussten genau um die Gefahren ihrer Arbeit. Die Schweiz war ja vorläufig noch eine freie Insel, aber sie war geographisch ganz von Feindgebiet umfasst. Eine militärische Übernahme wäre gerade gegen jene Personen und Institutionen der Schweiz scharf vorgegangen, die dem direkten Widerstand angehörten, so etwa das Pfauentheater. Das Schauspielhaus war so in den Kriegsjahren unter Wälterlin zu einer wirksamen politischen Kraft geworden. Der unerschrockene Einsatz für die freiheitlichen Grundwerte blieb bis zum endgültigen Zusammenbruch des Faschismus das hohe Ziel der Künstler am Pfauen. Mit dem Mittel der Theaterkunst halfen sie, die Bastion der Schweiz zu halten. Der militärische Schutz der Schweizer Armee erhielt hier in der Form der geistigen Landesverteidigung ein einflussreiches Gegenstück.[24]

Diese unmittelbare Einflussnahme auf das Publikum bleibt die entscheidende Leistung der Pfauenbühne während der Kriegsjahre. Ohne diesen Brückenschlag wäre es bei einer bewundernswerten, aber doch recht isolierten moralischen Tat von verwegenen Künstlern geblieben. Aus ihrer Überzeugung aber sprachen sie die unterschiedlichsten Zuschauergruppen gleichermassen an. Junge, ungeduldige Studenten und die vorsichtigeren Vertreter der älteren Generation; Arbeiterschaft und Bürgertum; die Stadtzürcher und die Einwohner der umliegenden Landgemeinden; Schweizer und exilierte Ausländer; Konservative, Liberale und Sozialisten; Berufstätige mit und ohne Hochschulausbildung: zu ihnen allen als Vertreter des ganzen Volkskörpers pflegte das Schauspielhaus in den Kriegsjahren die lebendigste Beziehung. Nie setzte sich das Theater in einem Elfenbeinturm gefangen; vielmehr griff es hinaus in die Wirklichkeit, die es zu beeinflussen und so umzugestalten gedachte. In diesem missionarischen Eifer, der nie schwerfällig didaktisch war, sondern immer jugendlich feurig blieb, liess sich Wälterlin als der Leiter des Kollektivs vom Ideal Schillers führen. Das Theater war hier zu einer moralischen Anstalt geworden, zur Hüterin menschlicher Grundrechte, zum Gewissen der Nation. Ausgelassen und spielfreudig, und doch ernst und verantwortungsvoll verband das Schauspielhaus wie selbstverständlich Kunst und Leben zu einer unverbrüchlichen Einheit. Diesem gelungenen menschlichen und künstlerischen Wagnis mit vollem Einsatz vorgestanden zu haben, bleibt die grosse Leistung Oskar Wälterlins in Zürich.

5. Direktor am Pfauentheater

Mit dem Läuten der Friedensglocken am 8. Mai 1945 begann für das Schauspielhaus Zürich ein neues Kapitel. Der unmittelbare Druck, der allen Mitgliedern des Pfauen das Beste entlockt hatte, war behoben; eine grosse künstlerische, aber auch politische, ja moralische Aufgabe war erfüllt. Dieser ethisch begründete Einsatz war so mächtig, dass er auch nach der scharfen Zäsur des Kriegsendes nicht ruhen konnte. Schon am 9. Mai, dem Tag nach der Kapitulation der deutschen Wehrmacht, begann eine Gruppe von Schauspielern unter Führung von Wolfgang Langhoff mit dem Ausbau einer Hilfsaktion für das zerstörte deutsche Theater. Kleidung und Lebensmittel wurden gesammelt; dann aber auch die für einen Neubeginn notwendigen Grundsteine: Requisiten, Kostüme, Textbücher. Schon bald halfen alle Mitglieder des Pfauen mit Rat und Tat am Aufbauwerk mit. Dieser energische, ganz selbstverständliche Einsatz ermunterte andere. Während etwa der Schweizerische Bühnenverband eine namhafte Geldspende und technische Bühnenapparatur übersandte, organisierte «Die Tat» eine Hilfsaktion, die manchem Theater des süddeutschen Raumes den Weg aus den Trümmern zu einem neuen Anfang erleichterte. Für manche Künstler war dieses Geben nicht genug. Sie erkannten die verheerende Öde, die der Krieg in Deutschland gelassen hatte, und so schien ihnen, dass nur ein persönlicher Einsatz echte Hilfe zu bringen versprach. So wichtige Pfeiler des Schauspielhauses wie Wolfgang Langhoff, Karl Paryla und

Wolfgang Heinz verliessen so schon bald Zürich, um am Ort der Verwüstungen selber ihren aufbauenden Beitrag zu leisten.

Das Jahr 1945 bildete somit eine scharfe Zäsur, aber auch einen Übergang. Mit Trauer und Grauen blickte man zurück auf die Ereignisse, die wie ein böser Traum an einem vorbeigezogen waren. Doch Einsichtige, so etwa Wälterlin selbst, sahen schon bald, dass der Krieg nicht nur eine Zeit der Zerstörung gewesen war, sondern paradoxerweise auch des Baus.[1] Denn gerade im Widerstand gegen den totalitären Anspruch des Faschismus waren Kräfte herausgefordert worden, die sich das Weiterleben der Demokratie zur unbedingten Aufgabe gemacht hatten. Je stärker sich der Druck der Diktatur aufdrängte, desto entschlossener wussten sich die demokratischen Ideale zu behaupten. In der Schweiz zeigte sich dieses Spiel von Druck und Gegendruck besonders deutlich: militärisch und ideologisch von aussen bedrängt, erstarkten die demokratischen Kräfte im Lande selber. Für die Schweizer wurde so der zweite Weltkrieg zu einem Lehrstück ganz besonderer Art. Man sah nun, dass die Demokratie kein gottgegebenes Recht war, auf das man sich selbstvergessen verlassen konnte, sondern ein lebendiger politischer Akt, der täglich neu unter Beweis gestellt werden musste. Das Schicksal der vier unterdrückten Nachbarländer schärfte den Sinn und die Achtung der Schweizer für die freiheitlichen Ideale, die sie zu lange als Selbstverständlichkeit hingenommen hatten.[2]

Diese Parteinahme für das demokratische Modell während des Krieges wirkte auch nach dem Friedensschluss von 1945 weiter. Jedem Schweizer war der hohe Wert, aber auch die Zerbrechlichkeit der Demokratie vorgeführt worden, und der verantwortliche Staatsbürger suchte nun nach Wegen, diese natürliche, und doch schwierigste aller Regierungsformen weiter zu festigen. Auch die Schweizer Bühnenkünstler wollten ihren Beitrag zu dieser gemeinschaftlichen Aufgabe leisten. Eine Form der Kleinbühne, das Kabarett, machte sich hierbei besonders verdient.[3] Schon vor und dann besonders während der Kriegsjahre hatte sich hier eine spezifisch schweizerische Form der Satire entwickelt, die den Verrat am demokratischen Ideal schonungslos blosslegte. Der von offizieller deutscher Seite auf die Schweizer Behörden ausgeübte Druck, der ein Verbot dieser Satiren bewirken sollte, beweist deutlich den Erfolg jener mutigen Bühnenkunst im Kampf gegen den totalitären Anspruch. Auch nach 1945, als der direkte politische Anlass überwunden war, blieb das Schweizer Kabarett seiner kämpferisch-demokratischen Tradition treu, wobei Oskar Wälterlin, meist unter einem Pseudonym, wiederholt Texte beisteuerte. Im vollen Wissen um ihre Verantwortung nahmen auch die grossen Bühnen ihre Aufgabe ernst. Die Zeit unmittelbar nach 1945 ist so für das Schweizer Theater durch eine erhöhte Bereitschaft gekennzeichnet, die Bühne zu einem Ort der kritischen Wahrheitssuche, zu einer Schule der freiheitlichen Ideale zu machen.

Für Oskar Wälterlin und seinen Kreis galt es, diese Verpflichtung auf die demokratischen Ideale nicht nur rhetorisch zu leisten, sondern täglich in der eigenen Arbeit Wirklichkeit werden zu lassen. Das Misstrauen gegen grosse Worte, gegen das so oft hohle Pathos eines moralischen Anspruches, liess die Künstler am Pfauen über die Jahre ein Modell gelebter Demokratie entwickeln, das sich in strenger Selbstprüfung immer von neuem zu bewähren hatte. Für Wälterlin als Leiter des Schauspielhauses war dies eine der Lehren, die er während der Kriegsjahre in der Zürcher Bastion gemacht hatte. Nur in einem sich gegenseitig stützenden und damit stärkenden Bund von Bühnenschaffenden sah er die Gewähr für eine demokratische Arbeit im genauen Sinne des Wortes. Deshalb hat Wälterlin den ihm zustehenden Titel des Intendanten nach Möglichkeit gemieden. Die

Bezeichnung schien ihm viel zu stark mit der Vorstellung des autoritären, ganz von seiner Machtausübung besessenen Theaterdirektors, besonders des 19.Jahrhunderts, verbunden. Wälterlin bevorzugte so, wenn überhaupt ein Titel notwendig war, den des Leiters. Diese nüchterne Bezeichnung spiegelte den Zug zum Unauffälligen, der ihm in der Personalpolitik wichtig war. Er wusste zwar um die unumgänglich hierarchische Gliederung jedes Theaters, ohne die der komplexe Betrieb einer grossen städtischen Bühne nicht bewältigt werden konnte; aber er sah sich als Leiter der Aufgabe verpflichtet, in einem offenen Austausch die Impulse aller Mitarbeiter in den Gesamtplan überzuführen. Die von ihm entworfenen Richtlinien blieben immer biegsam genug, um eine Kurskorrektur zu ermöglichen, die dem Willen der Mehrheit entsprang. Wälterlin als «primus inter pares», als bedächtiger Leiter einer verantwortlichen Gruppe von Künstlern: diesem demokratischen Modell wollte der Leiter des Schauspielhauses auch nach den Kriegsjahren treu bleiben.

Diese Rücksichtnahme auf das Mitspracherecht unterschied sich deutlich von der an andern deutschsprachigen Theatern geübten Praxis. In der Zeit bis zu den späten sechziger Jahren, in denen sich dann auf den Universitäten und in der Politik radikal-demokratische Kräfte rührten, waren die Theater, zumindest die grossen und damit öffentlich finanzierten, in Pyramidenform gegliedert: die an der Spitze gefällten Entscheidungen wurden von den Befehlsträgern wahrgenommen und ohne Widerrede in die Tat umgesetzt. Oskar Wälterlin wusste, dass eine organisatorische Umgliederung notwendig war, um seinem demokratischen Ideal gerecht zu werden. Der wichtigste Schachzug in diesem Sinne war die Formung eines Kreises, dem je ein Mitglied der verschiedenen Verantwortungsbereiche am Pfauen zugehörte. Dieser Kreis hatte nicht nur beratende Befugnis, sondern konnte mit einem Stimmentscheid in allen Sachfragen die Geschicke des Schauspielhauses mitlenken. Die Vertreter im Kreis wussten um die hohe Verantwortung, die auf ihnen lag. Nur ein genauer Einblick und die Kenntnis des Theaterbetriebes in seiner Ganzheit konnte ihnen ein wohlabgewogenes Urteil erlauben. Trotz dieses Blickes auf das Theater als Einheit, waren sie in erster Linie ihrem eigenen Arbeitsbereich verantwortlich. Von den Vertretern der jeweiligen Sparten gewählt, waren sie die Sprecher ihres Faches im Umkreis der Direktion. Mit dieser mutigen Umgliederung verwirklichte Oskar Wälterlin nicht nur ein langgehegtes demokratisches Ideal, sondern stärkte die einzelnen Glieder des Schauspielhauses und machte es so zu jener gesunden, vielbewunderten Gemeinschaft von Theaterleuten.[4]

Dies demokratische Ideal von der gleichmässigen Stärkung aller Glieder forderte überall, so etwa auch im engeren Gebiet der Schauspielmusik, sein Recht. Es war dies eine Sparte des Theaterbetriebes, die nur allzuoft ein kümmerliches Eigendasein fristete, meist losgelöst von der Arbeit der anderen Bühnenkünstler. Selbst an grossen Theatern des deutschsprachigen Raumes wurde die Schauspielmusik oft lieblos vernachlässigt und höchstens als Schmuck und Beiwerk geduldet. Wälterlin hat diesen Zweig gleich bei seiner Amtsübernahme in Zürich kräftig gestärkt, und dies nicht nur, weil er als Opernfachmann der Musik einen hohen Aussagewert beimass; vielmehr wollte er auch hier der unbelebten Routine entgegenwirken und durch eine neue, jeder Inszenierung angepasste Schauspielmusik zu einer in allen Gliedern lebendigen Aufführung beitragen. Dieser hochangesetzte Anspruch konnte nur durch erfahrene Musiker erfüllt werden. In der Wahl zweier Komponisten bewies Wälterlin eine glückliche Hand. Der erste dieser unentbehrlichen Helfer war der Schweizer Paul Burkhard, der von 1939 bis 1944 als Hauskomponist am Schauspielhaus wirkte, und der so glücklich Einfallsreichtum und einen untrüglichen Bühnensinn mit dem Gebot zum Dienst am Werk verband. Sein Nachfolger wurde Rolf Langnese, der sich nach dem Klavierstudium und Konzertreisen als musikalischer Leiter ans Pfauentheater binden liess. Hier half er mit seiner Bühnenmusik zu Stücken so verschiedenartiger Autoren wie Shakespeare, Kafka, Goethe und Max Frisch vielen Inszenierungen zum Erfolg. Burkhard und Langnese trugen wesentlich zu dem bei, was Wälterlin stolz die «Musikdramaturgie» am Pfauen genannt hat.

Eine weitere organisatorische Massnahme, die auf den Theaterleiter Wälterlin zurückging, war der gründliche Ausbau der Beziehungen zu verschiedenen Gruppen ausserhalb des Bühnenbetriebes selbst. Während des Krieges hatten die Künstler am Pfauen gelernt, wie wichtig es war, in der Arbeit durch die Zustimmung, aber auch die aufbauende Kritik des Publikums getragen zu werden. Diesen engen Dialog wollte Wälterlin auch in den Nachkriegsjahren lebendig erhalten. Er wusste um die Gefahren eines Theaters, das sich abgeschlossen vom Strom der Zeit wie auf einer Insel allein entwickelte. So entwarf er unmittelbar nach Kriegsende einen Plan, der ein ganzes Netz von Bindegliedern zwischen dem Schauspielhaus und der Zürcher Bürgerschaft und ihren Institutionen schuf.

Ein wichtiger Pfeiler dieser Öffentlichkeitsarbeit sollte die Beziehung des Schauspielhauses zur Universität sein. Wälterlin kannte die schwierige Aufgabe, die es hier zu lösen galt. Trotz der fast unmittelbaren geographischen Nachbarschaft von Hochschule und Pfauentheater hatten Vorurteile, Missverständnisse und Argwohn auf beiden Seiten einen natürlichen Dialog erschwert. Obwohl Vorgängern ein echter Brückenschlag nicht gelungen war, wollte der Hausherr den Versuch erneut unternehmen. Seine Doppelrolle als Akademiker und Bühnenpraktiker bestärkte ihn in seinem Vertrauen. In enger Absprache mit Fachvertretern der Universität entwickelte er einen Plan, der sich zunächst in einer zweijährigen Probezeit bewähren sollte. Der Vorstoss zu einer Verbesserung des Verhältnisses sollte gleichzeitig von beiden Körperschaften ausgehen. Die Universität etwa wurde ermuntert, innerhalb ihrer Literaturabteilungen dem Drama einen erhöhten Wert beizumessen. Auch wurde im Rahmen des Möglichen versucht, die Stücke am Pfauen in den Lehrplan der Universität einzubauen. Durch Einführungsvorträge und in Auftrag gegebene Übersetzungen sollten zudem Fachvertreter der Hochschule an das Schauspielhaus gebunden werden. Regisseure, Dramaturgen und Schauspieler des Pfauen sollten ihrerseits Seminare und Kolloquien der Universität mit ihrer Theatererfahrung bereichern. Im Lichthof des alten Kollegiengebäudes sollten Bühnenbildentwürfe und Modelle zu Neuinszenierungen die Studentenschaft auf die Arbeit am Pfauentheater aufmerksam machen. Wälterlins Plan war ehrgeizig, doch wohlüberlegt und der ehrliche Versuch, eine Brücke zu schlagen.

Ein zweiter Brückenschlag galt der Presse. Wälterlin wusste, wie wichtig ein entspanntes, kritisches, aber immer aufrichtiges Verhältnis zwischen Theater und Presse war. Die bösen Erinnerungen an einen unverantwortlichen, irregeleiteten Journalismus am Ende seiner Basler Amtszeit waren noch wach. So wollte er vor allem eine unfruchtbare Kampfstellung vermeiden, und liess daher interessierte Korrespondenten unmittelbar an der Arbeit, so etwa während der Probenzeit, teilhaben. Regelmässige Pressekonferenzen und Arbeitsbriefe liessen den Journalisten zudem Information über das Pfauen zukommen. Wälterlins Ziel war es, der Presse als öffentlichem Organ zu dienen, ohne sich bei ihr anzubiedern.[5]

Eine der verwaltungstechnischen Aufgaben, denen sich der Theaterleiter Oskar Wälterlin mit besonderer Aufmerksamkeit widmete, war die Schaffung eines möglichst weit gefassten Besucherringes. Obwohl er sich als Direktor des Schauspielhauses immer für die wirtschaftliche Stärkung des Theaters eingesetzt hat, waren die Gründe für den stufenweisen Ausbau des Besucherringes in erster Linie nicht finanzieller Art. Wälterlin sah hierin vielmehr die Möglichkeit, über alle sozialen Schranken hinweg seinem Ideal eines demokratischen Theaters auch von der Zusammensetzung des Publikums her näherzukommen. Gerade im ständisch gefügten Zürich schien ihm dies ein wichtiges Ziel. Es war eine Aufgabe, von der er überzeugt war und in der er von allen Mitarbeitern unterstützt wurde. Am stärksten wurde er von jener Gruppe von Schauspielern gedrängt, deren Sympathie dem Sozialismus galt. Politisch konnte sich Wälterlin zwar mit dieser Gruppe nicht solidarisieren; dazu war sein Demokratiebegriff zu persönlich geprägt. Und doch verband er sich mit ihnen in der Überzeugung, dass Theater nicht zum Reservat einer sozialen Klasse werden durfte. Nur eine offene, alle Schranken abbrechende Gewinnung des ganzen Publikums konnte dem Theater den nötigen, reichen Nährboden bieten. In diesem Glauben an ein alle soziale Klassen umfassendes Publikum berief sich Wälterlin auf seine genauen Kenntnisse der Theatergeschichte. Er wies dabei auf die Zeugnisse des Perikleischen Zeitalters hin; dann auf die verschiedenen Formen des spätmittelalterlichen Theaters, und endlich auf die bunt zusammengesetzten Zuschauergruppen im Theater Shakespeares. Was diese drei Traditionen über alle Unterschiede hinweg verband, war die Vielgestaltigkeit des Publikums, in dem sich Menschen von verschiedenem Rang, Alter und Bildungsgrad zum gemeinsamen Erlebnis trafen. Ein anderes, geographisch näherliegendes Beispiel zog Wälterlin oft für seine Argumentation heran. Es war das schweizerische Festspiel, mit dem er sich als Regisseur mehrere Male auseinandergesetzt hatte. Für Wälterlin war das Festspiel weit mehr als ein folkloristisches Ereignis. Hier versinnbildlichte sich ihm das Ideal der Demokratie in seiner schönsten theatralischen Form. Über alle trennenden Eigenheiten fand sich der Volkskörper hier geeinigt im künstlerischen Akt. Diesem Ideal wollte der Hausherr am Pfauen unter den so ganz anders gearteten Umständen eines städtischen Theaters nach Möglichkeit näherkommen.

Für diesen grundsätzlichen Vorsatz musste ein organisatorischer Rahmen geschaffen werden, der das Ziel der Publikumserweiterung erreichte, und doch finanziell verantwortbar war. Der nach sorgfältiger Überlegung mit der kaufmännischen Leitung erarbeitete Besucherring bot sich hierbei als geeignetste Lösung an. Es war ein bedachtsam aufeinander abgestimmtes System des Abonnements, das für den Käufer als ganz offenkundigen Vorteil eine Geldersparnis bot und damit weniger bemittelten Gruppen den Theaterbesuch erleichterte. Genau geplant, aber dem Käufer weniger offenkundig, war ein anderer, in der Wirkung viel wichtigerer Vorteil. Jede zum Verkauf gebotene Auswahl dieses Abonnements war klug gemischt: war jemand durch zwei oder drei Stücke auf dem Programm angelockt, so konnte er durch ihre Bindung an andere Stücke für eine weitere, oft ganz neuartige dramatische Erfahrung gewonnen werden. Der Besucherring erfüllte somit einen doppelten Zweck: er machte es den finanziell schwächeren Gruppen möglich, das Schauspielhaus regelmässig zu besuchen, und er zwang die Käufer unaufdringlich zur Auseinandersetzung mit einer Vielzahl von Stücken ganz verschiedener Tradition.

Die sorgfältig aufeinander abgestimmte Zusammenstellung des Spielplanes wurde so zu einem Kernstück von Wälterlins Direktion. Was später weit über die Grenzen der Schweiz hinaus als die «Zürcher Dramaturgie» bekannt und bestaunt wurde, hob sich in der Tat deutlich von der an deutschen und anderen Schweizer Theatern geübten Praxis ab. Dort war in den meisten Fällen die Dramaturgie ein schwächlicher, mehr ärgerlich geduldeter Anhang des eigentlichen Bühnenbetriebes. Oft war es ein Ort, an dem gescheiterte Dramatiker Zuflucht gefunden hatten. Ihr Aufgaben- und Verantwortungsbereich blieb beschränkt. Als Zuträger der Direktion und der Regisseure waren sie hauptsächlich für die Materialbeschaffung zuständig. Fleiss und ein gewisses literarisches Gespür waren die Voraussetzungen, um Aufgaben wie das Programmheft, die Übersetzung von Stücken und Einführungsvorträge zu Premieren erfolgreich zu erledigen. Es war eine im Grund passive Arbeit, die vom Theaterleiter oder Regisseur Impulse aufnahm und gehorsam in die Tat umsetzte.

Oskar Wälterlin hat hier entscheidend eingegriffen und die Rolle des Dramaturgen im Theaterbetrieb kräftig aufgewertet. Zwei Gründe waren hierfür verantwortlich. Zunächst einmal lässt sich diese Betonung der Dramaturgie autobiographisch erklären. Wälterlin war ja nicht nur selber Dramatiker, sondern hatte sich im Universitätsstudium jahrelang mit der Literatur auseinandergesetzt. Mehr als andere Theaterleiter, die von der Regie her kamen, brachte er somit ein erhöhtes Verständnis für das literarische Kunstwerk mit. Über diesen autobiographischen Bezug war die Stärkung der Dramaturgie ein Schritt auf dem Weg zum Ausgleich aller Kräfte. Nur so, im vollen Gleichgewicht aller künstlerischen, technischen und administrativen Zuträger, konnte das Ideal eines demokratischen Theaterbetriebes verwirklicht werden. Der Dramaturg wurde somit zu einer aktiven, formgebenden Figur, die an allen Phasen der künstlerischen Arbeit direkt beteiligt war. Bei der Zusammenstellung des Spielplanes etwa wurde er zur treibenden Kraft. Die genaue Kenntnis der Weltliteratur erlaubte es ihm, die Regisseure auf Stücke aufmerksam zu machen, die vernachlässigt, vielleicht sogar vergessen waren. Der Dramaturg am Pfauen entwarf Pläne, die über eine einzelne Spielzeit hinausgingen, sodass heute beim Rückblick grossgezogene thematische Richtlinien erkennbar werden. Doch auch über das literarisch prüfende hinaus wurde der Dramaturg ganz direkt in die Bühnenarbeit miteinbezogen. Noch bevor die Leseproben begannen, erläuterte er den Schauspielern, meist zusammen mit dem Regisseur, die Schwierigkeiten jedes Stückes. Als literarischer Sachwalter blieb er während der ganzen Probenzeit der Vertrauensmann, auf den sich die Spieler verlassen konnten, wenn ihnen textliche Unklarheiten zu schaffen machten. Der Dramaturg als Diener des Autors und als feinsinniger Vermittler des Textes: in dieser mitgestaltenden Arbeit lag seine besondere Verantwortung am Zürcher Schauspielhaus.[6]

Diese für das Pfauentheater so entscheidende Rolle des Dramaturgen machte seine Wahl besonders schwierig. Wälterlin hat denn auch dieser Aufgabe seine ganze Menschenkenntnis und seinen Spürsinn für Talente gewidmet. Es galt, dramaturgische Mitarbeiter zu finden, die zumindest zwei Forderungen erfüllten. Zunächst mussten sie gründlich geschult sein. Wälterlin misstraute den Dramaturgen, die sich ihr Wissen nur in der Praxis, wie zufällig, angeeignet hatten. Ihm schien, dass nur eine Hochschulausbildung die Gewähr für eine verantwortliche, textnahe Beschäftigung mit dem Drama bot. Nur eine systematische, über lange Jahre des Studiums erworbene Kenntnis der Weltliteratur konnte dem hohen Anspruch des Amtes genügen. Ebenso wichtig wie diese fachliche Forderung, war eine menschliche. Wälterlin hatte in seiner langjährigen Erfahrung zu oft junge Dramaturgen beobachten können, die sich mit ihrem akademischen Hochmut unwillig zeigten, sich voll in den Spielkörper eines Theaters einzugliedern. Ihre Eitelkeit, auf einem veräusserlichten Bildungsanspruch gegründet, passte nur schlecht zum demokratischen Kräftespiel, das für Wälterlin so wichtig war. Was er suchte, war ein ernster, doch offener, vielbelesener, doch für weitere Anregungen immer empfänglicher literarischer Beirat.

In Kurt Hirschfeld verwirklichte sich dieses hohe Ideal.[7] Hirschfeld entstammte einer Familie, der die Beschäftigung mit der Literatur zu einer Selbstverständlichkeit geworden war. Von früh an wurde er so mit den grossen Beispielen der Weltdramatik vertraut. Das Studium leitete seinen unbändigen Leseeifer in geregeltere Bahnen, und doch hat er sich immer etwas von dieser ganz jugendlich erobernden Leidenschaft für die Literatur beibehalten. Der Tradition verpflichtet, und dem Neuen aufgeschlossen; junge Autoren ermunternd, und doch hart im Urteil; von umfassendem Wissen, und doch bescheiden im Auftreten: Wälterlin hätte keinen idealeren Dramaturgen für die schwere Zürcher Zeit zur Seite haben können als Kurt Hirschfeld.

Aus zwei Gründen war für Hirschfeld die Arbeit am Schauspielhaus besonders schwer, aber auch lohnend, da sie seine besten Kräfte herausfordernd prüfte. Die erste Schwierigkeit bestand darin, alle vom Ensemble eingegangenen Vorschläge zur Spielplangestaltung zu achten, und doch eine endgültige Auswahl von stark individuellem Gepräge zu treffen. Hirschfeld wusste um die Gefahr, jedem und damit niemandem zu dienen. So blieb es sein hoher Vorsatz, das Schwierige zu versuchen: dem Ideal einer demokratischen Stückwahl zu folgen, und doch einen Spielplan zu schaffen, der reich, aber nicht buntscheckig, offen, aber nicht profillos war. Die zweite schwierige Aufgabe, die Hirschfeld zu lösen hatte, war eng mit den politischen Umständen verknüpft. Während all der Kriegsjahre hatte er den Spielplan am Pfauen koordiniert. Er hatte dort mit der Hilfe des ganzen Ensembles einen Spielplan entwickelt, der sich stolz, ja trotzig gegen die Barbarei des Krieges behauptete. 1945 brachte die Zäsur. Es galt nun, unter den ganz andersartigen Gegebenheiten der Friedenszeit einen Spielplan zusammenzustellen, der neue Akzente setzte und sich doch auf die grosse demokratische Tradition der vergangenen Jahre berief. Diesen

Übergang organisch, und doch deutlich vollzogen zu haben, war die Leistung Kurt Hirschfelds und seiner Helfer. Ein genaues Studium der Spielpläne jener ersten Friedensjahre zeigt denn auch einen Wechsel an, obwohl dieser weniger abrupt ist als man vermuten könnte. Den Grund für diesen eher sanften Übergang hat Kurt Hirschfeld oft selber genannt. Er wies darauf hin, dass sich das Schauspielhaus bei der Stückauswahl immer von einem streng beobachteten Gebot des Humanismus leiten liess, wobei Hirschfeld hier das Wort Humanismus in seiner ganz ursprünglichen, von jeder erstarrten Phraseologie befreiten Bedeutung verstanden wissen wollte. Dieser Grundsatz spiegelte sich am deutlichsten in der Auswahl des Lustspiels. Während andere Theater im deutschsprachigen Raum nach dem Krieg unbedenklich die leichteste Unterhaltung in ihren Spielplan aufnahmen, berief sich Kurt Hirschfeld auf einen Komödienbegriff subtilerer Art. Seine unverhohlene Verachtung galt dem gedankenlosen Lustspiel, das zwar in einem ganz oberflächlichen Sinn zu unterhalten vermochte, das aber unfähig war, etwas über den Menschen auszusagen. So blieb die reine Boulevard-Komödie mit ihrer fadenscheinigen Psychologie und ihren oft billigen Witzeleien von der Pfauenbühne verbannt. Und doch bildete die Gattung der Komödie einen Grundpfeiler von Hirschfelds Zürcher Dramaturgie. Sein Komödienbegriff war dem Bertolt Brechts verwandt.[8] Wie sein deutscher Kollege, sah Hirschfeld in den verschiedenen Formen der Komödie grosse Beispiele der Menschendarstellung. Zunächst musste das Lustspiel in einem ganz unmittelbaren Sinn seine Wirkung tun. Als unbekümmerte Spiellust hatte es die Aufgabe, den Zuschauer zu ergötzen, ihn aber auch in seiner festgefügten Welt von Vorurteilen zu verunsichern. Das Lachen erfüllte damit eine mehrfache Aufgabe: es unterhielt den Zuschauer, befreite ihn von auferlegten Zwängen und offenbarte ihm durch den Spiegel der Bühne ein leicht entrücktes Gegenbild seiner selbst. In diesem Anspruch auf eine Komödie, die in einem gleichzeitigen Zug zum Lachen reizte und zum Nachdenken zwang, traf sich Hirschfeld mit dem Hausherrn Oskar Wälterlin. Ihre mit dem Ensemble unternommene Suche nach Stücken, die diesem doppelten Anspruch genügten, führte sie zu Molière und Goldoni, zu Raimund und Nestroy, zu Hofmannsthal und Shaw, zu Dramatikern, die Wälterlin einmal als «denkende Komiker» bezeichnet hat.

Diese Verpflichtung auf ein humanistisches Menschenbild, das die Auswahl der Komödien vor und nach der Zäsur von 1945 bestimmt hatte, machte auch Shakespeare zu einer der Konstanten, ja zum eigentlichen Rückgrat des Spielplans am Pfauen.[9] Verschiedene Gründe lassen sich für diese zentrale Bedeutung des Elisabethaners anführen. Einer davon war lokalhistorischer Art. Spätestens seit den wagemutigen Inszenierungen Alfred Reuckers, die weit über die Grenzen der Schweiz Beachtung gefunden hatten, war Shakespeare in Zürich zu einer immer wieder liebevoll gepflegten Tradition geworden. Aber wie schon Reucker, so liessen sich auch Hirschfeld und Wälterlin in ihrem Bezug zum Elisabethaner nicht von einem unfruchtbaren Götzenkult leiten. Was sie als erfahrene Theaterpraktiker zu Shakespeare drängte, war ein ganz unsentimentales Vertrauen auf seine Kraft als Bühnenautor: dem Schauspieler bot er eine ganze Welt von Rollen; hier konnte Teo Otto, durch Shakespeares Sprachgewalt herausgefordert, seine bildnerische Phantasie entwickeln; und hier fanden die in ihrem Temperament so unterschiedlichen Regisseure am Pfauen zu ihren kühnen szenischen Umsetzungen. Doch die Bewunderung für die präzise Menschendarstellung und die unbeirrte Wahrheitssuche blieben vor und nach dem Krieg der Hauptgrund für die Dominanz Shakespeares am Schauspielhaus.

Shakespeare bildete gleichsam den Kernpunkt, um den

sich in einer immer weiter gefassteren Staffelung das Werk anderer Dramatiker gruppierte. Molière, Lessing, Goethe, Schiller und Kleist kam hierbei eine besondere Bedeutung zu. Dieses Vertrauen Hirschfelds auf die grossen Figuren der Weltliteratur darf nie darüber hinwegtäuschen, dass er den auf Schweizer Bühnen oft vernachlässigten Autoren und den Werken zeitgenössischer Dramatiker ein grosszügiges Gastrecht gewährte. So fanden etwa ausserhalb Österreichs verkannte Werke von Raimund und Nestroy in Zürich willige Aufnahme; zur Hauptsache aber machte Hirschfeld durch eine lange Reihe von Erstaufführungen die Pfauenbühne zu einem Ausgangspunkt moderner Dramatik. Mit Brechts *Mutter Courage, Dem Guten Menschen von Sezuan* und dem *Galileo Galilei* etwa hat er sich aus künstlerischer Überzeugung für einen Autor eingesetzt, dem aus politischen Gründen manch andere Bühne verwehrt blieb. Auch dem schwierig zu verwirklichenden Werk Giraudoux' galt der wiederholte Einsatz. Seine ganz besondere Tatkraft als Dramaturg widmete er aber den zeitgenössischen Autoren des amerikanischen Raumes. Tennessee Williams, Arthur Miller, William Saroyan, in erster Linie aber Eugene O'Neill bezeugten mit ihrem Werk immer wieder den Reichtum der aussereuropäischen Tradition. Theater wurde so zu einem künstlerischen Akt, in dem über beengende Landes- und Kontinentalgrenzen hinaus versucht wurde, im Bühnengleichnis ein Bild vom Menschen zu zeichnen.

Kurt Hirschfelds Dramaturgie für die Pfauenbühne ist eines der grossen, noch ungeschriebenen Kapitel der modernen Schweizer Theatergeschichte. Sein unabhängiger, scharf denkender und klug abwägender Geist prägte fast drei Jahrzehnte lang die Stückwahl am Pfauen mit. In einem Element der Spielplangestaltung jedoch machte sich das besondere Interesse seines Vorgesetzten bemerkbar. Der Hausherr Oskar Wälterlin hat die von ihm selbst entworfenen demokratischen Spielregeln bei der Zusammenstellung der Stücke geachtet; und doch hat er seine beredte Überzeugungskraft immer wieder dazu eingesetzt, die Mitarbeiter am Pfauen für ein ihm sehr nahegelegenes Projekt zu gewinnen, nämlich die Förderung des heimischen Dramas. Es war keine leichte Aufgabe, da die vielen ausländischen Künstler am Schauspielhaus nur einen indirekten Zugang zum schweizerischen Drama hatten. Während der Kriegsjahre gelang es Wälterlin ohne Schwierigkeit, die Schauspieler von der Notwendigkeit der Pflege schweizerischer Dramatik zu überzeugen. Der gerade von den ausländischen Künstlern erbrachte Einsatz legt davon ein Zeugnis ab. Nach dem Krieg, als der übermächtige Druck des Faschismus überstanden war, hat Wälterlin mit noch erstarkter Überzeugung für das heimische Drama geworben. Ein von der Bürgerschaft getragenes Theater wie das Schauspielhaus musste in Wälterlins Sicht den regionalen, ja lokalen Geist spiegeln, der ihm den unverwechselbaren Charakter gab. Dieser Glaube an die Schweizer Dramatik hatte nichts mit einem blinden, nur auf sich selbst bezogenen Patriotismus gemein; er war vielmehr der Ausdruck jeder sich mutig zu sich selbst bekennenden künstlerischen Eigenart.

Das stetige, fast drängende Bemühen um eine neue Schweizer Dramatik brachte vorerst noch keine der ungeduldig erwarteten Talente. Doch nach Jahren der Suche und Förderung wurde die Zürcher Dramaturgie durch einen seltenen Doppelfund für ihre Beharrlichkeit belohnt. Mit Max Frisch und Friedrich Dürrenmatt wuchsen zwei Autoren heran, die weit über die Grenzen der Schweiz ihre Wirkung taten, und damit das deutschsprachige Nachkriegsdrama nach den Vorbehalten der Kriegsjahre wieder voll legitimierten.[10] Trotz aller temperamentmässiger und stilistischer Verschiedenheit der beiden, gleichen sich doch die biographischen Ansätze, die endlich zur Arbeit am Schauspielhaus führten. Sowohl Frisch als auch Dürrenmatt bewegten sich zunächst auf einer Laufbahn, die das Theater nur indirekt einschloss. In beiden regte sich jedoch ein immer stärker fordernder Drang zur Bühne, der zumindest im Falle von Max Frisch entscheidend durch die Eindrücke am Pfauen ausgelöst war. Beide Autoren blickten mit Bewunderung und Neid auf die künstlerische Familie am Schauspielhaus, die ihnen als ein Modell verantwortlichen Schaffens erschien. Die grosse Zeit am Pfauen wurde zum Anreger. Frisch und Dürrenmatt setzten nun all ihre Energien für die Theaterarbeit frei.

Die Zürcher Dramaturgie bewies in dieser ersten Kontaktnahme mit den beiden Autoren ihre eigentliche Stärke. Es war besonders Kurt Hirschfeld, der mit hohem Kunstverstand und menschlicher Einfühlungsgabe ein Arbeitsverhältnis schuf, das die beiden Neulinge ihr noch wenig vertrautes Handwerk zu meistern lehrte. Hirschfeld versuchte hierbei immer ein schwieriges, aber wichtiges Gleichgewicht zu halten: einerseits galt es, die beiden angehenden Dramatiker zu führen, zu leiten und auf ihre Schwächen aufmerksam zu machen; anderseits aber sollte ihre ganz individuelle künstlerische Eigenart unangetastet bleiben, ja sich frei, ohne von aussen auferlegte Beschränkung, entfalten können. Zu raten, ohne zu beengen; Lehrmeister zu sein, und doch das Wachstum zu achten, war so die schwierige Aufgabe Kurt Hirschfelds.[11]

Aber nicht nur von der Dramaturgie wurde Frisch und Dürrenmatt diese geduldige Unterstützung zuteil. Es war in erster Linie Oskar Wälterlin selber, der sich in seiner Doppelstellung als Theaterdirektor und Regisseur für die beiden Dramatiker einsetzte. Am wichtigsten war hierbei wohl die für ein öffentliches Theater ungewöhnliche Probensorgfalt, die Wälterlin den Uraufführungen angedeihen liess. Das Wort Probe wurde hier in seiner einfachsten, und doch entscheidenden Bedeutung verstanden: als das spielerische

Ausprobieren der dramatischen und theatralischen Möglichkeiten eines Charakters, einer Szene, eines Aktes, ja des ganzen Stückes. Diese an das «Berliner Ensemble» gemahnende Zusammenarbeit von Autor und Regisseur hat entscheidend zur Schärfung des Bühnensinnes bei Frisch und Dürrenmatt beigetragen. Die von Oskar Wälterlin geschaffenen Inszenierungen waren denn auch meist in ihrer künstlerischen Ausformung so mustergültig, dass sie einen eigentlichen Modellcharakter annahmen. Im Rückblick bleibt so das Werk der beiden grössten Schweizer Dramatiker aufs engste mit dem Schauspielhaus Zürich verknüpft.

Bei seinen Inszenierungen am Schauspielhaus konnte Wälterlin mit all den so verschiedenartigen Künstlern zusammenarbeiten, für die über die Jahre das Pfauentheater zur Heimstätte geworden war. In immer neuen Vorstössen versuchte er gerade den Schauspielern neue Wirkungen abzugewinnen, sie zu einer grösseren Entfaltung zu bringen. Als unaufdringlicher Lehrer und Anreger konnte er so auch den erfahrenen Spielern zu neuen Einsichten verhelfen. Wälterlin war stolz auf seine Schar. Den Anfängern wie den im Beruf Gealterten fühlte er sich gleichermassen verbunden. In einer so eng verflochtenen Familie durfte es keine Bevorzugungen, keine parteilichen Entscheide geben. Und doch war es unumgänglich, dass dem Hausherrn manche Spieler näher standen als andere. Gustav Knuth, den er von seinen Basler Anfängen her schon kannte; Ernst Ginsberg, der für ihn so einzigartig einen scharfen Intellekt mit einem spielerischen Urtrieb verband; der junge Peter Brogle, der unter Wälterlins Regie seine ersten grossen Rollen spielte: ihnen fühlte er sich künstlerisch wie menschlich eng verbunden. Zwei Schauspielern am Pfauen aber galt seine besondere Zuneigung: Käthe Gold und Heinrich Gretler. Was er bei Käthe Gold besonders bewunderte, war ihre schlafwandlerisch sichere Einfühlung in jede Rolle. Wie selbstverständlich lotete sie auch die feinsten Verzweigungen aus; ihre zerbrechliche Art bestimmte sie gerade für Charaktere, die unter dem Druck von Gegenspielern oder Umständen unterzugehen drohten. Von ganz anderer Art war der Zürcher Heinrich Gretler. Kraftvoll, mit gewaltiger Stimme, zur mächtigen Leidenschaft fähig, und doch von ruhiger, innerer Stärke, wurde er für Wälterlin und dann für eine ganze Generation von Zürcher Theaterbesuchern zum schönsten Beispiel des Volksschauspielers.[12]

Verständlicherweise misst jede Würdigung der Pfauenbühne unter der Leitung Wälterlins dem künstlerischen Personal den Hauptgrund für den Erfolg bei, wobei neben den Regisseuren und Bühnenbildnern vor allem die Schauspieler in den Mittelpunkt gestellt werden. Diese hohe Einschätzung ist gerechtfertigt, darf aber nie vergessen lassen, dass Wälterlin im technischen und administrativen Stab vorzügliche Fachleute zur Seite standen. Die planmässige Stärkung dieser beiden Zweige war dem Theaterdirektor immer ein besonderes Anliegen; einsatzfreudige und erfindungsreiche Helfer mussten gefunden werden, da die eigentümlichen Voraussetzungen hier am Pfauen ein besonderes Geschick erforderten. Der technische Stab etwa hatte sich mit den Unzulänglichkeiten der Bühne abzufinden; es galt, wenn möglich alle Mängel zum eigenen Vorteil umzumünzen. Das Gelingen dieser schwierigen Aufgabe ist dem Stab wiederholt vom Publikum, den Kritikern und dem Hausherrn selber bestätigt worden.

Auch die Verwaltung stand zeitweise vor einer unlösbar scheinenden Aufgabe. Gerade während und kurz nach den Kriegsjahren galt es, äusserst haushälterisch mit den Geldmitteln umzugehen. Die Bürgschaftsverpflichtung der Stadt Zürich bot zwar einen gewissen Rückhalt, aber der Kampf für eine gesunde Finanzlage musste täglich geführt werden. Geschick und Hartnäckigkeit im Umgang mit den Behörden waren hierbei nötig. Richard Schweizer, besonders aber Wälterlins Freund Emil Oprecht, beide Mitglieder der Theaterverwaltung, wurden durch ihre Vorsprache beim Stadtrat für jene Unterstützung verantwortlich, die dem Pfauen auch in der Krisenzeit weiterzuspielen erlaubte.

Da Wälterlin seinen finanzpolitischen Beratern am Pfauen voll vertraute, überliess er ihrer Erfahrung viele der schwierigen ökonomischen Sachfragen. In einem Belang aber forderte das besondere Interesse des Hausherrn sein Recht. Es betraf die gerechte Entlöhnung der Künstler am Schauspielhaus und ihre soziale Sicherung in einem demokratisch gefassten Gefüge. Wälterlins Aufgabe war nicht leicht. Der starke Anteil ausländischer Kräfte, die durch die eidgenössischen Sozialgesetze nur unzureichend gedeckt waren; die durch den Krieg unumgänglichen langen Abwesenheiten Schweizer Wehrmänner im Ensemble; die hierdurch oft bedingten Überstunden für die anderen Künstler: finanz- und sozialpolitische Probleme ganz besonderer Art drängten hier am Schauspielhaus zur Lösung. Gegen den Widerstand einzelner Mitarbeiter, die jeder Neuerung als gewerkschaftliche Bevormundung misstrauten, verwirklichte Wälterlin aber während seiner Zürcher Zeit ein immer feiner ausgearbeitetes Modell sozialer Gerechtigkeit. Er wurde hierbei tatkräftig vom Städtischen Arbeitsamt und dem Verband des Personals Öffentlicher Dienste unterstützt; und doch blieben seine Bemühungen gerade dadurch erfolgreich, dass sie sich jeder engen, nur parteigebundenen Ausrichtung enthielten. Wälterlins Verbesserungen, etwa die garantierte Ferienzeit und der Pensionsanspruch, waren pragmatisch, in ihrer Einfachheit überzeugend und fern von jedem unfruchtbaren Ideologiestreit; so fanden sie den Zuspruch der Künstler und den vollen Beistand der Verwaltung am Pfauen.

Auf diesen verwaltungstechnischen Beistand konnte sich Wälterlin auch beim Ausbau der Junifestspiele verlassen. Was sich hier über die Jahre in einem bunten Gemisch von

Theateraufführungen und Konzerten entwickelt hatte, fand schon bald über die Grenzen des Landes Anerkennung. Die hohen Maßstäbe, die der organisatorische Ausschuss bei jeder Einladung an Gasttruppen anlegte, brachten den Zürchern Jahr für Jahr die führenden Kräfte von Musik und Theater in die Stadt. Wälterlin hat diesen Wettbewerb mit seiner eigenen Bühne nie gescheut; im Gegenteil, er förderte gerade die Formel eines Theaters der Nationen, das sich offen dem Vergleich und dem Erfahrungsaustausch stellte. Mit Energie und klugem Rat schlug er Truppen zur Einladung nach Zürich vor und erwies sich dann, wenn alle schwierigen Vorbereitungen erledigt waren, als grosszügiger Gastgeber am Pfauen. Der Erfolg des «Theaters in vier Sprachen», das schon bald zu einem Hauptpfeiler der Festspiele werden sollte, ging entscheidend auf Wälterlins tatkräftige Förderung zurück. Hier konnte sich seine Überzeugung von einem Theater verwirklichen, das sich auf seine eigene nationale, ja regionale Tradition verliess, und das doch über alle Grenzen sprachlicher und stilistischer Art mitteilsam war. Wälterlin selber hat mit manch eigener Inszenierung das deutschsprachige Theater vertreten, wobei er das Drama der Klassik besonders berücksichtigte. Die Junifestspiele als ein Sammelplatz, ein Diskussionsforum, ein Treffpunkt: hierin, und fern allen Bildungsdünkels, sah er die lebendige Aufgabe der Zürcher Kunstwochen.

Im Rückblick auf seine dreiundzwanzig-jährige Zürcher Amtszeit hat Wälterlin wiederholt die künstlerische und menschliche Erfüllung jener Jahre hervorgehoben. Die Zeit am Pfauen erforderte von ihm viel und entlockte ihm so das Beste: am Schauspielhaus konnte er sich voll verwirklichen. Und doch blieb die Zeit zwischen 1938 und 1961 nicht ohne Enttäuschungen und Niederlagen. Eine davon war Wälterlins unermüdlicher, aber im Ende vergeblicher Einsatz für einen neuen Theaterbau. In den wirtschaftlich angespannten

Kriegs- und Nachkriegsjahren hat er sich mit seinen Vorschlägen auf Verbesserungen beschränkt; während der wirtschaftlichen Erstarkung der mittleren fünfziger Jahre aber drängte er über die blosse Renovation hinaus mit mutigen Schritten auf einen Neubau zu. Die vielen mit Emil Oprecht entworfenen Pläne jedoch scheiterten, da weder Gemeinde, Kanton noch Mäzene die hohen Kosten übernehmen wollten. So spielte man im liebgewonnenen, aber technisch und platzmässig unzulänglichen Pfauen weiter.

Eine zweite Enttäuschung betraf die Schwierigkeiten bei der Schaffung einer wahrhaftig demokratischen Zuschauerschaft, die sich aus allen Schichten der Bevölkerung zusammensetzte. Viele der administrativen Massnahmen, etwa die Schaffung des Besucherringes, hatten ja darauf hingezielt, den Kreis der Besucher zu erweitern und so den Theaterbesuch nicht zum Privileg einer einzelnen sozialen Gruppe zu machen, sondern zu einer Möglichkeit für alle Interessierten. Die ständische Gliederung Zürichs aber zeigte sich unbeweglicher als vermutet. Der grossbürgerliche, konservative Block innerhalb des Publikums blieb trotz einer deutlich bemerkbaren Verschiebung weiterhin der stärkste. Wälterlins Auffächerung blieb eine Aufgabe; eine Aufgabe, an der er, ohne aufzugeben, bis zum Ende weiterarbeitete.[13]

Aber zur wohl schmerzlichsten Erfahrung für Wälterlin während seiner Zürcher Jahre wurde der Volksentscheid vom September 1951, durch den das Schauspielhaus in eine arge finanzielle Bedrängnis gebracht wurde. Wie war es zu diesem Engpass gekommen? Der Pachtvertrag der Neuen Schauspiel AG. sollte 1952 ablaufen, und die Besitzer planten, den gesamten Gebäudekomplex zu verkaufen. Verschiedene interessierte Käufer hatten sich schon gemeldet; der Abbruch des alten Komplexes und der Bau eines Bank- und Bürohauses schien ihnen ein gewinnbringendes Unternehmen. Auf Drängen Wälterlins und seines Stabes erklärte sich die Stadt nach langwierigen Debatten im Gemeinderat bereit, das Haus für drei Millionen Franken zu kaufen. Wegen der Höhe der Summe aber musste eine Volksabstimmung den Entschluss des Magistrats bekräftigen. Mit fieberhafter Betriebsamkeit machten sich die Künstler am Pfauen an ihre Aufgabe. Schauspieler traten in Vereinslokalen, Buchhandlungen und Hochschulen auf, um mit Rezitation und Debatte für die gute Sache zu werben. Zeitungsartikel, Leserbriefe, Handzettel und Plakate ermunterten zum Kauf des Pfauen durch die Stadt. Warenhäuser, Blumengeschäfte und Konditoreien stellten ihre Schaufenster uneigennützig für die Werbung zur Vefügung, und ein Fackelzug der Jugend sollte das Wahlvolk am Tag vor der Abstimmung zur Grosszügigkeit ermahnen. Doch die Künstler, allen voran der Leiter Oskar Wälterlin, wurden schwer enttäuscht. Die Vorlage wurde knapp verworfen; der jahrelange Einsatz für ein Theater von höchsten Maßstäben wurde von den Zürchern kleinlich und mit Undank quittiert.

Wie lässt sich im Überblick Oskar Wälterlins Leistung als Theaterdirektor in Zürich beurteilen? Was viele, die ihn persönlich kannten und von seiner Liebenswürdigkeit eingenommen waren, erstaunen mag, ist die Zielstrebigkeit, ja Härte, mit der er die einmal als richtig erkannten Ziele verfolgte. Es war jedoch eine Zielstrebigkeit, die nichts mit Sachzwängen oder einer engen Dogmatik gemein hatte. Wälterlins Führung blieb beweglich, verstand sich anzupassen, ohne die Grundpositionen zu verraten. Nur mit dieser doppelten Begabung eines gelockerten, und doch antreibenden Führungsstils konnte er es wagen, die Aufgaben am Zürcher Schauspielhaus zu lösen. Wälterlin war sich über die besonderen Schwierigkeiten am Pfauen immer bewusst. Die heikle Überleitung des Theaters von den Kriegsjahren in die Friedenszeit; die Umgliederung des Betriebes in ein demokratisches Modell, lange bevor dies andere Bühnen forderten und erreichten; der Versuch einer engen Verzahnung von Theater und Bürgerschaft durch die Schaffung eines Besucherringes; eine aktive, praxisbezogene Dramaturgie, die junge Schweizer Autoren heranzog: hier fand seine verwaltungstechnische Begabung ein reiches Arbeitsfeld.

Als Planer, als Entwerfer, der Anregungen aufnahm und mit ihnen die Leitlinien für sein Theater schuf, erfüllte Wälterlin die Anforderungen einer Intendanz. Hätte er es aber hierbei bewenden lassen, so erschiene er uns heute in der Rückschau als ein tüchtiger, vielleicht gar erfindungsreicher Funktionär. Was aber das Bild des Theaterleiters Oskar Wälterlin so lebendig werden lässt, ist die bescheidene, immer hilfsbereite Menschlichkeit, die sich den Künstlern am Pfauen wie selbstverständlich mitteilte. So wie er es als Regisseur verstanden hatte, das Atmosphärische zu pflegen, so gelang es ihm selbst in stürmischer Zeit, durch persönliche Anteilnahme, Humor, Vertrauen und menschliche Wärme eine Arbeitsatmosphäre zu schaffen, aus der die grossen Leistungen am Pfauen erwachsen konnten. Dies, über das Fachliche hinaus, war der ganz persönliche Beitrag Oskar Wälterlins an das Schauspielhaus Zürich.[14]

6. Der Regisseur

Im Rückblick auf sein Leben hat sich Oskar Wälterlin oft die Frage gestellt, welche seiner vielen Leistungen ihm die höchste Befriedigung geschenkt habe. Die Antwort hierzu fiel ihm nicht leicht. Zu sehr fühlte er sich allen Arbeitsbereichen verbunden. So blickte er etwa mit Wehmut, aber auch Stolz, auf sein frühes Wirken als Schauspieler. Hier, in den Basler Anfängerjahren, hatte ihm das vielfältige Angebot an Rollen eine Bewährungsprobe geboten, wie sie ihm keine Schule geben konnte. Die schöne Erinnerung an jene kurze Zeit als Schauspieler blieb so für ihn immer wach. An die Arbeit als Theaterleiter konnte er sich jedoch nur mit zwiespältigen Gefühlen zurückerinnern. Die Zürcher Jahre am Pfauen hatten ihm zwar ein seltenes Mass an menschlicher und künstlerischer Erfüllung gebracht, aber sie vermochten doch nicht ganz die Enttäuschungen der ersten Basler Intendanz zu überdecken. Die versteinerte Bürokratie des Theaters in seiner Heimatstadt, die ihn neben privaten Gründen zum Weggang nach Frankfurt getrieben hatte, liess schmerzliche Erinnerungen zurück. Auf seine Leistung als Autor hingegen blickte Wälterlin immer mit besonderer Anteilnahme. Ob als Dramatiker, Prosaist oder Verfasser von theoretischen Schriften: die Arbeit am geschriebenen Wort hielt ihn über alle Jahre gefangen. Und doch hat Wälterlin, zu einer Antwort gedrängt, immer die Leistung als Regisseur als die ihm am nächsten liegende bezeichnet. Ihm schien, dass hier seine verschiedenen Begabungen vereint zur Wirkung kommen

165

konnten. Seine Erfahrung als Schauspieler half ihm hierbei, die ganz besonderen Eigenheiten jedes Rollenträgers zu erkennen, die Energien des Spielers freizusetzen und sie der Rolle dienstbar zu machen. Auch seine Nähe zum geschriebenen Wort kam ihm als Regisseur zugute. Der Dramatiker, der die Schwierigkeiten des Handwerks an sich selber erfahren hatte, gewann ein erhöhtes Verständnis, aber auch Achtung für jeden guten Bühnentext. Die Regie, als die umfassendste der Theatersparten, war so für Wälterlins vielgestaltige Begabung die natürliche Wahl.[1]

Auf diesem Weg zur erfüllenden Lebensaufgabe erlernte er sein Fach ganz natürlich, indem er sich früh in der Praxis erprobte. Wiederholt hat er betont, dass ihm keine theoretische Schulung diese praxisbezogene Lehre hätte ersetzen können. Die noch ganz spielerischen Versuche mit dem Kasperl-Theater in den Kinderjahren; die kleinen Szenen für das Schultheater der Knabenzeit und die Studentenspiele waren wichtige Vorstufen auf dem Weg zur Berufsbühne. Selbst nach der festen Anstellung als Vollmitglied des Basler Stadttheaters sah Wälterlin seine Lehrzeit nicht als beendet. Die Aufnahmefähigkeit des jungen Künstlers schien grenzenlos. Scharf beobachtend und analysierend unterzog er das Werk anderer Regisseure der Kritik. In einem immerwährenden Lernprozess übertrug er Einsichten in die eigene Arbeit. Empfangend, verarbeitend und weitergebend sah er sich als junger Bühnenkünstler heranwachsen. In der lebhaften Auseinandersetzung mit ganz bewusst gewählten Vorbildern fand er zu seinem eigenen, ganz persönlichen Regiestil.

Anders als mancher Regisseur hat sich selbst der alternde, international anerkannte Wälterlin nie gescheut, seine Bewunderung für die Arbeit von Fachkollegen zu äussern. Die Toleranz Andersdenkenden gegenüber ermöglichte es ihm, auch Künstler zu würdigen, die sich von seinem Stilempfinden deutlich unterschieden. Von den ihm Nährstehenden war er stets gewillt zu lernen. So beeindruckten ihn besonders die Italiener Luchino Visconti und Giorgio Strehler, die in ihren Arbeiten das scheinbare Gegensatzpaar von Leidenschaftlichkeit und Präzision zur vollkommenen Einheit banden. Aus einem ähnlichen Grund bewunderte er den Beitrag Walter Felsensteins zum modernen Musiktheater. Hier schien ihm ein Regisseur am Werk, der erfindungsreich, und doch immer aus dem Geiste der Musik heraus, die Opernpraxis belebte.

Es waren aber in erster Linie zwei Figuren, die den jungen Regisseur prägend beeinflussten. Der erste dieser entscheidenden Einflüsse kam vom Mentor des Kunstnovizen, von Ernst Lert.[2] Zweierlei Einsichten übertrug der erfahrene Theatermann auf den jungen, gerade promovierten Wälterlin. Die erste betraf die Notwendigkeit einer lebendigen, immer von neuen Kräften gespeisten Auseinandersetzung mit dem darzustellenden Werk. Nie durften Gedankenträgheit oder Einfallsarmut die Arbeit bestimmen. Kühn und kräftig mitschöpfend sollte der Regisseur die Vorlage nach all ihren theatralischen Möglichkeiten auskundschaften. Diese Entfesselung der regielichen Phantasie musste sich harmonisch mit Lerts zweiter Einsicht ergänzen: der unbedingten Treue zum dargestellten Kunstwerk. Als Opernfachmann kannte Ernst Lert die mathematische Präzision der Musik, deren Umsetzung auf die Bühne eben nicht nur Ideenreichtum, sondern Genauigkeit erforderte. Eine text- oder musiknahe Ausdeutung war für Lert trotz aller szenischen und spielerischen Einfälle höchstes Gebot. Diese Achtung für die innere Form des Kunstwerkes hat Wälterlin direkt von seinem Lehrmeister übernommen.

Die zweite Leitfigur, die den jungen Regisseur mitbestimmte, und dann doch zu sich selbst finden liess, war Max Reinhardt, dessen Einfluss auf eine ganze Theatergeneration gewirkt hat, und auch heute noch, dreissig Jahre nach seinem

Tod, in der Arbeit manches Bühnenpraktikers zu entdecken ist. Die Verzauberung Wälterlins durch den grossen österreichischen Theatermann ging in die Jugendjahre zurück. Schon als Schüler hatte er die Gastspiele des Deutschen Theaters besucht; mit dem emsig gesparten Taschengeld konnte er sich Karten im hohen C Rang, dem Olymp, wie es die Gymnasiasten nannten, kaufen. Selbst von dieser schwindelnden Höhe liess sich die Einmaligkeit von Max Reinhardts künstlerischer Vision erkennen. Schon sehr bald sollte der junge, ganz vom Zauber dieser Theaterkunst gefangene Student einen unmittelbaren Einblick in die Werkstatt des Meisters erhalten. Für das Gastspiel von *Dantons Tod* mit Alexander Moissi am Basler Stadttheater wurden für die Massenszenen ungewöhnlich viele Statisten benötigt. Wälterlin meldete sich mit theaterbegeisterten Kommilitonen sogleich zum Dienst. Hier konnte er aus der Nähe das Werk des Meisters beobachten. Die Verzauberung wurde nun durch eine genaue Analyse der Regiemethoden Reinhardts ergänzt.

In einer Gedenkrede zum Tode von Max Reinhardt hat Wälterlin Jahre später diese Einsichten in das Werk des Meisters zu formulieren versucht.[3] Sosehr die Rede auch eine Dankesbezeugung ist, so klar vermittelt sie eine nüchterne Einschätzung durch den jüngeren Regisseur. Kernpunkt der Bewunderung ist die unbändige Lebenskraft, mit der Max Reinhardt in immer neuen theatralischen Gleichnissen ein Bild vom Menschen entwarf. In einem gottähnlichen Schöpfungsakt wandelte er den Stoff der Wirklichkeit in die sich selbst tragende Form der Bühnenkunst um, die aber gerade durch ihre gleichnishafte Überhöhung zu einer schärferen Sicht unserer Wirklichkeit beitrug. Wälterlin verteidigt somit seinen Lehrmeister vom Vorwurf eines unpolitischen, sich in der blossen theatralischen Phantasie erschöpfenden Theaters. Als Theatrarch durchstosse er jede Kategorisierung, da seine Bühnenwelt die volle, unteilbare Wirklichkeit in all ihren Gegensätzen und Widersprüchen einfange, und damit einem objektiven Begriff der Wahrheit sehr nahekomme.

In der Zürcher Gedenkrede verstand es Wälterlin, seinen Lehrmeister lebendig zu beschreiben, weil er sich dessen Welt und Arbeitsmethoden eng verbunden fühlte. Vieles in der regielichen Praxis ist denn auch vom Vorbild auf den Schüler übergegangen. Die neugierige, ja ungeduldige Erprobung aller Bühnenformen; die weite Spanne in der Stückwahl; der sorgfältig musikalisch gegliederte Szenenablauf; das Umwerben des Schauspielers, um ihm alle Möglichkeiten zu entlokken; die Schaffung der Atmosphäre, der dichten Stimmung: hierin vor allem verdankte Wälterlin dem älteren Meister Einsichten in die Bühnenarbeit.

Neben den Gemeinsamkeiten war sich Wälterlin jedoch genau über die temperamentsmässigen, ja geographischen Unterschiede zu Max Reinhardt bewusst. Das Barocke, weit Ausladende, der oft hymnische Überschwang des Österreichers stand dem Verhalteneren, vielleicht auch Spröderen des Schweizers gegenüber. Dort wo Reinhardt das Leben selbst zum Theaterfest gemacht hatte, wie etwa bei abendlichen Einladungen in seinem Salzburger Schloss, da entwarf Wälterlin eine im Vergleich klarer umgrenzte, immer bunte, doch in den Farben gedämpftere Welt.

Als Regisseur hat sich Wälterlin sein Leben lang eine Spannweite im künstlerischen Ausdruck erhalten, die eine Spiegelung seiner Liebe zum Theater in all ihren Formen war. Als Schauspieler und Dramaturg; als Übersetzer und Dramatiker; als Lehrer und Theaterdirektor hat er versucht, der komplexen Welt der Bühne von allen Seiten her näherzukommen. Auch innerhalb der engeren Grenzen seiner Stückwahl zeigte sich diese nie erlahmende Erkundschaftung aller Möglichkeiten. In einer an Max Reinhardt gemahnenden Lust der Erprobung aller dramatischen Gattungen machte sich auch Wälterlin den Reichtum der Tradition zu eigen.

Kammerspiel und grosse Oper; das aufklärerische Zeitstück und die beschwingte Komödie; das patriotische Festspiel unter freiem Himmel und der Einakter im Zimmertheater: in immer wieder neuen Ansätzen hat sich Wälterlin an der Vielfalt dramatischer und theatralischer Möglichkeiten erprobt.

In diesem Drang zur Bewährung in allen Spielformen hat er wiederholt die Grenzen zu den anderen Medien überschritten. Wie schon vor ihm Max Reinhardt, so zog ihn das Hörspiel mit besonderer Kraft an, da er hier in der unbedingten Beschränkung auf das Wort dem dichterischen Kunstwerk dienen konnte. Die Macht des Hörspiels, das durch Worte allein ganze Welten schuf, musste gerade Wälterlin zusagen, da er als Schriftsteller die Wirkungskraft jedes einzelnen Wortes kannte. Neben der Arbeit für das Radio bot der Film ein weiteres, neues Feld der Erprobung. Wie Max Reinhardt, so wollte sich auch Wälterlin in diesem technischen Medium bewähren. Die so ganz anders gearteten dramaturgischen Gesetzlichkeiten des Films bedeuteten für beide eine Herausforderung ihres Handwerks. Wälterlins Arbeit als Filmregisseur ist immer vernachlässigt worden, obwohl gerade sein Spielfilm *De achti Schwyzer* als die für einen Bühnenfachmann erstaunlich geglückte Talentprobe gelten muss, auf die Wälterlin selber immer stolz war. *De achti Schwyzer* war der filmische Beitrag zu einem in der Bürgerschaft vieldiskutierten Thema. Der zunächst eigentümlich erscheinende Titel geht auf ein Schlagwort der Landesausstellung von 1939 zurück, das darauf hinwies, dass jeder achte Schweizer mit einer Ausländerin verheiratet war. Wälterlin griff hier eine Thematik auf, die in den Vorkriegsjahren und dann mit dem Kriegsausbruch eine ungeheure Explosivkraft gewonnen hatte. Gerade die völlige Abschnürung der Grenzen im September 1939 hatte die durch Heirat gebauten Brücken zu Familien im Ausland zusammenbrechen lassen.

Die ausländischen Frauen, gerade die deutschen, genossen nun zwar die Freiheit auf Schweizer Boden, waren aber doch ironischerweise Gefangene ihres Schicksals, das ihnen einen direkten Verkehr mit ihren Eltern, Geschwistern, ja der ganzen Ursprungsfamilie verbot. Der Regisseur, der sein eigenes Drehbuch verfasst hatte, behandelte hier ein ernstes Thema, gab aber dem Stoff die Form eines Lustspiels. In dieser komischen Brechung sollte den faden und schulmeisterlichen Traktaten der Geistigen Landesverteidigung entgegengewirkt werden, die für Wälterlin zu oft ihr wichtiges Ziel durch einen humorlos predigenden Ton verfehlten. Die Besetzung der Rollen mit Traute Carlsen, Leopold Biberti und Max Knapp, Schauspielern also mit einem ausgeprägten Sinn für das Lustspiel, zeigte deutlich Wälterlins Willen an, dem schweren Stoff durch die Komödie beizukommen. Die Mühen aller Beteiligten wurden aber schwer enttäuscht. Auf Drängen des Politischen Departementes auferlegte das für die Zensur zuständige Departement des Innern dem Film ein Aufführungsverbot. Den Behörden erschien der behandelte Stoff gerade im ersten vollen Kriegsjahr trotz der komischen Brechung als zu gewagt: *De achti Schwyzer* verschwand in den Archiven des Bundes. Wälterlins Leistung als Filmregisseur blieb so von der Öffentlichkeit unerkannt.[4]

Trotz dieser verwirrenden Vielfalt in der Wahl von Stoffen, Formen und Medien lassen sich im Überblick bestimmte thematische Leitlinien ablesen. Grundsätzlich fühlte sich Wälterlin von Werken angezogen, die über das Unterhaltsame hinaus Ansprüche an den Zuschauer stellten. So galt etwa seine unverhohlene Verachtung dem gängigen, auf billigem Witz und voraussehbarer Situationskomik bauenden Boulevardstück. Hier schienen ihm die Möglichkeiten des Theaters als Spiegel menschlicher Erfahrung zugunsten einer nur für den Augenblick wirkenden Unterhaltung vertan. Was Wälterlin für sich als Regisseur forderte, waren Spieltexte mit

Gewicht; Stücke, die ohne Schwerfälligkeit und ganz undogmatisch über den Menschen Auskunft gaben. Diese Forderung hatte nichts mit einem trockenen, philisterhaften Bildungstheater gemein; leicht, ja ausgelassen konnten die Stücke sein, solange sie ihre Grundpflicht erfüllten und dem Zuschauer Einsichten in die menschliche Natur boten.

Der Dramatiker, der diesem schwierigen Anspruch am ehesten entgegenkam, war Shakespeare.[5] Wälterlin hat sich deshalb während seiner langen Laufbahn mit fast allen Hauptwerken des Elisabethaners beschäftigt. Shakespeare schien ihm wie kein anderer Dramatiker der Weltliteratur die doppelte Forderung des Theaters zu erfüllen: er konnte unterhalten, ohne sich auf billige Spässe verlassen zu müssen, und er konnte dem Zuschauer das Sehen lehren, ohne das Theater zur Schule zu machen. Sowohl in den unbeschwerten Lustspielen als auch in den alles menschliche Leid umfassenden Tragödien sah Wälterlin eine Verantwortung der Bühne gegenüber am Werk, die ihm für jedes grosse Theaterschaffen notwendig erschien.

Aus einem ganz ähnlichen Grund wurde auch Schiller zu einer Leitlinie bei der Stückwahl. Seit der Basler Gymnasialzeit, in der ihm der Deutschunterricht die Balladen und Dramen Schillers nähergebracht hatte, war die Beschäftigung mit dem Klassiker zu einer lebenslangen Aufgabe geworden. Wälterlin hat sich dem Werk Schillers von verschiedener Seite genähert: als Philologe durch die Ausarbeitung seiner Dissertation; als Dramaturg, etwa mit der kühnen *Wallenstein*-Fassung für das Schauspielhaus; in der Hauptsache aber als Regisseur aller Stücke. Schillers Dramen verkörperten in reiner künstlerischer Form die Ideale eines verantwortlichen Theaters. Gerade in einer Zeit der Bedrohung menschlicher Grundwerte durch totalitäre Kräfte konnte sein Werk mahnend und warnend den Ruf zur Freiheit bekräftigen.[6]

Neben diesen beiden Konstanten Shakespeare und Schiller lassen sich bei einer Durchsicht der Inszenierungslisten weitere, weniger offenkundige Vorlieben ablesen. So galt etwa sein wiederholter Einsatz dem ausserhalb Österreichs vernachlässigten Werk Franz Grillparzers, und auch dessen Landsmann Hugo von Hofmannsthal fühlte er sich eng verbunden. Wie dieser erkannte Wälterlin den Reichtum des kulturellen Erbes in Europa und die Bedrohung dieser alten, in sich gefügten Tradition durch zerstörerische Kräfte der Neuzeit. Die Verpflichtung auf den Humanismus führte Wälterlin auch zu ThorntonWilder, dessen Dramen er sich als Regisseur mehrfach annahm. Hier fand er einen zeitgenössischen Autor, der mit gewagten, neuartigen Bühnenmitteln an die grundlegenden Werte der Tradition zu erinnern versuchte. Die Arbeit und Freundschaft mit Thornton Wilder gehörte für Wälterlin zu den glücklichsten Kapiteln der Zürcher Jahre.

Wälterlin gelang ein so enges Verhältnis zu Autoren und ihrem Werk, weil er selber Schriftsteller war und sich in den Schwierigkeiten der verschiedenen Gattungen erprobt hatte. Eine dieser Gattungen war die Form des kritischen Aufsatzes, durch den er wiederholt seine Arbeit als Regisseur zu umschreiben versucht hat. Diese Reden und Aufsätze hatten eine doppelte Klärung zum Ziel. Zunächst sollten sie einer interessierten Öffentlichkeit Einblicke in die Arbeit des Regisseurs gewähren, der weniger sichtbar als Schauspieler und Szenenbildner, aber doch letzten Endes entscheidend, für das Kunstwerk auf der Bühne verantwortlich war. Im gleichen Zuge aber waren die Schriften als Mittel gedacht, sich über Ziele und Möglichkeiten der eigenen Arbeit klar zu werden.

Wälterlins Äusserungen zum Handwerk der Regie sind vielfältig; sie reichen von der kurzen Notiz im Programmheft bis zum weitausholenden, sorgfältig ausgefeilten Aufsatz. Es sind vor allem drei Schriften, die gleichsam den Kern seiner Anschauungen bilden: die 1945 in Zürich bei Oprecht erschienene Schrift *Entzaubertes Theater;* der ein Jahr später in Wien gehaltene Vortrag *Verantwortung des Theaters;* und der 1954 verfasste Aufsatz *Über Aufgabe und Arbeit des Regisseurs.* Trotz geringfügiger Gewichtsverlagerungen lassen sich in allen Schriften, so auch in den drei erwähnten Hauptstücken, bestimmte Grundforderungen ablesen.

Die wohl wichtigste dieser Forderungen war das Gebot zur Werktreue.[7] Die Unbedingtheit, mit der Wälterlin dies forderte, lässt sich aus seiner eigenen Doppelrolle als Regisseur und Autor erklären. Er wusste genau um das empfindliche innere Gleichgewicht eines dramatischen Werkes. Jeder editorische Eingriff, seien es Kürzungen oder Zusätze, musste dieses Gleichgewicht verletzen, wenn nicht gar zerstören. Dem Rotstift des Regisseurs stellte Wälterlin so das Recht des Autors gegenüber, der sich gegen die Willkür der Interpreten zu wehren hatte. Diese Haltung hatte nichts mit einer buchstabentreuen Pedanterie gemein; auch Wälterlin erkannte, dass Striche manchmal notwendig waren, aber eine Durchsicht seiner Regiebücher bezeugt, wie ungern und vorsichtig er diese Eingriffe vornahm. Er hat die Aufgaben des Regisseurs oft mit denen des Dirigenten verglichen. Beiden lag eine in allen Einzelheiten ausgearbeitete Partitur vor, und beide mussten diese Partitur zur sinnlich erfahrbaren Wirklichkeit kommen lassen. Doch während sich kein Dirigent erlauben würde, die Noten seiner musikalischen Vorlage nach Gutdünken zu ändern, nahm sich der Theaterregisseur immer wieder das Recht, Worte, Sätze, ja ganze Szenen des Theatertextes willkürlich seiner Vision anzupassen. Dieser als schöpferisch missverstandenen, in Wahrheit zerstörerischen Arbeitsweise hielt Wälterlin eine behutsame Annäherung und geduldige Deutung entgegen. Wie der Dirigent, so habe der Regisseur den feinsten Schwingungen in der Vorlage aufzuspüren. Hellhörigkeit, Geduld und Scharfsicht waren hierbei nötig. Diese getreue Nachzeichnung der dichterischen Form liess immer noch genügend Raum für einen eigenschöpferischen Beitrag, aber wie beim Dirigenten musste dieser Beitrag an die Partitur, den Text, gebunden bleiben. Den Reichtum der Auslegungen innerhalb dieser streng gesetzten Grenzen zu erkennen und zu nutzen war eine der Hauptaufgaben für den Regisseur Wälterlin. Neben der Werktreue war ein besonders enges Verhältnis zum Schauspieler der zweite Pfeiler seiner Forderungen an den Regisseur.[8] Eine gründliche schauspielerische Ausbildung, sei es durch Schule oder Praxis, schien ihm daher ein unabdingbares Gebot für jede Arbeit als Bühnenleiter. Nur die genaue Kenntnis der eigentümlichen Dynamik schauspielerischen Tuns war imstande, die Kraft des Darstellers für die einzelne Rolle und das Stück als Ganzes freizusetzen. Während das Verhältnis des Regisseurs zum Dramentext ein ideelles blieb, war für Wälterlin der Bezug zum Darsteller ganz persönlich und intim, ja erotisch bestimmt. Gerade die frühe Probenarbeit brachte Regisseur und Schauspieler in einen engsten Austausch von Empfindungen. Jede Scham, jede Schranke musste zugunsten einer ganz gelösten Offenheit überwunden werden. Wälterlin hat es immer meisterlich verstanden, selbst gehemmtere Schauspieler zu entkrampfen; er war überzeugt, dass erst in diesem völlig befreiten Verhältnis zueinander die schwierige Arbeit der Rollengestaltung beginnen konnte. In einem unaufhörlichen Geben und Nehmen wuchs so die Rolle heran, und je mehr dies geschah, desto eher zog sich der Regisseur über die Rampe in den Zuschauerraum zurück: der Darsteller konnte nun seine Rolle allein tragen. Und wiederum hat Wälterlin das Bild vom Dirigenten herangezogen. Stimme und Körper jedes Schauspielers glichen einem Instrument, dem alle Möglichkeiten entlockt werden mussten. Den Reichtum aller Impulse galt es nun der Partitur selber dienstbar zu machen. Sprachton und Melodieführung; die einzelne Gestik und ganze Bewegungsabläufe; rhythmische Gliederung und Zusammenspiel: sie waren die Mittel, wichtig in sich selbst, aber entscheidend nur in ihrem Beitrag zur Klärung des Werkes. Der helfende Dienst am Dramentext blieb so die höchste Aufgabe des Schauspielers. Wälterlin hat die Zusammenarbeit von Regisseur und Schauspieler oft mit einer gemeinsamen Reise in die vielfältigen Verzweigungen des Spieltextes verglichen. Es galt dabei, den Text in all seinen Bedeutungsebenen voll auszuschöpfen, und ihm dann jene sprachliche Gestalt zu geben, die dem Hörer das Gesprochene sinnlich und doch präzis mitteilsam machte. Wälterlin misstraute der schönen Diktion oder der erstarrten Rhetorik genauso, wie jeder ungeformten, sich naturalistisch gebärdenden Sprechweise. Für ihn war die entspannte, und doch ganz konzentrierte Kunstsprache ein wesentliches Ausdrucksmittel des Schauspielers, die einem feingestimmten Instrument gleich unablässig verfeinert werden musste. In dieser geduldigen Erarbeitung einer klaren, intelligenten Sprache bestand ein wichtiger Teil der Probenarbeit.

Wälterlin selber hat uns auf Schallplatten ein eindrückliches Beispiel dieser schwierigen Kunst der Durchformung eines Sprechtextes hinterlassen. Gerade in der Beschränkung auf das Wort beweist seine Lesung von Gedichten und Prosa Johann Peter Hebels eine eigentümliche Kraft, die so selbstverständlich erscheint, und doch hart erarbeitet war. Die Mundartgedichte *Wächterruf* und *Freude in Ehren* sowie das Stück Kurzprosa *Der Zechpreller* etwa wurden in seiner Gestaltung zu liebevoll ausgearbeiteten Miniaturen. Am schönsten gelang ihm diese lebendige Ausformung des Dichterwortes in der Geschichte vom *Geheilten Patienten*. Mit derber Realistik, die jedoch die zerbrechliche Form dieser Kurzprosa nie gefährdete, und mit einem feinen Gespür für das ganze Bezugssystem von Ironien, wurde Wälterlin der Fabel vom kauzigen Hypochonder in seiner Welt von Mixturen, Wundersalben, Pulvern und Pillen gerecht. Der Sprecher hatte sich ganz in den Dienst des Werkes gestellt.[9]

Neben der Forderung zur Werktreue und der an den Schauspieler, galt das dritte grundlegende Gebot der Persönlichkeit des Regisseurs selber.[10] In seinen Schriften hat Wälterlin wiederholt das Bild des idealen Bühnenleiters zu zeichnen versucht. Besonders der Aufsatz *Über Aufgabe und Arbeit des Regisseurs* vermittelt neben einem Einblick in die Werkstatt ein Profil des verantwortlichen Spielleiters. Selbstbewusst, aber ohne Anmassung, hat Wälterlin den Regisseur mit dem mathematischen Punkt verglichen, in dem sich sämtliche Geraden schneiden. Was bei der ersten Lesung und der frühen Probenarbeit noch richtungslos und unentschieden sein konnte, wurde im Laufe der weiteren Vorbereitungen auf einen Kernpunkt hin gesammelt. Der Regisseur sah sich somit in einer schwierigen Doppelrolle als Übersetzer. Einerseits musste er den Schauspielern gegenüber den Dramentext in allen verzweigten Einzelheiten erläutern, und anderseits musste er versuchen, alle von den Spielern selbst kommenden Impulse für seinen eigenen Grundplan fruchtbar zu machen. Diese doppelte Verantwortung dem Text und dem Schauspieler gegenüber verlangte vom Regisseur eine hohe Gabe der Vermittlung. Unaufdringlich, ja unsichtbar, aber immer formend und ausgleichend, sollte der Regisseur alle, auch die scheinbar auseinanderstrebenden Kräfte, auf das darzustellende Werk hinleiten. Dem Wort des Autors zu dienen, war so für Wälterlins Vorstellung vom Regisseur unbedingtes Gebot.

Die Schriften zur Regie bilden kein einheitliches, in sich geschlossenes System; dazu war Wälterlin viel zu undogmatisch gesinnt. Nie hätte er seine Überzeugung zur allgemein gültigen Regel erhoben; vielmehr sollten die Aufsätze und Reden Erfahrungen und Einsichten vermitteln, die er in der Arbeit auf der Bühne gewonnen hatte. Als Maßstab seiner

Leistung als Regisseur muss so die praktische Bühnenarbeit dienen. Wie lassen sich seine Inszenierungen kennzeichnen? Um seinen persönlichen Stil schärfer herauszuarbeiten, mag es sinnvoll erscheinen, ihn gegenüber den zwei stark profilierten Kollegen am Schauspielhaus, Leonard Steckel und Leopold Lindtberg, abzusetzen.[11]

Steckels Regie war im Mimus begründet; ihm wurden alle anderen Bauelemente der Aufführung untergeordnet. Dieses absolute Primat der schauspielerischen Urkraft beweist sich am deutlichsten in der Behandlung des Textes. Steckel nahm sich die Freiheit, jede dramatische Vorlage in Teilen oder ganz zu überarbeiten, um sie dem unmittelbaren mimischen Impuls des Spielers gefügig zu machen. Selbst die Sprache Shakespeares, Molières und Goldonis wurde in diesem Prozess zum beliebig formbaren Material: die mimische, von der Körperlichkeit des Darstellers ausgehende Energie schuf sich ein neues, ihr gemässes Sprachkleid. Neuübersetzungen, Bearbeitungen, ja drastische Umformungen gingen dem Probenbeginn voraus. Diese ganz von der sinnlichen, optischen Erfahrung geprägte Vision konnte zwar das Stück in seinem thematischen und stilistischen Reichtum gefährlich verengen; aber die ausgelassene Komödiantik täuschte meist über diesen Verlust hinweg. Die überbordende Spielfreude Steckels, seine von Einfällen sprühende Phantasie, entlockte selbst den spröderen, zurückhaltenden Schauspielern eine vorher nicht gekannte Eigenkraft. Leidenschaftlich, angriffig, ja gewalttätig versuchte Steckel in jeder Rolle den Kern freizulegen, um die mimischen Energien dieses Zentrums zu entladen.

Diese explosive, auf harte Kontraste bauende Regie, die dem einprägsamen optischen Bild mehr zutraute als dem Wort, unterschied Steckel deutlich von seinem österreichischen Kollegen am Pfauen, von Leopold Lindtberg. Während Steckel immer daran arbeitete, überdeutlich akzentuierte Umrisse zu schaffen, galt Lindtbergs Bemühen der Komplexität und der oft widersprüchlich erscheinenden inneren Form des darzustellenden Stückes. Eine sorgfältige, alle Schwingungen des Textes aufnehmende Analyse ging jeder Probe voraus; weit über das Mimische galt es, dem Spieltext alle Geheimnisse zu entlocken. Rational, nüchtern und kühl wurde das Stück so einer genauen Prüfung unterzogen. Eine Klärung auch der dunkelsten Stellen sollte jedem Spieler die Rolle durchsichtig und begreiflich machen. Im Gegensatz zu Steckel hat Lindtberg dem Spieltext mehr vertraut; seine dramaturgischen Eingriffe waren denn auch im Vergleich geringfügig. Die komödiantische Phantasie war durch den Willen zu einer klaren, übersichtlichen Gliederung des Stoffes gebändigt. Lindtbergs szenische Interpretationen sind als «hell» bezeichnet worden; sachlich, durchdacht, in einer zwingenden Logik begründet, entwickeln sich seine Szenenfolgen. Nie würde er sich vom blossen Theatereffekt, vom Regieeinfall oder vom Mimus allein verführen lassen. In einem festen Vertrauen auf das Wort des Dramatikers erarbeitete er sich geduldig vorantastend eine Inszenierung, die dem Werk selber diente; Leopold Lindtbergs rationale, jede äussere Theatralik zurückdrängende Spielführung unterschied sich damit deutlich von der wilden, oft ungebärdigen Komödiantik Steckels.

Mit diesen stark ausgeprägten Polen, wie sie von Steckel und Lindtberg vertreten wurden, konnte sich Wälterlin nicht direkt identifizieren. Sosehr er auch die Arbeit seiner beiden Kollegen achtete, ja in manchem Fall bewunderte, sosehr wusste er auch, dass sein eigener, in langen Jahren erarbeiteter Regiestil anderer Art war, auch wenn er gelegentlich Einsichten seiner Kollegen in das eigene Werk übertrug. Wälterlins Stil ist als impressionistisch bezeichnet worden.[12] Ganz anders als die wilde, von einem urwüchsigen Spieltrieb bestimmte Eigenart Leonard Steckels, und anders als der kühle, manchmal unnahbare Stil Leopold Lindtbergs war Dichtigkeit ein Schlüsselwort von Wälterlins Inszenierungen. Intuitiv erfasste er die Stimmung einer Szene, eines Aktes, auch eines ganzen Stückes. Es war eine Annäherung, die dem Gefühl, der Empfindungskraft ebensoviel zutraute, wie der rationalen Analyse. Immer jedoch hatte sich diese Intuition am Werk selber zu prüfen. Der Regisseur war Diener, Helfer, nie aber selbstherrlicher Interpret. Wälterlins Inszenierungen waren denn auch meist leise, kammerspielartig gedämpft. Vor allem enthielten sie sich des bloss interessanten, theatralisch veräusserlichten Regieeinfalls. Das dramatische Kunstwerk sollte mit seiner eigenen Kraft zur Sprache kommen, ohne durch die Übersteigerungen der regielichen Phantasie verdeckt zu werden. Es war eine Regie, die ihre Wirkungen nicht aus sich selber bezog, sondern aus den sorgsam freigelegten Energien des Spieltextes.

An fünf Beispielen soll die Eigenart von Wälterlins Regieführung umschrieben werden. Das erste betrifft die Schiller-Pflege, an der jener Zug zum Ton des Kammerspiels besonders erkennbar wird. Wälterlin hatte schon in seiner frühen Basler Zeit versucht, die zu einer leblosen Tradition erstarrte Darstellung von Schillers Dramen, besonders auf der deutschen Bühne, zu überwinden. Zu oft hatte er Aufführungen erlebt, in denen der mitreissende Schwung der Handlung und das echte Pathos der Sprache zu leeren Posen und Tiraden entartet war. Der kühne, heroische Entwurf war zur blossen Gebärde geworden, der Sprachrhythmus zur Rhetorik. Gerade die politischen Ereignisse der frühen 30er Jahre aber hatten Wälterlin das Lügenhafte, ja Diabolische der auf grosse Wirkungen erpichten Rhetorik gelehrt. Die Jahre in Frankfurt hatten ihn gegen erlernte Posen und das gross gesprochene Wort misstrauisch gemacht.[13]

So inszenierte er in der Spielzeit 1940/41, zwei Jahre nach der Rückkehr aus Frankfurt, gleich zwei Dramen Schillers in einem neuen, sachlicheren Stil. Sowohl seine *Maria Stuart* als auch der *Don Carlos* waren Zeugnisse eines Stilwillens, der sich deutlich von der üblichen Schiller-Pflege abhob. Wälterlin machte hier einige der Grundforderungen wahr, die er fünf Jahre später in der programmatischen Schrift *Entzaubertes Theater* stellen sollte. Wahrheit, Wahrhaftigkeit wurde zum Schlüsselwort. Schillers Dramen sollten entzaubert werden; befreit von allem schwerfälligen und entstellenden Ballast, den ihnen ein spätbürgerlicher Geist aufgebürdet hatte. Die falsche Theatralik musste einer echten Leidenschaft weichen; das monumentale historische Schaustück gab nun einem genau beobachteten politischen und menschlichen Drama Raum. Stiller, verhaltener, und gerade darum eindrucksvoller taten die beiden Stücke ihre Wirkung.

Dieser Versuch, Schiller auf seine eigenen Farben zurückzuführen, ihn sowohl in Sprache als auch im Gestus leidenschaftlich, aber immer gebändigt zu spielen, sprach gerade die Zürcher während der Kriegsjahre unmittelbar an. Sie hatten den Trug der grossen Worte und Posen im politischen Zeitgeschehen durchschaut und hiessen die Rückführung auf ein gedämpftes, aber umso ehrlicher empfundenes Pathos willkommen. Auch die Presse zollte ihr Lob, wenngleich sich manche Rezensenten noch befremdet fühlten. Besonders der geachtete Kritiker der «Tat», Bernhard Diebold, brachte seine Bedenken an. Ihm schien durch Wälterlins Zurücknahme und Dämpfung viel vom zupackenden Schwung Schillers verloren.[14] Wie uns die Aufführungsziffern von 1940/41 aber beweisen, hat das Zürcher Publikum diese Vorbehalte Diebolds nicht geteilt. Der grosse Erfolg der *Maria Stuart* und des *Don Carlos* bei den Zuschauern bestärkte den Regisseur so auf seinem Weg zu einem klaren, entoperten Schiller.

Die entschiedene Zurückdämmung jeder äusserlichen Theatralik zugunsten der Wahrhaftigkeit zeigt sich besonders deutlich am zweiten angeführten Beispiel, der Inszenierung des Festspiels. Wälterlin hat sich wiederholt mit dieser eigentümlichen Form des Schweizer Theaters beschäftigt. Das Kantonale Sängerfest von 1924 in Basel; das Spiel zur Schweizerischen Landesausstellung im ersten Kriegsjahr; die 500-Jahr-Feier zum Gedenken an St.Jakob an der Birs: hier konnte er noch sichtbarer als auf der Bühne seinen Vorsatz verwirklichen, und das falsche Pathos grosser Gesten durch Natürlichkeit und echte Kraft ersetzen.

Das traditionsreiche Festspiel unter freiem Himmel war schon immer in Gefahr, zu einem patriotischen Denkmal, einem versteinerten Koloss zu werden. Oft begnügte es sich, ein grossangelegtes Schaustück zu sein, in dem die Aufmärsche von Hunderten von Spielern, farbenprächtige Trachten, Chöre, Volkstänzer und bunte Fahnen den Spielort füllten. Ein gewaltiger szenischer Aufwand konnte ein eindrückliches, optisch oft überwältigendes Spektakel schaffen, aber die Figur des einzelnen Menschen ging bei einer solchen Übermacht visueller Reize verloren. Genau hier hat Wälterlin bei seiner Neugestaltung angesetzt. Er erkannte das eidgenössische Festspiel als einen demokratischen Akt, als eine Bezeugung des Verbandes aller Staatsbürger. Gerade deshalb aber durfte es nicht zu einer Theaterform werden, in der der einzelne Mensch in der Masse verschwand. Wälterlins Regie hat sich so besonders um die Ausarbeitung der einzelnen Charaktere bemüht. Selbst mit den Darstellern der kleinen Rollen, ja der Komparserie, erarbeitete er ein genau gezeichnetes Profil, sodass die Menge nie als anonyme Vielzahl, sondern als bunt gemischter Verband von Einzelpersönlichkeiten erschien. So verwirklichte Wälterlin mit den Mitteln der Bühne sein Ideal von der in allen Gliedern lebendigen Demokratie. Die Rückführung auf das menschliche Mass wurde zum wichtigsten Merkmal seiner vielen Inszenierungen, und das oft in der eigenen Monumentalität gefangene

Schweizer Festspiel wurde unter seiner Hand zu einer lebendigen Feier demokratischen Geistes. Die geballte schauspielerische Kraft, die er selbst den Laien entlockte; die bewegten, und doch straff geführten Gruppenszenen; die Frische im sprachlichen Ausdruck und der schwungvolle Einsatz aller lösten das Festspiel aus der Starre der Tradition und machten es zu einem Beispiel lebendigen und politisch verantwortlichen Theaters.[15]

Auch in der Auseinandersetzung mit dem von ihm so geliebten Shakespeare sollte ihn fern von aller festgefahrenen Bühnentradition und fern von jedem erstarrten Bildungsanspruch das Drama des einzelnen Menschen im äusserst komplexen Kräftefeld von Mitmensch und Umstand anziehen.[16] In den panoramisch weit angelegten Stücken des Elisabethaners, den Historien und Römerdramen etwa, leitete ihn, wie beim Schweizer Festspiel, der Wille zu einer Rückführung auf das menschliche Mass. Erst die klare, ganz sinnlich und einprägsam ausgearbeitete Figur des einzelnen Spielers konnte so dem umfänglichen Stoff Leben und Farbe geben. Gerade mit einem Stück wie *Romeo und Julia,* das Wälterlin besonders nahe lag, und das er wiederholt neu inszeniert hat, konnte er sich erfolgreich gegen eine Gefahr wenden, die schon die traditionelle Schiller-Pflege und das Festspiel bedroht hatte. Falsches Pathos und leeres Gepränge waren hier zugunsten einer spontanen Leidenschaft überwunden, die ihre Kraft ganz aus den Figuren des Spiels selbst schöpfte. Wälterlin rückte entschieden von der Weichheit und Sentimentalität ab, die so oft Inszenierungen von *Romeo und Julia* kennzeichneten; auch der oft üppige bildnerische Aufwand, gerade in den Festszenen und den Kostümen, wurde gebieterisch zurückgedrängt, um allen in das tragische Spiel verwickelten Figuren einen erhöhten Ausdruck zu gewähren. In Wälterlins Inszenierung wurde *Romeo und Julia* so weit mehr als die übliche Fabel von den zwei unglücklich Liebenden. Über das Geschick der beiden hinaus wurde Shakespeares Werk zu einer sorgsam ausgearbeiteten Studie über das menschliche Verhalten unter Zwang und Druck, das in verschiedenen Graden alle Figuren dieses reichen Panoramas bestimmte.

Der Schaffung von lebendigen, scharf profilierten Charakteren gehörte daher Wälterlins ganz besonderer Einsatz. Vor allem galt es, zwei Forderungen gerecht zu werden. Um die enge Verflechtung von privatem Glück und gesellschaftlichem Zwang aufzuzeigen, mussten auch die scheinbar nebensächlichen Figuren zu liebevoll ausgearbeiteten Miniaturen werden. Darüberhinaus galt es, die Stereotypie zu durchbrechen, mit der eine oberflächliche Bühnenpraxis den Reichtum der Rollen, etwa im Falle Mercutios, der Amme und des Titelpaares selbst, beengt hatte. In einer textnahen Lesung mit jedem Schauspieler erkundschaftete Wälterlin die einzelnen Charaktere; nie verliess er sich auf schnelle, einfache, denkfaule Lösungen; unermüdlich musste den feinsten Verästelungen und den oft schwer erkennbaren Widersprüchen jeder Figur nachgegangen werden. Gerade hierin erweist sich seine Regiekunst als impressionistisch: sie begnügte sich nie mit einer groben Erfassung der Wirklichkeit, sondern spürte allen Zwischentönen gerade im Charakterbild hellhörig auf.

Auch das Bühnenbild der verschiedenen Inszenierungen hielt sich an dieses Gebot des Dienstes am Text. Fern jeder pedantischen Nachbildung Veronas im Sinne des historischen Realismus, und fern eines sich selbst genügenden szenischen Prunkes, waren gerade Teo Ottos Entwürfe für das Zürcher Schauspielhaus sparsam, zeichenhaft und helfend. Was Wälterlins Inszenierungen von *Romeo und Julia* so packend machte, war dieser ganz auf das Kammerspiel abgestimmte Ton. Sorgfältig orchestriert entwickelte sich die Fabel, getragen vom Reichtum der einzelnen Figuren: das Spiel der

Menschen in ihren Hoffnungen und Enttäuschungen, ihrer Bosheit und Leidenschaft teilte sich so dem Zuschauer ganz unverstellt und daher kraftvoll mit.[17]

Bei einem Blick über Wälterlins Schaffen erweist sich dieses Herausschälen des menschlichen Dramas als eine feste Konstante seines Regiestils. Nie hat er es dem szenischen Beiwerk erlaubt, die Figuren des Spiels und ihre Beziehung zueinander zu überwuchern. Auch hierin war er Humanist: die Bühne bedeutete ihm ein Ort der Wahrheitssuche, und der einzelne Mensch blieb das unbedingte Ziel dieses Suchens. Regielich hiess es deshalb, das Bühnenbild auf seine Rolle als Helfer zurückzuweisen und damit die Aussagekraft der menschlichen Figur zu steigern. Diese Überzeugung hatte ihn von der zentralen Basler Zusammenarbeit mit Appia über die kammerspielartige Schiller-Pflege zum Festspiel geführt, das von allem unnötigen Ballast befreit war. In immer wieder neuen Ansätzen hat er diesen ganz auf das menschliche Drama gerichteten Regiestil vorangetrieben. Einen vorläufigen Höhepunkt erlebte dieser Drang, als er in seiner ersten Zürcher Spielzeit Thornton Wilders *Our Town* in der Übersetzung durch Wilfried Scheitlin zur deutschsprachigen Erstaufführung brachte. Das Stück, das am 9. März 1939 unter dem Titel *Eine Kleine Stadt* auf der Pfauenbühne erschien, war in der unmittelbaren Nähe Zürichs verfasst worden. Der Amerikaner Thornton Wilder fühlte sich seit jeher stark mit der europäischen Tradition verbunden. Es war eine Tradition, die ihn nährte, die ihn aber nie versklavt hielt. So kennzeichnet ein eigenartiges Paradox sein dramatisches Werk: während er thematisch das Erbe des alten Kontinentes verwaltete, schuf er formal mit einer respektlosen Frische, wie sie der neuen Welt eigen ist, seine eigentümlichen Kunstgebilde. *Our Town* war ein Beispiel dieses fast draufgängerischen Stilwillens. Die radikale Leerung der Bühne von allem szenischen Beiwerk war Wilders Beitrag zu einer Aufwertung des Menschen und seiner Belange gegenüber der Vormacht des Bühnenbildes.[18]

Mit der Inszenierung *Einer Kleinen Stadt* sah Wälterlin seinen Einsatz für ein Theater der Wahrhaftigkeit endlich belohnt. So radikal wie hier hatte er noch nie den Menschen in den Mittelpunkt einer Theateraktion gestellt. Nichts konnte von ihm ablenken, denn die Bühne selber blieb, getreu den Regieanweisungen des Autors, leer. Ein Stuhl hier, ein Tisch dort mussten genügen, um einen Schauplatz anzudeuten. Und doch waren diese Schauplätze in einer paradoxen Art lebendiger gezeichnet als etwa in einem Stück der realistischen Tradition. Die Kraft des Dichterwortes schuf in der Einbildung des Zuschauers kleine Räume und offene Landschaften, den Friedhof und die Bürgerstube, das Postamt und den Schulhof. Der Zuschauer wurde so mitschaffend tätig; der Dramatiker gab den Anstoss, und die Phantasie jedes Einzelnen im Publikum wurde zur gestaltenden Mitarbeit angeregt. Dies bürdete dem Schauspieler ein hohes Mass an Verantwortung auf. Er konnte sich nicht auf die Krücke des Szenenbildes verlassen, sondern musste all seine Kraft aus sich selber schöpfen. Obwohl Wälterlin die besten und erfahrensten Spieler am Pfauen zur Verfügung standen, erprobte er doch mit jedem in mühseliger Einzelarbeit die endgültige Gestalt der Rolle. In dieser engen Zwiesprache mit dem Schauspieler zeigte sich Wälterlins besondere Gabe als Regisseur. In seiner Gegenwart fühlte sich der Spieler ganz gelockert, ganz entkrampft, und konnte, angeregt durch den Regisseur, die Möglichkeiten der Rolle erproben. So wuchsen unter seiner behutsamen, unauffällig ordnenden Hand die Figuren der *Kleinen Stadt* heran. Mit liebevoller Sorgfalt gezeichnete Menschen in ihren ganz alltäglichen Hoffnungen, Enttäuschungen und Sehnsüchten füllten die kleine Welt der Bühne. Das Theater als Spiegel unserer Wirklichkeit; Kunst nicht als Flucht, sondern als Begegnung mit dem Menschen: mit *Our Town* schien Wälterlins Ideal erfüllt.[19]

Für den Autor und den Regisseur war *Eine Kleine Stadt am Pfauen* der Beweis für die Möglichkeit eines poetischen und doch ganz gegenwartsbezogenen Theaters. Das Zürcher Publikum hat jedoch in der Mehrzahl diesem mutigen Schritt seine Gefolgschaft versagt. Trotz Bemühungen der Dramaturgie mit einem Einführungsvortrag und erläuternden Hinweisen in Presse und Programmheft lichteten sich schon während der Premiere die Reihen. Auch ein eilig einberufener Diskussionsabend des Theatervereins konnte die Vorbehalte, ja das Unverständnis vieler nicht beheben. Schon nach zehn nur mässig besuchten Aufführungen sah sich die Pfauenbühne gezwungen, *Our Town* vom Spielplan abzusetzen.

Die hinter aller Liebenswürdigkeit doch kämpferische Natur Wälterlins liess ihn seinen Einsatz für mutige, neuartige Stücke nicht aufgeben. Seit der Erfahrung mit dem Basler *Ring* wusste er, dass Misserfolge keine unbedingten Maßstäbe waren. Die verkannten Werke von heute konnten oft wegweisend das Drama von morgen bestimmen. Und so wie Appias Revolution erst Jahre später zur allseits anerkannten Theaterpraxis wurde, so wirkten die Bühnenmittel Thornton Wilders, besonders sein anti-illusionistisches Spiel, erst auf eine folgende Generation von Dramatikern ein. Unmittelbar oder auf Umwegen machte sich der Einfluss des Amerikaners geltend, wobei sich gerade die deutschsprachige Nachkriegsgeneration als besonders aufnahmefähig zeigte. Auch Friedrich Dürrenmatt blieb von diesem Eindruck nicht unberührt. Die Waldszenen seines bekanntesten Stückes etwa, dem *Besuch der Alten Dame*, sind ein deutliches Echo Thornton Wilders. In seinen Bemühungen um eine Schweizer Dramatik hat sich Wälterlin schon früh für Dürrenmatt eingesetzt, und gerade mit der *Alten Dame* gelang ihm am Ende seiner Laufbahn eine der schönsten Regieleistungen.[20]

Was Wälterlin schon bei der ersten Lektüre an die *Alte*

Dame band, war der an Shakespeare gemahnende Reichtum.[21] Einer vielarmigen Goldmine gleich offenbarte das Stück bei jeder Lesung neue Einblicke in dessen komplexe Welt. Äusserst kunstvoll hatte Dürrenmatt die Fäden gesponnen und gerade die thematischen Ebenen waren so ineinander verschränkt, dass sie nie vereinzelt, sondern immer als Teil des ganzen Stückes, ihre Wirkung taten. Wälterlin bewunderte besonders Dürrenmatts Integrationskraft, die allen Reichtum in Stilmitteln und Thema gewähren liess, und doch zu einer strenggefügten Einheit band. Als Regisseur galt es zunächst, genau die thematischen Ebenen zu erkennen. Drei dieser Hauptthemen galt seine besondere Aufmerksamkeit.

Auf einer ersten Ebene erschien Wälterlin die *Alte Dame* als eine Neukleidung der christlichen Passion. Als Kenner der mittelalterlichen Dramatik war ihm der eigentümliche Charakter des Stationenspiels sofort aufgefallen. Obwohl Alfred Ill seinen Heimatort Güllen nie verliess, hatte er doch eine Wanderschaft angetreten, die ihn von schuldhafter Verstrickung über Sühne zur Erlösung führte, auch wenn diese Erlösung den Tod bedeutete. Ill glich sich mit seinem Opfergang an die Märtyrer in der christlichen Tradition an, ja sein Weg liess trotz aller Unterschiede das Urbild der Leidensgeschichte, die Passion selbst, aufkommen. Auch waren die vielen biblischen Echos für den aufmerksamen Leser Wälterlin deutlich hörbar. Dürrenmatts Beschäftigung mit Fragen der Theologie fand hier Eingang in sein literarisches Werk. Behutsam hat Wälterlin diesen christlichen Bezug herausgearbeitet, ohne ihn jedoch zu verabsolutieren. Erst im Zusammenklang mit den andern thematischen Ebenen sollte er seine Wirkung tun.

So selbstverständlich wie das christliche Element die *Alte Dame* bestimmte, so unauffällig und doch erkennbar war es vom antiken Mythos geprägt. Gerade in der Figur der Titelheldin sah Wälterlin den Bezug zur klassischen Antike. Claire Zachanassian erschien ihm als ein direkter Nachfahre der heidnischen Rachegöttin: unbarmherzig, ohne zu wanken, mit dem flammenden Schwert der Vergeltung in der Hand, jagte sie ihr Opfer und zwang es nieder. Kalt berechnend, mit mathematischer Genauigkeit, und doch von einer triebhaften Zerstörungswut angefeuert, glich sie jenen übergrossen, ganz von einer Leidenschaft besessenen Figuren der griechischen Tragödie. Die mythische Grösse, mit der Claire als steinerner Gast in Güllen einzog, rückte das Stück so in eine mehrtausendjährige literarische Tradition.

Trotz dieser literarhistorischen Parallelen sah Wälterlin in der *Alten Dame* in erster Linie eine politische Parabel, ein Modell von der Verführbarkeit des Einzelnen. In dieser Sicht waren nicht Ill oder Claire, sondern die Bürger Güllens die eigentlichen Träger der Handlung. Ihre allmähliche Korrumpierung; der schrittweise Verrat all ihrer Ideale zugunsten des materiellen Gewinns; ihre wachsende Bereitschaft zum hemmungslosen Tanz um das Goldene Kalb: in diesem sich lawinenartig steigernden Goldrausch lag für den Regisseur ein Grundmuster menschlichen Verhaltens, vielleicht ins Groteske überhöht, aber doch immer als grausame Wirklichkeit erkennbar. Gerade den Moralisten Wälterlin musste diese Lesart besonders ansprechen. Er wusste um die Zerbrechlichkeit der Demokratie, die nur gedeihen konnte, wenn Eigeninteressen sich dem Gemeinwohl unterstellten. Die triebhafte Entfesselung der Eigensucht aber musste jedes demokratische Ideal zersetzen. Dürrenmatts *Alte Dame* wurde so für den Regisseur zu einer Warnung, einem Mahnmal gegen Lüge, Verrat und Selbstbetrug.[22]

Dieser moralische Ansatz liess Wälterlin die Doppelnatur des Stückes scharf herausarbeiten. Während er die komödiantischen Elemente ganz im Sinne Dürrenmatts behaglich ausspielte, wurde er doch der grotesken Verzerrung in den

Charakteren gerecht. Wie in einem bösen Traum zog Claire mit ihrem gespenstischen Tross in Güllen ein. Erst zögernd, doch dann unaufhaltsam verwandelten sich auch die Bürger in eine seltsam unwirkliche, marionettenhaft hörige Meute. Wie auf den Zerrspiegeln des Jahrmarktes erschienen die Figuren in ihrer Menschlichkeit entstellt. Die Maske des bürgerlichen Anstandes konnte ihre wahre Fratze kaum verdecken. So wirkten die Güllener in Wälterlins Inszenierung als listige, gefährliche, ja beängstigende Verzerrungen des gerechten Menschen.

Diese Verzerrung fand schon vom Sprachlichen her ihren wirkungsvollen Ausdruck. Wälterlin hat ja als Regisseur der sorgfältigen, lebendig durchgestalteten Diktion immer seine besondere Beachtung geschenkt; auch hier bei der Uraufführung der *Alten Dame* im Januar 1956 wurden Tonfall, Rhythmus und Melodie der Sprache zu einem untrüglichen Seismographen der inneren Regungen aller Charaktere. Das hohle, verlogene Pathos des Bürgermeisters, dessen leergelaufene Phraseologie, anstatt zu blenden, sich selbst enttarnte; der erbärmlich scheinheilige Sprechton der Käufer in Ills Laden; das oberflächliche Geschnatter der sensationsgierigen Journalisten: diese genau erarbeitete Klangwelt jedes Spielers und jeder Gruppe vermittelte einen präzisen Einblick in die Figuren auf dem mörderischen Schauplatz Güllen. Die stimmliche Aussage fand in der sorgfältig bemessenen Körperführung ihr Gegenstück. Wälterlin hat hier mit den einzelnen Schauspielern versucht, für jeden Charakter einen Grundgestus zu erarbeiten, der den Kern der Figur deutlich sichtbar machte und sich doch ganz natürlich mit den andern Ausdrucksmitteln des Spielers verband. Gerade in der fortschreitenden Korrumpierung der Güllener Bürger konnte der Körper zur aussagekräftigen Sprache werden. In fast unmerklichen Übergängen verfolgten die Jäger Güllens den verstörten Ill mit immer härteren, zugreifenderen Bewegungen. Am

Ende, zum Mord bereit, schienen sie zu seelenlosen, und doch in ihrer Wirklichkeit genau erkennbaren Figuren erstarrt. Ihre Verantwortlichkeit war vertan, ihr Herz versteinert.

Diese Versteinerung der Herzen fand in Therese Giehses Darstellung der Claire Zachanassian ihre vollendete Form. In Gesprächen und Proben erarbeiteten Autor, Regisseur und Schauspielerin ein unverwechselbares Profil, das für fast alle späteren Träger der Rolle wegweisend wurde.[23] Rothaarig und kalkweiss geschminkt, mit maskenhafter Starre, dann wieder herrisch und kantig stellte die Giehse eine kühn überzeichnete Figur vor. Gefangen in ihrer eigenen gespenstischen Abart war auch sie ein Opfer. Ihre Menschlichkeit war vertan, da sie nie zwischen Recht und Gerechtigkeit hatte unterscheiden können. Als Gegengewicht zu dieser Welt der moralischen Fäulnis betonte Wälterlin in der Figur des Alfred Ill den Versuch der Behauptung ideeller Werte in einer zusammenbrechenden Welt. Je enger sich der Kreis der Jäger um das Opfer schloss, desto entschiedener war dieser Ill bereit, für sein Ideal einzustehen. Verlegen, gedankenlos, manchmal auch lügnerisch, aber trotz aller Schwäche von einem moralischen Ansporn bewegt, verkörperte Gustav Knuth als Ill unheroisch, und gerade deshalb einprägsam, den Mut und die Verantwortung des Einzelnen in einer korrumpierten Umwelt.

So treffsicher die Wahl Therese Giehses und Gustav Knuths gewesen war, so glücklich erwies sich die Heranziehung Teo Ottos für das Bühnenbild. Die langjährige Erfahrung Ottos in den verschiedensten Stilformen und seine immerbereite Erprobung neuer Szenenmittel machten ihn zum idealen Helfer beim Eindringen in die oft labyrinthische Phantasie Dürrenmatts. In langen Gesprächen mit Autor und Regisseur wurde das Bühnenbild entworfen, debattiert und endlich gebaut. Das Ergebnis war so überzeugend, dass es über Jahre hinweg für andere Inszenierungen zum Leitbild wurde.[24]

Für Wälterlin war die Wandlung der Güllener von ihrer schäbigen, selbstgenügsamen Bürgeridylle zum mordfähigen Verrat ein Kern der Interpretation. Diesen fast unmerklichen Übergang hat Teo Otto szenisch überzeugend eingefangen. Er zeichnete den Bahnhof und die dahinter liegende Stadt am Anfang als eine kleine, in sich abgeschlossene, heruntergekommene Welt, die trotz aller wirtschaftlichen Bedrängnis fast idyllisch wirkte. Doch mit dem Einzug der alten Dame setzte der Wandel auch farblich ein: das dumpfe Braun des Anfangs wich einem stählernen Grau. Das Schlussbild mit den stolz aufragenden Kränen und hart abweisenden Farbtönen unterstrich somit Wälterlins Lesung des Stückes.

Zeichenhaft, sparsam, nie sich vordrängend, wollte Teo Otto dem Werk dienen. Dass diese Zurückhaltung doch die stärksten Wirkungen erzielen konnte, beweist das Bild vom Konradsweilerwald. Eine Holzbank auf der leeren Bühne, dahinter drei Bäume markierende Bürger: mehr bedurfte es nicht, um den Ort von Ills und Claires ersten Liebesabenteuern heraufzubeschwören. Bühnenbildner und Regisseur vertrauten so auf die Kunst des Schauspielers, der mit Wort und Gebärde eine ganze Welt schaffen konnte. Sie vertrauten aber auch der mitschaffenden Phantasie des Zuschauers. In diesem Glauben an die intelligente Mitarbeit des Publikums zeigte sich noch einmal ein Hauptkennzeichen des Regisseurs Wälterlin.

Der Besuch der Alten Dame wurde zu Wälterlins wohl vollendetster Regieleistung, weil er hier all seine künstlerischen Ideale gleichmässig in die Tat umsetzen konnte. Das Stück bestärkte ihn in seinem Glauben an ein sich immer wieder kraftvoll erneuerndes Theater. Mutig beschritt es neue Bühnenwege; der Einsatz für ein zeitgenössisches Drama wurde somit belohnt. Entsprechend seiner Überzeugung mussten nun alle Mittel der Regie dem Werk dienstbar gemacht werden. Niemals durfte der Regisseur in selbstherrlicher Art vom Stück Besitz ergreifen, und nie sollte die Experimentierlust mit modernen Werken die Verantwortung des ausübenden Künstlers verdrängen. Dieser ethische Ansatz bleibt wohl über alle künstlerischen Eigenheiten hinweg das grundsätzliche Kennzeichen von Wälterlins Regie.[25] Jede bloss interessante Spielerei, jeden nur äusserlichen Theatereffekt wies er entschieden zurück. Seine Bühne sollte nicht durch Blendwerk verzaubern oder durch Kniffe überrumpeln; vielmehr sollte sie still, und doch eindringlich Bilder vom Menschen schaffen. Vom Regisseur angespornt und geführt mussten alle Kräfte im komplexen Getriebe des Theaters diesem einen hohen Ziel ihre Energien zuführen. Wälterlins Kunst der Mediation kam ihm hier zugute. Wie in der *Alten Dame,* so vermittelte er auch in seinen anderen grossen Regieleistungen zwischen Autor und Bühnenkünstler, und dann zwischen Bühnenkünstlern und dem Publikum. Das gemeinschaftliche Erlebnis während der kurzen Dauer der Aufführung band Spieler wie Zuschauer zusammen. In dieser Gemeinschaft gewann das Theater jene Stärke zurück, für die sich Wälterlin ein Leben lang eingesetzt hatte: über Zeitläufe und Stile hinweg, in Oper und Kammerspiel, Komödie und Drama, blieb die Einsicht in den Menschen das unbeirrbare Ziel aller Bemühungen.

7. Der Autor

Oskar Wälterlins Lebenswerk ist von erstaunlicher, proteushafter Vielgestaltigkeit. Von künstlerischer Neugierde angeregt und von einer unbändigen Schaffenslust getrieben hat er seine Kräfte in verschiedensten Bereichen erprobt. Als Schauspieler der leichten Unterhaltung, als schwerer Charakterheld, ja als Opernsänger hatte er begonnen; als Regisseur von stillen Kammerspielen und grossen Opern, von altbewährten Klassikern und gewagten Neuheiten war er weiter gewachsen, und als formgebender Leiter des Theaters am Pfauen fand er seine Erfüllung. Hier in Zürich bot sich seiner Begabung in der klugen Führung von Menschen, in der umsichtigen Planung und in der entschlossenen Verteidigung freiheitlicher Werte ein reiches Arbeitsfeld. Sein Name wird denn auch in erster Linie als Leiter des Schauspielhauses während der Krisenjahre des zweiten Weltkrieges in die Theatergeschichte eingehen.[1]

Diese hohe Bewertung des Regisseurs und Theaterleiters ist verständlich und auch gerechtfertigt; hier verwirklichten sich in der Tat seine grossen Leistungen. Und doch darf dieser deutliche Schwerpunkt nicht vergessen lassen, dass Wälterlin in lebenslanger Pflege einer weiteren künstlerischen Aufgabe nachging, ja manchmal schien es gar, als ob er hier, als Schriftsteller, seine eigentliche Verpflichtung sah. Die Schriftstellerei wurde ihm zum treuen Begleiter durchs Leben. Schon in den Kinderjahren fand seine Fabulierlust ihren Ausdruck in kleinen, selbsterfundenen Geschichten, die oft von noch recht ungeschickten Zeichnungen begleitet waren. In der Schulzeit waren es die Aufsätze, die dem Knaben das Beste entlockten, und die ihm eine erhöhte Disziplin im Schreiben aufzwangen. Über die Dissertation des dreiundzwanzigjährigen führte die Arbeit des Autors durch die Mannesjahre, in denen er selbst in Zeiten der grossen Beanspruchung durch die Bühne dem geschriebenen Wort treu zu bleiben versuchte. Bis ins Alter hielt ihn das Schreiben gefangen. Selbst die gefährdete Gesundheit der späten Jahre konnte seinen Ehrgeiz kaum zügeln. Erst der Tod unterbrach jäh seinen letzten Plan, ein Opernlibretto zu Gottfried Kellers *Grünem Heinrich*.

So beständig sich die Schriftstellerei in Wälterlins Leben in immer wieder neuen Impulsen behauptete, so vielgestaltig waren auch die Formen dieser Aussage. In fast allen Gattungen hat er sich versucht; in ungeduldigem Gestaltungsdrang, und doch in harter Selbstprüfung, wollte er zu der ihm gemässen Form finden. Das panoramisch angelegte Historiendrama und der kurze, kabarettistische Einfall; das Opernlibretto und das Lied in baseldeutscher Mundart; der erfindungsreiche Roman und die streng wissenschaftliche Abhandlung; unbeschwerte Kurzprosa fürs Radio und die ernste Gedenkrede: überall wollte Wälterlin die Probe bestehen, und den Leser oder Hörer ganz in seinen Bann ziehen. Manches blieb Fragment; vieles musste unter dem Zwang der Zeit wichtigeren Aufgaben weichen. Das Buch über Adolphe Appia kam so über das Skizzenhafte nie hinaus, und auch die eigenen Lebenserinnerungen blieben ein immer wieder verschobener Plan. Wälterlin entwarf, schrieb, verwarf, plante von neuem, überarbeitete und gab erst zum Druck frei, was seiner strengen Prüfung standhielt. Als Schriftsteller liess er keinen Kompromiss zu. Wie in der Probe auf der Bühne, wo er unaufdringlich, aber stetig feilte, bis die Inszenierung in sich geschlossen war, so galt auch am Schreibtisch das Gebot der ganz ernst genommenen Verpflichtung. Wälterlin liess nicht nach, bis die Sprache präzis durchgearbeitet war, und sich in ihrer geschliffenen, klarsten Form zeigte.

Gerade weil ihm das Schreiben leicht fiel, wusste er um die Notwendigkeit einer selbstauferlegten Disziplin. Jedes Wort war genau geprüft, jeder Satz überzeugend gefügt. Trotz dieser unerbittlichen, ganz bewussten Kontrolle der Sprache, blieb sein schriftlicher Ausdruck nie unnahbar, sondern behielt sich eine Lebendigkeit und Biegsamkeit, die der Farbe und dem Leben des gesprochenen Wortes viel verdankte. Er selber war ja ein begabter Redner, der den mündlichen Ausdruck nicht nur zur Mitteilung benutzte, sondern zu einer liebevoll gepflegten Kunst erhob. Farbig, mit anschaulichen Einzelheiten belebt, wusste er etwa von Reiseabenteuern, Bekanntschaften und Theatereindrücken zu berichten. Eine ganz sinnliche Freude am Wort war mit einem kunstvoll ordnenden Verstand gepaart. Die Frische, Zugkraft und Genauigkeit seines gesprochenen Wortes hat sich Wälterlin in all seinen Schriften, selbst in der streng akademischen Dissertation, bewahrt.

Am deutlichsten zeigt sich dieser leicht scheinende, doch hart erarbeitete Ton in seinen gesammelten Reden und Aufsätzen.[2] Hier galt es ja, eine Leser- oder Zuhörerschaft für seine Argumentation zu gewinnen. Nicht immer war diese Aufgabe leicht. Vorurteile, Widerstände mussten gebrochen werden, und Einwänden waren genau überlegte Gedankenläufe entgegenzuhalten. Es war ein didaktischer Vorgang, der den Partner aber nicht bestürmte, sondern gelockert, wendig, doch immer mit ehrlichen Mitteln zu überzeugen versuchte. Im Tonfall dieser Reden und Aufsätze spiegelte sich Wälterlins persönliche Eigenart: werbend, aber nie zudringlich; entschlossen, und doch ganz undogmatisch.

Aus der grossen Zahl von Reden und Aufsätzen seien hier stellvertretend drei charakterisiert. Beim ersten Beispiel handelt es sich um die Ansprache, die Wälterlin am 1. August 1925 als neugewählter Direktor des Basler Stadttheaters für alle Mitarbeiter hielt.[3] Was zunächst auffällt, ist der leidenschaftliche Schwung der Rede. Manch ein neugewählter Theaterdirektor hätte die Feierlichkeit des Augenblicks genutzt, um ein Programm vorzulegen. Wälterlin jedoch sprach seine Kollegen mit all der Überzeugungskraft des knapp Dreissigjährigen ganz unmittelbar an. Das Feuer seiner Rede hob sich wohltuend von der oft versteinerten Rhetorik der Antrittsreden ab. Der junge Theaterdirektor musste hier eine Gemeinde von erfahrenen Bühnenschaffenden für sich gewinnen. Der mitreissende Schwung seiner kurzen Ansprache war ein Zeugnis der vollen Hingabe, mit der sich der neue Hausherr den vielfältigen, und durch finanzielle Engpässe sehr erschwerten Aufgaben stellte. Dieses Feuer der Rede darf nicht über den hohen Kunstverstand Wälterlins hinwegtäuschen. In sorgfältig gegliederten Absätzen sprach er jede Arbeitsgruppe einzeln an, wobei die Sätze knapp und meisterhaft gefügt waren. Wälterlin verstand es hier, fern von jeder Anbiederung, durch Begabung, Jugend und Ehrlichkeit treue und einsatzfreudige Mitarbeiter zu gewinnen. Der ihm nach der Ansprache gespendete langanhaltende Beifall und die dann über Jahre erwiesene Zuneigung waren für ihn hierfür der schönste Beweis.

Die meisterhafte Beherrschung gerade der schriftstellerischen Kurzform zeigt sich besonders überzeugend im zweiten Beispiel, einer nur knapp drei Seiten umfassenden Prosaskizze. Es handelt sich dabei um eine freundschaftliche Erinnerung, ein Gedenkblatt, für Salvatore Salvati, der als Sänger so viel zu den Erfolgen des Opernregisseurs beigetragen hatte.[4] In wenigen, aber genau gesetzten Strichen, einer schnellen Tuschzeichnung gleich, entwirft Wälterlin eine kleine Welt. Vor dem Leser entsteht unverwechselbar die sinnlich erfahrene und scharf beobachtete Eigenart von

Salvatis italienischem Heimatort, von der einladenden sommerlichen Landschaft, den Pinienwäldern, dem weissen Strand, von der dahinterliegenden, unnahbaren Bergwildnis, dann dem Wohnsitz des Sängers, den eigenwilligen Haustieren und der schmackhaften Küche. Die Worte fügen sich zu einem Gedenkblatt, aber auch zu einem Dankesblatt für einen Freund, der ihm in der schwierigen Zeit nach dem Abschied von Basel im arkadischen Italien die helfende Hand bot.

Das dritte Beispiel aus der Gruppe von Reden und Aufsätzen ist ein Zeugnis der Verbundenheit des Regisseurs und Hausherrn zu allen am Basler Theater Beschäftigten. Der 1928 geschriebene Aufsatz *Geister hinter den Kulissen* reiht geduldig die so wichtigen, aber nie im Rampenlicht stehenden Kräfte auf und würdigt ihren Einsatz.[5] Die Souffleuse; der Inspizient; die Kostümschneider; der Perückenmacher; die technische Mannschaft; der Requisiteur; der Rechnungsführer; die Kassendamen: sie alle schliesst Wälterlin ohne hierarchischen Dünkel in seine Theaterfamilie ein. Indem er sie beim Namen nennt, macht er den Dank zu einer ganz persönlichen Bezeugung. *Geister hinter den Kulissen* spiegelt das demokratische Ideal des jungen Wälterlin, ein Ideal, dem er sein Leben lang treu zu bleiben versuchte.

Neben den Reden und Aufsätzen bilden die Dramentexte die zweite Gruppe seiner schriftstellerischen Leistung. Schon der Knabe und Jugendliche hatte sich in dieser schwierigen Kunst versucht, aber erst dem in der praktischen Bühnenerfahrung gereiften Mann gelangen dabei überzeugende Werke. Als frühes Beispiel sei das 1935 in Frankfurt am Main im Druck erschienene Lustspiel *Das Gasthaus zu den drei Königen* genannt.[6] Wälterlin schuf hier eine unterhaltsame, doch recht harmlose Verwechslungskomödie mit Märchenmotiven. Die Dürftigkeit des Inhalts, die man dem schwankartigen Spiel vorhalten muss, wird aber durch die handwerkliche Sicherheit fast aufgewogen. *Das Gasthaus zu den drei Königen* könnte als Modell für den so oft gebrauchten Begriff der Bühnentauglichkeit herangezogen werden. Der Autor verstand es meisterlich, in knappen Zügen Figuren lebendig werden zu lassen, eine Stimmung zu schaffen, überraschende Wendungen zu vollziehen, auf Höhepunkte hinzuarbeiten und wirksame, den Applaus geradezu herausfordernde Aktschlüsse zu liefern. Als sicher gebautes, witziges Spiel, als handwerkliche Leistung, war *Das Gasthaus zu den drei Königen* eine gelungene Talentprobe.

Gleich geschickt gebaut, aber anspruchsvoller in der Thematik, zeigt sich das im selben Jahr, 1935, erschienene Spiel in drei Akten *Wenn der Vater mit dem Sohne ...*, das die Gattungsbezeichnung «ernsthafte Komödie» trägt. Die Bezeichnung hält, was sie verspricht. Wälterlin schuf hier eine Komödie mit Verwechslungen, Wortspielen, mit Situationskomik, die an der Oberfläche als reine, unbeschwerte Unterhaltung erschien. Darunter aber wurde der ernsthafte Anspruch immer wieder deutlich. Das Geflecht der Verwechslungen nahm einen doppelten Bezug an, indem die Figuren nach mancherlei Irrwegen zu sich selbst finden. Dieses Spiel zwischen Schein und Wirklichkeit, zwischen der Maske und dem Gesicht, bringt die Komödie nahe an die Welt Pirandellos, und wie dieser verstand es der Autor, Ernst und Heiterkeit im dramatischen Gleichnis zu verbinden. Wie schon *Das Gasthaus zu den drei Königen*, so war auch *Wenn der Vater mit dem Sohne ...* mit und für die Bühne geschrieben. Der gelockerte Umgangston der Sprache liess die Schauspieler ihre Reden so natürlich geben, als seien es ganz ihre eigenen Worte. Wiederholt sprachen verschiedene Figuren des Spiels das Publikum direkt an, weihten es in ihre Pläne ein, oder versuchten es für ihre Argumentation zu gewinnen. Diese an die italienische commedia dell'arte gemahnende Eigenheit ist charakteristisch für das kleine Werk. Erfindungsreich, und doch kunstvoll gegliedert, übermütig, und doch mit einem ernsten Grundton, erscheint Wälterlins Spiel wie ein modernes Gegenstück zur alten Stegreifkomödie. Die Uraufführung am 7. März 1936 am Basler Stadttheater unter der Leitung des Autors wurde zu einem glänzenden Erfolg bei der Presse und den Zuschauern.[7] Neben Stück und Regie galt das besondere Lob den Trägern der Titelrollen, dem Vater und Sohn, Max Knapp und Wilfried Scheitlin. Der grosse Erfolg ermunterte Wälterlin zu weiterer Arbeit als Bühnenautor.

So erlebte schon ein Jahr nach *Wenn der Vater mit dem Sohne* ... ein anderes Werk Wälterlins seine Uraufführung am Basler Stadttheater, nämlich das musikalische Volksdrama *Vreneli ab em Guggisberg*. Die Anregung hierzu war vom Komponisten Ernst Kunz ausgegangen. Der Oltner Musikdirektor hatte sich besonders mit Choralwerken, einem Liederzyklus und einem Weihnachtsoratorium bewährt, und wollte sich nun an dem ungleich ehrgeizigeren Plan einer grossen Oper versuchen.[8] Fast zehn Jahre lang trug sich Kunz mit der Idee zu einer Oper, die das Volkslied vom Vreneli zum Kern hatte. Diese lange, von immer neuen Schwierigkeiten begleitete Beschäftigung, während der Kunz ein Textbuch zusammenzustellen versuchte, erfuhr erst eine Wendung zum Guten, als Wälterlin die Verantwortung als Librettist übernahm, und Ernst Kunz sich ganz auf sein eigenes Fach, die Komposition, beschränkte. Für den theatererprobten Wälterlin war die Aufgabe leichter, aber doch voller Tücken. Es galt, von einem einzelnen bekannten Volkslied ausgehend, das Geschehen dramatisch zu erweitern, ohne den schlichten Rahmen des Ursprungsliedes zu sprengen. Neue Personen waren zu schaffen, neue Konflikte zu entzünden; Chöre, Tänze und Gruppenszenen sollten dem Lied den Übergang zum Bühnenwerk erlauben. Darüberhinaus musste Wälterlin einer zweiten Schwierigkeit begegnen. Ernst Kunz plante, neben dem Vreneli-Lied, das sich gleichsam als Leitthema durch das Bühnenwerk zog, noch einer grossen Zahl anderer bekannter Schweizer Melodien ein Gastrecht zu gewähren, sodass der Theaterbesucher eine Art Anthologie des heimatlichen Volksliedes zu hören bekam. Wälterlins Aufgabe als Librettist war es nun, ein Handlungsgerüst zu schaffen, das diese vereinzelten Lieder wie selbstverständlich in den Fluss des Geschehens einbettete, während Kunz versuchen musste, seinen eigenen musikalischen Beitrag mit der Schlichtheit des gewählten Volksgutes in Einklang zu bringen. Was Textdichter und Komponist verband, war der Wunsch, das reiche heimatliche Gut an Fabeln und Musik für die zeitgenössische Bühne fruchtbar zu machen. Gerade in einer Zeit der kulturellen, aber auch politischen Bedrohung der Schweiz durch das nördliche Nachbarland, erschien eine Besinnung auf die eigenen Wurzeln als sinnvoll, ja als notwendig.

Publikum und Presse haben den Einsatz der beiden durch rege Zustimmung belohnt. Scharfsichtig wurde dabei aber auch auf die Schwächen des Werkes hingewiesen.[9] Ein wiederholter Vorwurf betraf die Gattungsfrage: als Volksliederspiel, als Ballade, erfülle das Werk nur sehr bedingt die innere dramaturgische Notwendigkeit einer Oper; zu sehr erscheine die Handlung eben doch nur als Gerüst, um den eingestreuten Liedern einen Halt zu bieten. Trotz dieser Bedenken bewunderte man Wälterlins Gabe, die Figuren dramatisch in einen Bezug zu setzen, Spannung zu erzeugen und zu halten, und besonders der eigentümlichen Mischung von Heiterkeit und Schwermut in der Fabel gerecht zu werden.[10] Als sein eigener Regisseur machte Wälterlin *Vreneli ab em Guggisberg* zu einem grossen Erfolg für das Basler Theater. Am Ende der Uraufführung am 28. Februar 1937 konnte er sich immer wieder mit dem Komponisten, mit dem Dirigenten Gottfried Becker und den übrigen Künstlern vor dem Vorhang dem Beifall stellen. Einmal mehr hatte er die schwere Probe als Bühnenautor bestanden. Als Verfasser von leichten, frivolen Lustspielen, die nur unterhalten wollten, aber auch als Komödienautor, der über das Lachen hinaus Einsichten in den Menschen vermitteln konnte, war Wälterlin der Sprung in die Gattung der Dramatik geglückt. Auch die Arbeit als Librettist hatte ihm die so ersehnte Anerkennung als Autor erbracht. Und doch liess sein literarischer Ehrgeiz nicht nach, bis er sich in der grossen Form, dem Schauspiel, erfolgreich bewährt hatte. In der Vorbereitung hierzu setzte er alle gespeicherten Energien frei. Als Dramatiker weitumfassender, ernster Stücke wollte er erinnert bleiben. In zwei grossen Versuchen hat er sich dieser Aufgabe verpflichtet und sie glücklich gelöst, während manch weiterer Plan nie über die Skizze hinauswuchs.

Das erste dieser panoramisch angelegten Stücke war *Papst Gregor VII*.[11] Im Aufgreifen des gewaltigen Stoffes bewies sich einmal mehr Wälterlins leidenschaftliches Interesse an der Geschichte und ihren grossen, formgebenden Gestalten. Schon für den Knaben war ja die Geschichte weit mehr als die blosse Kunde vom Geschehenen gewesen. Er sah in ihr in einem ganz ursprünglich dramatischen Sinn das Walten von Kräften und Gegenkräften, deren Träger der Mensch selber war. Geschichte war für ihn keine museale, oder gar tote Wissenschaft, sondern Zeugnis einer lebendigen, vom Menschen getragenen Wirklichkeit. Die Beschäftigung mit Schiller hat ihm diesen Geschichtsbegriff weiter geschärft. So wollte Wälterlin ein Geschichtsdrama schaffen, das nicht akademische Fleissarbeit blieb, sondern von der Farbigkeit menschlicher Auseinandersetzung belebt war. Der Stoff des *Gregor*-Dramas bot sich hierzu in idealer Weise an.

Er wusste um die schwere Last, die er sich bei der Wahl dieses Stoffes aufgebürdet hatte, aber er wollte es seinem Vorbild Schiller gleichtun, und in mühseliger Kleinarbeit die vollendete Form erarbeiten. Kraft und Zähigkeit waren hierbei nötig. Die Raffung des gewaltigen Materials; das Herausarbeiten des Zusammenstosses zwischen Papst und König; der Verzicht auf jedes nur historisierende Rankenwerk; der an Schiller so bewunderte Schwung in Handlungsführung und Sprache: dies waren Aufgaben, denen er sich mit besonderer Hingabe widmete. Was nach unermüdlichem Feilen, nach Gesprächen und Probelesungen mit Schauspielern am Ende zustande kam, war ein Stück, das die Bemühungen des Basler Stadttheaters um eine schweizerische Dramatik reich belohnte.

Papst Gregor VII kann die doppelte Probe als Lesedrama und Bühnentext bestehen. Wälterlin hat es mit Erfolg vermieden, den Investiturstreit als politisches Thema zum Mittelpunkt des Stückes zu machen. Er entzog sich vielmehr der spröden Geschichtslektion und führte das Geschehen auf den Zusammenprall starkgewillter Menschen in ihrer Grösse und in ihrem kläglichen Versagen zurück. Nur so konnte der historische Stoff über die mehrhundertjährige Entfernung hinweg den Theaterbesucher von heute unmittelbar ansprechen. Die in kühnen Zügen, und doch mit realistischer Sorgfalt gezeichneten Figuren bildeten bei diesem Brückenschlag über die Zeiträume das wirksamste Bindeglied. Ihre Ängste und Nöte, ihre Hoffnung, ihr anfeuernder Glaube, ihr Hochmut, ihre Heimtücke und ihre verzeihende Liebe waren Grunderfahrungen, die über das geschichtliche Kleid unser aller Leben betrafen. Jeder Figur dieses breiten Panoramas Leben eingehaucht zu haben, sodass wir in gleichem Mass mit Papst und Bürgermann, Student und König mitempfinden, bleibt Wälterlins grosses Verdienst. Eine zweite Leistung kam hinzu. Die Sprache des *Gregor*-Dramas trifft die Charaktere genau; sie ist voller Farbigkeit, von drastischer Fülle, doch gezielt eingesetzt. Vor allem aber ist der Sprechton der Prosa trotz der inneren Spannung so natürlich und biegsam, dass die Schauspieler ihn mühelos zu ihrem eigenen machen konnten. Kein Bildungsdünkel und keine falsch verstandene Rhetorik belasteten den Autor. Ein von Archaismen freier und an Schillers Sprachgewalt geschulter Ausdruck charakterisiert *Papst Gregor VII.*

Und doch ist das Stück, wie schon die Tageskritik nach der Uraufführung bemerkt hatte, nicht frei von Schwächen.[12] Der Hauptvorwurf muss dabei den dramatischen Bau betreffen. Wälterlin gliederte das Material in die klassische Form der fünf Akte, da er von dieser strengen Einteilung das so notwendige Ordnungsprinzip erhoffte. Während jedoch die ersten drei Akte in breiten, blockartig angelegten Szenen das Geschehen entwickeln, führen die zwei letzten Akte in schnellen, kaleidoskopisch angelegten Kurzszenen das Spiel zu Ende. Der Wechsel in den dramatischen Mitteln ist zu abrupt, die Einheit des Stückes gefährdet. Ein weiterer Vorwurf kann Wälterlins allzu sicherem Theatersinn gelten, der sich gelegentlich zu grossen Effekten, ja Effekthaschereien, verführen liess, und so den Rahmen des Stückes zu sprengen drohte.[13]

Wie uns Augenzeugenberichte und Rezensionen bestätigen, wurde die Uraufführung am 2. Dezember 1931 am Basler Stadttheater trotz dieser dramaturgischen Einwände zu einem Erfolg für alle Beteiligten. Das besondere Lob galt dabei Oskar Wälterlins Menschenführung, die auch die kleinste Rolle in diesem personenreichen Stück sorgfältig herausgearbeitet hatte. Für die in einem zermürbenden Zweikampf stehenden Widersacher von Papst und König konnte sich der Regisseur auf die lange Erfahrung Ludwig Gibisers und auf den jugendlichen Wilfried Scheitlin verlassen. Ihnen, als den Trägern der Achse, galt mit dem Regisseur und den Mitspielern der Dank der Basler Theaterbesucher.

Der grosse Erfolg von *Papst Gregor VII* beim Publikum und die Ermunterung zu weiterer Arbeit durch die Presse haben Wälterlin bestärkt. Endlich sah er sich in seiner Rolle als Autor anerkannt. Er war erst Mitte dreissig, und so nahm er sich vor, der Dramatik vermehrt seine Energien zu gönnen. Doch der unglückliche Abschied von Basel im Jahre nach der Uraufführung und die Überbeanspruchung an der Frankfurter Oper während der nächsten fünf Jahre mussten jeden grösseren Plan zurücktreten lassen. Entwürfe, Skizzen, auch szenische Ansätze aus jener Zeit aber sind Zeugnisse des immer wieder unternommenen Versuchs, sich mit einem ernsten Schauspiel zu bewähren. Erst in der Zürcher Zeit reifte einer dieser langgehegten Pläne zur Vollendung. Am 1.Oktober 1948 kam am Zürcher Schauspielhaus Wälterlins zweites historisches Drama, der *Henri G. Dufour,* zur Uraufführung.[14]

Die Wahl dieses Stoffes entsprach dem Wunsch, die Geschichte unmittelbarer an die Gegenwart heranzurücken. Sowohl geographisch als auch zeitlich war das *Dufour*-Drama mit der modernen Schweiz eng verknüpft, da die Ereignisse um das Jahr 1848 in so vielem den Grundstein für die zukünftige Eidgenossenschaft gelegt hatten. Ein weiterer, ganz unmittelbarer Bezug kam hinzu. Das durch den zweiten Weltkrieg geschundene Europa erholte sich langsam von den schweren Wunden. Trotz des Friedensschlusses und der Zuversicht eines neuen Anfanges war in allen die Erinnerung an die Schrecken des Krieges noch wach. Einzelne und Gruppen nahmen sich daher vor, die Sicherung des Friedens zu ihrer Aufgabe zu machen. Oskar Wälterlins *Henri G. Dufour* ist ein solcher Beitrag im Sinne des Pazifismus.

Die Figur des grossen Bürgers, Kartographen und Soldaten Dufour hatte Wälterlin immer stark beeindruckt. Hier war ein Mann, der in den Wirren des Sonderbundskrieges mit Entschlossenheit, Geschick und menschlicher Anteilnahme die Gegensätze zu überbrücken verstand. Der Überhitzung der Gemüter stellte er eine sachliche, ausgleichende

Politik der Vernunft entgegen. Sonderbündlerische Interessen und politischer Radikalismus lagen so einem Geist der Versöhnung gegenüber, der die verfeindeten Parteien unter ein gemeinsames Banner zu führen vermochte. Der neue, gestärkte Bundesstaat, hervorgegangen aus einem Gleichgewicht der Einzelkräfte, sollte das Bemühen um einen gerechten Frieden belohnen. Für Wälterlin wurde der General so zum mahnenden Sinnbild und Vorbild. Uneigennützigkeit, Geduld und ein echter Friedenswille verkörperten sich in dieser grossen Figur der neueren Schweizer Geschichte. Das Beispiel Dufours sollte so in pazifistischem Sinn auf die Nachkriegsjahre einwirken.

Dramaturgisch muss der *Henri G. Dufour* als Wälterlins Meisterleistung gelten. Aus dem schier uferlosen Material der kantonalen, regionalen und lokalen Quellen hat der Autor ein übersichtliches Bild gefügt, das sich auch dem historisch Unkundigen sinnvoll mitteilte. Vorwärtsdrängend, aber ohne Hast, entwickelt sich das Geschehen von den frühen Unruhen über die Kriegsereignisse zur lösenden Vermittlungstat Dufours. Anders als im *Gregor*-Drama widerstand Wälterlin hier der Versuchung zum blossen Theatereffekt, obwohl gerade der Stoff dieser bewegten 48er Jahre dazu hätte verlocken können. Erfolgreich entging er auch der Gefahr eines patriotischen Erinnerungsspiels, das den General auf einen Heldensockel gestellt hätte. Als nüchtern, ehrlich und ganz der ausgleichenden Vernunft vertrauend, erscheint dieser Dufour inmitten des Sturms der politischen Leidenschaften.

Bau und Rhythmus des Stücks zeugen von Wälterlins wachsendem handwerklichen Können als Bühnenautor. Der *Dufour* ist frei von den dramaturgischen Unreinheiten des *Gregor VII*, und in der Schaffung von stark profilierten Einzelfiguren bewies Wälterlin eine noch geübtere Hand. So schien das Zürcher Schauspielhaus mit seiner Schar von bewährten Darstellern der geeignete Spielort für den *Dufour*. Ein Blick auf die Besetzungsliste bestätigt denn auch, dass Wälterlin als sein eigener Regisseur alle führenden Kräfte aufgeboten hat, um dem Anspruch dieser so lebendigen Rollen gerecht zu werden. In Gustav Knuth, Will Quadflieg und Therese Giehse etwa fand er willige Helfer. Allen voran, und doch zurückhaltend in den Mitteln, wie es die Würde der Rolle gebot, verkörperte Kurt Horwitz den General ganz im Sinne des Autors. Damit hatte sich Wälterlins hohes Ideal erfüllt: der *Henri G. Dufour* konnte zu einem Mahnmal des vernünftigen und friedensbringenden politischen Handelns werden.[15]

Wälterlins Erfolg als Dramatiker hat ihn nicht ruhen lassen. Von künstlerischer Neugierde gedrängt nahm er sich vor, die Gattungsgrenzen zu überschreiten, um sich an neuen, selbstgestellten Aufgaben zu erproben. Zu diesen Versuchen gehört die Lyrik. Trotz der immer wieder unternommenen Beschäftigung mit der lyrischen Form, hat er aber selbst einsehen müssen, dass ihm hier die überzeugende Gabe versagt blieb. Zu stark wirkte sich die Abhängigkeit von Vorbildern, etwa von Mörike, besonders aber von Eichendorff, auf die eigene Leistung aus. In streng geübter Selbstkritik hat er denn auch diese ihm liebgewordenen, aber vergeblichen Versuche nicht zum Druck freigegeben. Nun blieb ihm noch die Prosa, in der er sich schon mit Erinnerungsblättern und Aufsätzen bewährt hatte. Neugierig, ja ungeduldig plante er Kurzgeschichten im Geiste Johann Peter Hebels und entwarf einen Legendenzyklus. Doch eine Aufgabe drängte sich immer stärker auf: die Arbeit am grossen Projekt. Nach einer langen Reifezeit erschien das Ergebnis dieser Bemühungen, der Roman *Das Andere Leben*.[16]

Der 1943 in Zürich erschienene und mit dreissig Zeichnungen von Eugen Früh illustrierte Roman trägt deutlich autobiographische Züge. Schon in der Wahl des Handlungsortes zeigt sich dieser enge Bezug von Autor und Werk. In einzigartiger Weise fängt der Roman die Heimatstadt Wälterlins ein. Vor dem Leser entsteht das von kundiger Hand entworfene Bild Basels mit seinen verwinkelten Gassen, den alten Brunnen, den zwei roten Münstertürmen, dem Glokkengeläut der Klosterkirchen und den behäbigen Zunfthäusern. Es war eine in sich gefügte Welt, mit der Wälterlin genau vertraut war, und die er hier liebevoll und präzis in Worten nachprägte. Über den lokalen, trat ein weiterer, persönlicher Bezug. In der Hauptfigur des Gymnasiallehrers Dr. Benedikt Saluz, aber auch im jungen Journalisten Manuel, spiegelte sich vieles vom Wesen des Autors. So wurde *Das Andere Leben* das am stärksten von eigener Erfahrung gespeiste Werk. Und doch darf es nicht als Schlüsselroman missverstanden werden; als solcher wäre es nur von beschränktem Interesse. Was dem Roman vielmehr noch heute Bedeutung gibt, ist die über das eng Biographische gehende Beschreibung menschlicher Grunderfahrungen. Wie schon im *Gregor*-Drama war es hier weniger der Einzelfall als die jedem Leser vertrauten Erfahrungen der Freundschaft, Liebe und Entsagung, die im Mittelpunkt standen. Anders als in den beiden historischen Dramen aber ist der Stoff hier im Roman arm an äusserem Geschehen. Umso mehr galten Wälterlins Energien als Autor den inneren Regungen seiner wenigen Figuren. Mit der Einfühlungsgabe, die schon seine Arbeit als Regisseur gekennzeichnet hatte, spürte er selbst den feinsten Schwingungen der Charaktere auf. Scheue Zuneigung; Hoffnung auf die erfüllende Liebe; bedingungslose Hingabe; Ernüchterung und Verzicht: all diese Stationen des Lebensweges, des Wachsens im Leid, beschreibt Wälterlin mit der Geduld und Sorgfalt jedes grossen Menschenkenners.

Obwohl die autobiographischen Züge klar erkennbar sind, enthält sich *Das Andere Leben* ganz jeder Form des

Selbstmitleids. Wie leicht hätte der Roman ins Sentimentale gleiten können, auch in das genüssliche Nacherleben lang vergangener Gefühle. Der Erzählton aber wirkt dieser Gefahr entgegen, ja bannt sie ganz. Einfühlsam, aber nie sentimental, gefühlsstark, doch immer treffsicher, entwirft der Autor eine Welt, in die er den Leser voll einzufangen versteht. Diese Genauigkeit in der Schilderung, die Wälterlins strengem Formbewusstsein entsprang, zeigt sich am schönsten in Natur- und Charakterbild. Die Eigenheit der Bündner Berglandschaft etwa; die zusammengedrängten Dörfer des Engadins oder die Ausläufer des Jura in der näheren Umgebung Basels: Wälterlin schuf hier einen Naturraum, der sich nicht verselbständigte, sondern den Trägern des Geschehens, den Figuren selbst, eine genau zugewiesene Lebenssphäre bot. In der Gestaltung dieser Figuren liegt die wahre Überzeugungskraft des Romans. Fern von der panoramischen Vielfalt seiner Dramen konnte sich der Autor hier auf drei Hauptfiguren beschränken. Die epische Breite der Romanform erlaubte eine genaue, alle Einzelheiten umfassende Darstellung der Innenwelt jener drei Charaktere. Das enggeflochtene, manchmal unentwirrbar scheinende Netz der erotischen Beziehungen etwa erfuhr durch Wälterlins behutsame, aber sicher deutende Sprache seine überzeugende Form.

So teilt sich *Das Andere Leben* als eine Geschichte von der notwendigen Verantwortlichkeit des Einzelnen mit. In diesem Sinne war der Roman mit Wälterlins erstem Historiendrama verwandt. Die mit Schmerz erkaufte Einsicht in die eigenen Grenzen und das daraus erwachsene Gebot der unbedingten Ehrlichkeit sich selbst gegenüber bot beiden die thematische Grundlage.

So vielgestaltig Wälterlins Leistung als Prosaist und Dramatiker auch war, so deutlich lässt sich in den wichtigeren Beiträgen ein gemeinsamer Grundimpuls herausspüren. Es war dies der Wunsch, durch die Sprache der Kunst dem

Menschen zu einer erhöhten Kenntnis seiner selbst und der Wirklichkeit um ihn zu verhelfen. Der Künstler lud sich damit eine hohe Verantwortung auf, da er gestaltend in das Leben anderer eingriff. Immer wieder hatte der Künstler, allen Widerständen des Tages zum Trotz, die unumstösslichen Grundwerte und Ideale des menschlichen Tuns zu fordern. Wälterlin gab selbst in der dunkelsten Zeit den Glauben an die erlösende Kraft des Kunstwerkes nie auf. Zu trösten, zu ermahnen, zu erziehen: in diesem Dreischritt sah er auch seine Sendung als Schriftsteller.

Aus diesem Glauben erklärt sich, warum ihm sein kurzes Spiel *Die Sendung* immer besonders lieb war. Er hatte es zur 100. Wiederkehr von Beethovens Todestag verfasst, und so kam es am 27. März 1927 anlässlich einer Feierstunde im Basler Stadttheater zur Uraufführung.[17] Über die Ehrung Beethovens hinaus ist aber *Die Sendung* ein Hymnus auf die geistige Kraft des Künstlers, die über dem flüchtigen Tagwerk steht. Im Mittelpunkt des Spiels steht der Künstler selbst. In Begegnungen mit den allegorisch gefassten Figuren, etwa dem Jüngling, der Mutter, dem Unternehmer und dem Blinden, entzündet er im Einzelnen das Feuer als Sinnbild der menschlichen Würde. Wie in einem Brennspiegel sammelte *Die Sendung* Wälterlins Vorstellung vom Künstlertum, einem hohen Ideal, dem er als Schriftsteller immer wieder gerecht zu werden versuchte.

Epilog

Unter der Leitung Oskar Wälterlins hatte sich das Zürcher Schauspielhaus zu einer der führenden Sprechbühnen des deutschsprachigen Raumes entwickelt. Gerade die politischen Umwälzungen im nördlichen Nachbarland und dann die Kriegsereignisse hatten dem Pfauentheater eine Verantwortung aufgezwungen, der sich alle Mitarbeiter bedingungslos stellten. Der oft tollkühn erscheinende Wagemut angesichts des faschistischen Druckes hatte die Künstler am Pfauen zu einer kämpferischen Familie gemacht, beseelt vom Ideal der freiheitlichen Rechte. Sooft und gefühlsbetont Wälterlin auch immer an diese grosse Zeit des gemeinsamen Kampfes zurückgedacht hat, so deutlich sah er doch, dass die Pfauenbühne nicht auf den errungenen Lorbeeren ruhen durfte, sondern sich als ein lebendiger Organismus ständig weiterzuentwickeln hatte. Es muss als einer der grossen Beiträge Wälterlins für Zürich gelten, dass er das Schauspielhaus nach 1945, als der Druck der Kriegsjahre behoben war, von einem möglichen Abgleiten ins Mittelmass bewahrte, ja die Bühne in frischen Impulsen, so etwa durch die Pflege von Frisch und Dürrenmatt, zu immer neuer künstlerischer Erfüllung führte. Trotz der Genugtuung, den Übergang in die Friedenszeit und in die fünfziger Jahre reibungslos gewährleistet zu haben, erkannte Wälterlin doch, dass mit seinem 65. Geburtstag ein langes Kapitel organisch zu Ende gekommen war, und dass nun neue Kräfte, die ungeduldig, vielleicht auch neidisch, nach Bestätigung drängten, das Werk am Pfauen weiterführen sollten.

Der Abschied von Zürich musste kommen, und Wälterlin hat denn auch die verschiedenen Angebote deutschsprachiger Bühnen, die ihm ein neues Wirkungsfeld boten, sorgfältig geprüft. Er wusste, dass diese Entscheidung wichtig war, denn die neue Arbeitsstätte sollte den Vergleich mit der grossen Zürcher Zeit ertragen können. Deshalb hat er auch die vielen Einladungen zur Gastregie abgelehnt. Die Zürcher Jahre hatten ihn den Wert der engen künstlerischen Gemeinschaft zu schätzen gelehrt. Nur mit einer festen Bindung an ein einzelnes Theater konnte er diesem liebgewonnenen Ideal nachleben. Die Angebote der deutschen Bühnen schienen ihm bei genauer Durchsicht am verlockendsten. Die hohen staatlichen Zuschüsse und die mit der modernsten technischen Apparatur ausgerüsteten neuen Theatergebäude erlaubten ein Schöpfen aus dem Vollen. Und doch hat er sich nicht für eine der grossen deutschen oder österreichischen, sondern für eine Schweizer Bühne mittlerer Grösse entschieden, nämlich für das Stadttheater Basel.

Was veranlasste ihn zu diesem für viele überraschenden Entschluss? Zunächst waren eine Reihe von persönlichen Gründen hierfür verantwortlich. Basel war Wälterlins Geburtsstadt; hier hatte er seine glücklichen Kindheits- und Jugendjahre und das frühe Mannesalter verbracht. Die vielen guten Erinnerungen an diese Jahre des Heranwachsens bildeten den Hauptgrund für die feste Treue, die ihn auf allen Wanderungen immer wieder an seine Vaterstadt band. Die Studienzeit an der Universität hatte einen Freundeskreis geschaffen, den er über die Jahre aus Zeitmangel vernachlässigt, aber nie aufgegeben hatte. Die Rückkehr nach Basel bot ihm nun die Möglichkeit, diese persönlichen Beziehungen wieder enger zu pflegen. Darüberhinaus war Basel auch der Ort seiner ersten Erfolge in der Öffentlichkeit. Hier hatte er als Schauspieler begonnen, und hier hatte er sich in seinem eigensten Wirkungsfeld, der Regie, zum ersten Mal bewährt.

Der Zug nach Basel wurde somit zu einer Rückkehr zur Quelle.

Dieses Verlangen, nach Basel, seinem Ursprung, zurückzukehren, hatte dazu noch einen sehr privaten Grund. Wälterlin hatte fast dreissig Jahre zuvor seine Heimatstadt unter hässlichen Umständen verlassen. In Berufung auf seine Freundschaft mit einem jungen Schauspieler war es einer kleinen, aber regen Minderheit gelungen, die am Theater interessierte Öffentlichkeit gegen den Direktor aufzuwiegeln. Enttäuscht, ja verbittert über die Kabale, die sein Privatleben so schonungslos auszunutzen wusste, war er damals aus seiner Heimatstadt weggezogen. Während all der langen Jahre in Frankfurt und Zürich hat er sich oft nach der wahren Toleranz der Basler befragt, die ihm gerade in den Jugendjahren als eine der schönsten Eigenschaften des baslerischen Charakters erschienen war. Sein Vertrauen war durch die Ereignisse von 1932/33 schwer erschüttert, zerstört aber war es nicht; Wälterlins Treue zur Heimatstadt hätte einen endgültigen Bruch mit Basel nie erlaubt.[1] Trotzdem hat er sich bei der Rückkehr aus Frankfurt nicht für seine alte Wirkungsstätte, das Basler Stadttheater, entschieden, obwohl ihm von dort ein Angebot vorlag. Noch waren die bösen Erinnerungen zu wach, noch fürchtete er sich vor einem erneuten Zugriff der Drahtzieher jener früheren Kabale. Am Ende seiner Laufbahn aber, nach den erfolgreichen Zürcher Jahren, wollte er sich in seiner Überzeugung von der ehrlichen, nur zeitweilig missgeleiteten Toleranz der Basler bestätigt sehen. So kehrte er, um ein neues Kapitel an einem altvertrauten Ort zu beginnen, in seine Heimatstadt zurück.

Neben diesen gefühlsbetonten Gründen kamen Erwägungen sachlicher Art hinzu. Wälterlin hat der Architektur und besonders dem Theaterbau immer ein grosses Interesse entgegengebracht. In der Auseinandersetzung mit Ingenieuren und Bauherren hat er wiederholt versucht, der idealen

Bühnenform näherzukommen. Die beengenden baulichen Verhältnisse am Zürcher Schauspielhaus hatten diesen Wunsch nach einem vollkommenen Spielort noch genährt. Die Möglichkeit eines Theaterneubaus in Basel musste ihn gefangennehmen, zumal der frühe Stand der Vorbereitungen ihm ein Mitspracherecht erlaubte. Diese neue und seltene Herausforderung wollte er sich schöpferisch zunutze machen.[2]

Ein weiterer berufsgebundener Grund kam hinzu. Wälterlin hatte sich während seiner Zürcher Zeit fast ausschliesslich auf das Sprechstück beschränkt. Die volle Beanspruchung all seiner Kräfte durch die Pfauenbühne ermöglichte nur selten einen Ausflug in die ihm so nahegelegenen anderen Gattungen. Das Stadttheater Basel aber war dem Prinzip des Dreispartenbetriebes verpflichtet. Hier konnte sich Wälterlin nun im eigenen Hause seiner frühen Liebe, der Oper, widmen, ohne dem Schauspiel untreu zu werden.[3]

Basel bot ihm zudem die Möglichkeit der Verwirklichung vieler langgehegter Pläne. Das Stadttheater hatte ihn mit einem grosszügigen Versprechen in seine Vaterstadt gelockt, einem Versprechen, das dem neuen Direktor ein weitgehendes Entscheidungsrecht in künstlerischen Fragen zusicherte. Wälterlin hat dieses Recht als Verantwortung ernstgenommen und dem Stadttheater eine Reihe von Neuerungen dramaturgischer und betriebstechnischer Art vorgeschlagen.

Es sei zunächst eine Initiative erwähnt, die ihm besonders lieb war. Sie betraf einen Brückenschlag zwischen dem Theater und der Universität. Wälterlin hat die Entfremdung dieser beiden öffentlichen Körperschaften immer bedauert. Trotz verschiedentlich unternommener Bemühungen war es ihm in Zürich nie ganz gelungen, das gegenseitige Misstrauen von Theaterleuten und Akademikern abzubauen. Hier in Basel wollte er erneut das Schwierige versuchen und einen Dialog in Bewegung setzen. Er schien für diese Aufgabe der geeignete Mann. Seine Doppelnatur als Akademiker und Bühnenpraktiker machte ihn zum idealen Vermittler der beiden oft in Vorurteilen erstarrten Fronten. Wälterlin entwarf verschiedene Strategien, um dies zu erreichen. Eine davon war die aktive Förderung des Austausches im Personal beider Körperschaften. Er dachte dabei besonders an die Mitarbeit von Dozenten der Literaturwissenschaft in der Dramaturgie und die Bereicherung von Drama-Seminaren durch Vertreter der Bühne. Ein weiterer entscheidender Schritt sollte diesem mehr persönlichen Brückenschlag ein organisatorisch festes Gefüge geben. Die Errichtung eines Instituts für Theaterwissenschaft mit Sitz in Basel schien ihm hierbei als das am hartnäckigsten zu verfolgende Ziel.

Es waren aber in erster Linie drei grossangelegte Projekte, denen sein besonderer Einsatz galt. Die Erarbeitung eines neuen, wegweisenden Opernspielplanes; die Heranziehung von jungen, noch unerprobten Dramatikern an den Basler Theaterbetrieb; die Gründung einer bühnennahen Schauspielschule: dies waren Pläne, die er energisch vorantrieb, und die ihm am Herzen lagen, da sie ganz ursprünglich auf seine eigene Initiative zurückgingen. Der neugewählte Hausherr war aber vorsichtig genug, diese ehrgeizigen Pläne zunächst auf ihre Realisierbarkeit hin zu prüfen. Nie hätte sich der in Jahrzehnten erprobte Theatermann auf seine Eingebung allein verlassen. Die von Fachleuten ausgearbeiteten Studien mussten seine idealen Entwürfe durch eine präzise Bestandesaufnahme erhärten. Sobald dies erfolgreich geschehen war, sollten die Pläne in die Wirklichkeit umgesetzt werden.

Es ist kein Zufall, dass Wälterlin dem ersten dieser Pläne seine ganz persönlich gefärbte Aufmerksamkeit schenkte. Seit den frühen Jahren als Schüler in Basel hatte seine geheime Liebe immer der Oper gegolten. Zu verschiedenen Malen, und oft über lange Zeiträume hinweg, wie etwa in Frankfurt, hat er sich mit ihr beschäftigt. Basel bot ihm nun die Möglichkeit, dieser alten Neigung zum Musikdrama wieder frei nachzugeben. Wälterlin wusste um die Schwierigkeit der Opernpflege in einem Dreispartenbetrieb. Zu oft bewirkte die Verteilung aller Energien eines Theaters auf drei Gattungen ein recht kraftloses Eigendasein der einzelnen Sparten. In anderen Fällen wieder massen die Städtischen Theater dem Schauspiel einen so stark erhöhten Wert bei, dass die Oper, lieblos vernachlässigt, ein Schattendasein führte. Dieser ungleichen Verteilung wollte Wälterlin entgegenwirken. Die Oper sollte sich ebenrangig neben Schauspiel und Ballett behaupten.

Diese Aufwertung der Oper, und ihr hartnäckiger Anspruch als das voll gleichberechtigte Drittel im Dreispartenbetrieb, brachte Schwierigkeiten mit sich. Basel konnte zwar stolz auf eine lange Tradition als Musikstadt zurückblikken. Sowohl die öffentliche Hand als auch das private Mäzenatentum hatten dem Musikleben eine feste Grundlage gesichert, auf der sich Künstler ohne einen drückenden ökonomischen Zwang entfalten konnten. So tatkräftig aber die Bürgerschaft Basels die Kammermusik, die Symphonik und das Choralwerk förderte, so eigenartig zurückhaltend hatte sie sich immer dem Musikdrama gegenüber gezeigt. Wälterlin konnte sich diese Vorbehalte der Basler nie ganz erklären. Er wusste aber aus eigener Erfahrung, dass sie bestanden, und er war entschlossen, die kühle Zurückhaltung der Basler durch einen langsamen Umerziehungsprozess zugunsten der Oper zu beeinflussen. Einführungsvorträge zu den einzelnen Inszenierungen; Studioabende mit Szenenausschnitten; zur Hauptsache aber die Qualität der künstlerischen Arbeit selbst sollten als geduldige Werbung das Wohlwollen der Bürgerschaft gewinnen.

Im Zuge dieser Öffentlichkeitsarbeit ging Wälterlin noch einen Schritt weiter. Er wusste, dass nicht nur die Vorbehalte der Basler im allgemeinen, sondern der Jugend im besonderen überwunden werden mussten. Mit einem fast missionarischen Eifer entwarf er Pläne, um das Theaterpublikum von Morgen für die nicht immer leicht zugängliche Welt der Oper zu öffnen. Das Anhören und die Diskussion von Opern im Musikunterricht der Schulen und der Besuch von Generalproben im Stadttheater schienen ihm hierbei wirksame Mittel. Die in Basel straff organisierte Jugendtheatergemeinde sollte bei dieser schweren Aufgabe als organisatorisches Werkzeug dienen.

Eine schwere Aufgabe war es in der Tat, da der neue Direktor sich bei der Gestaltung des Opernspielplanes hohe Ziele gesetzt hatte. Wälterlin hat die mangelnde Erfindungsgabe der Städtischen Theater in dieser Hinsicht sehr bedauert. Es schien ihm, als ob die Operndramaturgien mit voraussehbarer Regelmässigkeit immer auf die gleichen Werke zurückgriffen. Er verurteilte den sich selbst ohnmächtig wiederholenden Kreislauf der traditionellen Opern als «faule Dramaturgie», und sah nicht ein, warum durch diese erfindungsarme Auswahl dem Publikum der ganze Reichtum der Opernwelt vorenthalten werden sollte. Mit zwei Plänen hat er im Basler Modell versucht, diesen Reichtum für das Stadttheater nutzbar zu machen.

Der erste Plan betraf die Hebung vernachlässigter oder gar vergessener Schätze. Über all die Jahre seiner Theaterarbeit war Wälterlin auf Opern aufmerksam geworden, die zu Unrecht von der Bühne verbannt blieben. Freunde, die als Musikwissenschaftler auf eine genaue Kenntnis des ganzen Reichtums bauen konnten, wiesen ihn etwa auf die deutsche Barockoper hin, deren Wiederentdeckung für die moderne Bühne sie ihm nahelegten. Angeregt durch diese Hinweise, hat sich Wälterlin mit Energie und Systematik die ältere Opernliteratur zu eigen gemacht. Je enger er sich mit alten und vergessenen Opern beschäftigte, desto entschlossener war er, die besten unter ihnen in den Spielplan einzugliedern. Die lebendige Pflege der gesamten Opernliteratur, selbst der unbekannten Nebenzweige, durfte aber nicht einem blinden Vertrauen auf die Tradition entspringen, und durfte auch nichts Museales an sich haben. Der künstlerische Rang allein sollte auch in dieser historischen Sicht entscheidend bleiben.[4]

Der zweite Basler Opernplan war nicht historisch ausgerichtet, sondern wurzelte im Musikschaffen der Gegenwart. Er betraf die Pflege der zeitgenössischen Oper. Wälterlin griff damit den Traditionalismus im Opernbetrieb in doppelter Hinsicht an: nicht nur das Spielen der immer gleichen Opern schien ihm eine gefährliche Verarmung, sondern auch die Tatsache, dass nur wenige der zur Aufführung gelangenden Opern der Moderne zuzurechnen waren. Diesem fehlenden Wagemut wollte der neue Theaterdirektor kraftvoll entgegenwirken. Wälterlin wies dabei auf die Offenheit hin, mit der andere Kunstformen einen Zugang ins Bewusstsein der Bürgerschaft gefunden hatten. Die moderne Malerei war ja den Baslern durch die Sammlung des Kunstmuseums vertraut geworden, während das Kammerorchester durch die Pflege zeitgenössischer Komponisten die Öffentlichkeit an die moderne Musik herangeführt hatte. Auch der modernen Dramatik brachte man ein erhöhtes Verständnis entgegen, auch wenn der Zugang zu den mehr experimentellen Werken nicht immer leicht fiel. Der zeitgenössischen Oper aber verschloss man sich, sei es aus Unkenntnis oder Vorurteil. Wälterlin plante daher einen stufenweisen, geduldigen Aufbau des modernen Opernrepertoires. Im Vertrauen auf seine Vaterstadt und in Berufung auf die musikalische Tradition Basels, sah er vor, junge Komponisten mit Aufträgen an das Theater zu binden. So suchte er einen Mitarbeiter, der in der Doppelrolle von Komponist und Dramaturg die Bemühungen um eine zeitgenössische Oper koordinieren konnte.

Für dieses schwere Amt schien ihm Rolf Liebermann der ideale Kollege. Wäre Wälterlin der Beizug seines Landsmannes als Berater gelungen, so hätte die Basler Opernarbeit wohl weit über die Grenzen des Landes hinaus Anerkennung finden können. Mit dem fünfzehn Jahre jüngeren Liebermann verband ihn nicht nur eine herzliche Freundschaft, sondern auch eine weitgehende Übereinstimmung künstlerischer Ideale. Beide hatten sich zudem in ihrem Bildungsgang in allen Sparten innerhalb ihres Faches erprobt. Die gleiche intellektuelle Neugierde, die den jungen Wälterlin angetrieben hatte, führte Liebermann vom Dirigieren über die Komposition zur Intendanz eines grossen Hauses, und so wie sich der Basler als Regisseur aller Gattungen der Dramatik mit gleichem Einsatz annahm, so versuchte sich der Zürcher in der Vielfalt von Kammermusik, Choralwerk, Festspiel, Symphonie und Oper. Hier, mit der Bühnenform, gelangen ihm seine schönsten Leistungen. Wälterlin wie Liebermann teilten eine Grundüberzeugung, die dem Musiktheater eine doppelte Aufgabe zuwies: die Oper sollte durch sorgfältige dramaturgische Vorarbeit Neuland erschliessen, und zwar sowohl historisch als auch zeitgenössisch, ohne sich jedoch vom breiten Publikum zu entfremden. Gleichzeitig wagemutig und erfolgreich zu sein, galt beiden als Ziel.[5]

Diese mutigen Pläne für die Oper haben manch einen zweifelnden Basler vermuten lassen, dass Wälterlin dem Musikdrama einen höheren Rang in der Hierarchie des Stadttheaters beimass als den anderen Gattungen. Der neue Direktor hat aber schon bald diese Verdächtigungen entkräftet, indem er für die zweite der am Theater gepflegten Sparten, das Schauspiel, einen ehrgeizigen, viele Neuerungen verarbeitenden Plan entwarf. Wälterlin konnte sich bei seinen Anregungen auf all die in Zürich gesammelten Erfahrungen stützen. Er hatte dort gelernt, dass nur dann dem hohen künstlerischen Ideal gedient werden konnte, wenn alle Glieder des Theaters gleichmässig gestärkt wurden. Das Bühnenbild etwa übernahm bei diesem Zusammenspiel eine wichtige Rolle. Es wurde, weit über das Dekorative hinaus, zu einem Sinnträger des Geschehens. Der von Wälterlin immer wiederholte Hinweis auf Teo Otto zeigt die Bedeutung an, die er dem mitschaffenden Szenenbild zuwies. Auch in Basel sollten die besten Bühnenbildner im Sprechstück tätig werden. Wälterlin dachte dabei besonders an die Heranziehung von den in Basel wirkenden und international anerkannten Graphikern, wie Donald Brun und Herbert Leupin.[6]

Wichtiger noch als diese szenische Aufwertung des Sprechstücks, das in dieser Hinsicht nur zu oft lieblos behandelt wurde, war ihm der Träger des Bühnengeschehens selber, der Schauspieler. Wälterlin hat die von seinem Vorgänger geschlossenen Verträge geachtet, sah sich aber in keiner Weise verpflichtet, aus gefühlsmässigen Gründen Schauspieler zu schützen, wenn diese seinen künstlerischen Ansprüchen nicht genügten. Der frei ausgeschriebene Wettbewerb sollte die besten Kräfte anziehen, und damit einen Spielkörper schaffen, der den Vergleich mit grösseren Theatern, ja mit der Zürcher Zeit, unerschrocken wagen konnte.

Der nächste Schachzug im Sinne einer Bereicherung des Schauspiels war dramaturgischer Art. Wälterlin plante die Heranziehung von jungen, noch unerprobten Autoren an den Betrieb des Stadttheaters. Er war vom Grundsatz überzeugt, dass alle grosse Dramatik nicht *für* die Bühne geschrieben war, sondern *mit* der Bühne. Zu oft hatte er als Dramaturg beobachten müssen, wie Autoren in einer Spitzwegschen Idylle Stücke verfassten, ohne den inneren Gesetzen der Dramatik und den äusseren Gegebenheiten der Bühne gerecht zu werden. Er machte es sich daher als Förderer junger Autoren zur Aufgabe, den Unterschied zwischen Drama einerseits und Lyrik und Prosa anderseits möglichst scharf herauszuarbeiten. Als redegewandter Fürsprecher einer bühnennahen Dramatik hat er sich wiederholt auf die grossen Beispiele der Theatergeschichte berufen. Er wies dabei auf die Dramatiker des

Perikleischen Zeitalters, dann auf die Zunftschreiber der mittelalterlichen Bühne; auf die vom Schauspieler Molière und vom Theaterdirektor Goethe verfassten Stücke, und auf die für eine ganz bestimmte Truppe geschriebenen Dramen Chekovs. Die Kronzeugen seines Argumentes aber waren die Elisabethaner, ganz besonders Shakespeare. In ihm sah er den Prototyp des Dramatikers, der aus einer genauen Kenntnis all der am Theaterereignis mitwirkenden Kräfte eine lebendige Bühnenwelt schuf. Diesem Beispiel eines im und mit dem Theater Schaffenden sollten die jungen Autoren in Basel nachleben.

Wälterlin war praktisch genug, um zu erkennen, dass für die beginnenden Dramatiker ein organisatorischer Rahmen gefunden werden musste, der eine freie Arbeit am Manuskript ermöglichte. Zu oft zwang wirtschaftliche Notwendigkeit den jungen Autor zur Aufnahme eines Berufes, der ihm über den Gelderwerb hinaus kaum von Nutzen war. Wälterlin sah, dass diese Verzettelung der Energien ein Erstarken der künstlerischen Kräfte hemmte, ja oft verhinderte. Nach Absprache mit der kaufmännischen Leitung des Stadttheaters entwarf er den Plan von zwei Stipendien, die hoch genug angesetzt waren, um die Empfänger, selbst jene mit Familie, von theaterfremden beruflichen Verpflichtungen zu lösen. Der neue Theaterdirektor kannte aus eigener Erfahrung die Mühsal des Schreibens und den oft schmerzhaft langsamen Prozess der Reife als Dramatiker. Er wusste, dass schnelle Ergebnisse nicht zu erwarten waren, und so bestand er auf einer Klausel im Stipendiatsvertrag, die den Autor für drei Jahre an das Stadttheater band. Wälterlin wollte das Element des Zufälligen ganz aus dieser Bindung verbannen, und so entwarf er einen Plan, der den Autor systematisch mit allen Sparten der praktischen Theaterarbeit in Berührung brachte.

Die jungen Dramatiker wurden in genau bemessenen Abständen verschiedenen Arbeitsgruppen zugewiesen. Es war naheliegend, dass ihre Lehrzeit in der Dramaturgie beginnen sollte, denn dies war das ihnen am ehesten vertraute Feld. Beim Lesen der grossen Werke des Welttheaters und in der Mitgestaltung des Spielplanes sollten sie ihren literarischen Sinn schärfen. Zudem wurden sie durch die Lektüre und die Beurteilung von Werken anderer Autoren oft auf ihre eigenen Schwächen aufmerksam, sodass die dramaturgische Arbeit einem zeitraubenden, aber hilfreichen Erziehungsprozess gleichkam. Der nächste Schritt führte zu den eigentlichen Trägern der theatralischen Aktion, den Schauspielern. Wälterlin plante die Teilnahme der jungen Dramatiker an aller Probenarbeit, ja er versuchte nach Möglichkeit die Stipendiaten als Schauspieler auf der Bühne selbst das schwierige Handwerk erlernen zu lassen. Ein weiterer Schritt führte zur Regie. Als Assistenten sollten sie den langwierigen Prozess von der ersten Leseprobe über die Entdeckungen und Enttäuschungen bis zur Premiere in allen Stufen kennenlernen. In einem ständigen Dialog mit dem Regisseur sollten sie sich mit den Formen der Umsetzung von Dramentext zu Bühnenaktion vertraut machen. Auch in die Bild- und Kostümabteilung, den technischen Betrieb, ja selbst in die kaufmännische Verwaltung sollten sie eingeführt werden. Der Plan dieser dreijährigen Lehrzeit gab so dem beginnenden Dramatiker die Möglichkeit, den Mikrokosmos eines Theaterbetriebes in seinem vielfältigen Zusammenspiel genau zu studieren. Von diesem Studium erhoffte sich Wälterlin Stücke von jungen Autoren mit einem ausgeprägt bühnengerechten Sinn.

In dieser Förderung der mit der Bühne noch unerfahrenen Autoren zeigte sich neben dem künstlerischen Anliegen das pädagogische Interesse Oskar Wälterlins. Diese Neigung zum Pädagogen war stark, und sie war die eigentliche Triebfeder für die Basler Schauspielschule, dem letzten seiner drei grossen Projekte. Wie ihm viele, besonders junge Mitarbeiter, immer wieder bestätigten, war Wälterlin der natürliche Lehrer, ohne je lehrerhaft zu sein. Er verstand es, den oft unerkannten künstlerischen Eigenheiten seiner Kollegen und Schüler aufzuspüren, und dann Wege zu finden, diesem Impuls eine freie Entfaltung zu erlauben. Er erreichte dies mit Führung, aber ohne Druck. Es war eine Methode, die der behutsamen Annäherung mehr zutraute als dem kräftigen Zugriff. In Zürich hatte er aus Zeitnot nur sehr unregelmässig seiner geliebten Rolle als Lehrer nachkommen können. Die Beanspruchung durch die Geschäfte des Schauspielhauses beschränkte die pädagogische Tätigkeit auf einige Gastvorlesungen und auf vereinzelte Seminare am Zürcher Bühnenstudio. Hier in Basel nun sollte sich seine Begabung als Pädagoge in einem von ihm selbst entworfenen organisatorischen Rahmen bewähren, und hier hoffte er seiner Vorstellung von der idealen Schauspielschule kompromisslos, in der reinsten Form, näherzukommen.

Wälterlin war immer ein Mann der ruhigen Überlegung, und so liess er sich auch beim Ideal der Theaterschule nicht vom blossen Einfall leiten, sondern gründete seinen Plan auf die jahrelange Beobachtung ähnlicher Institutionen. Zwei Modellen galt hierbei seine besondere Aufmerksamkeit. Die Schulung, mit der er aus eigener Erfahrung vertraut war, hatte ihren Ursprung in den literaturwissenschaftlichen Abteilungen der Universitäten. Da die Theaterwissenschaft als eigenständiges Fach an den schweizerischen Hochschulen noch nicht bestand, wurden die sprachlichen Fächer, allen voran die Germanistik, zum Hafen für alle am Theater interessierten Studenten. Wälterlin selber war in dieser Tradition herangewachsen. Sosehr er die akademische Grundlagenarbeit immer zu würdigen wusste, sosehr sah er doch, dass die theaterferne Beschäftigung mit Dramentexten dem Studenten die Wirklichkeit der Bühnenpraxis vorenthielt. Das Bemühen der Universitäten schien ihm verdienstvoll, ja notwendig; aber der weitgehend akademische Bezug zum Theater war ihm ein zu enggefasster Rahmen für die Heranbildung von Theaterleuten. So lehnte er diesen eingleisigen Weg über die Hochschulen ab.

Ähnlich entschieden wandte er sich auch gegen das zweite genau studierte Modell, die ganz auf die Praxis vertrauende Schauspielschule. Die ausschliessliche Betonung der praktischen Arbeit unter Verzicht auf jeden theoretischen Unterbau schien ihm in der Eingleisigkeit gleich gefährlich, wie die Schulung an der Universität, ja sie war nur die spiegelbildliche Umkehrung des gleichen Prinzips. Ein weiterer, beide Modelle betreffender Vorwurf kam hinzu. Die hohen Studentenzahlen machten jede enge Zusammenarbeit zwischen Lehrer und Schüler, die für Wälterlin entscheidend war, unmöglich. Um diesem Ideal des engsten Austausches gerecht zu werden, beschränkte er daher im Basler Plan die Schülerzahl auf sechs.

Diese sechs zur Aufnahme empfohlenen Schüler hatten sich in einem harten Ausscheidungsverfahren bewährt, und sollten nun je einzelnen Mitgliedern des Stadttheaters zur persönlichen Betreuung zugeordnet werden. Im hohen Wert, den Wälterlin dem engen Dialog im Lernprozess zuwies, berief er sich wiederholt auf die Ideale der Renaissance-Universitäten. Auch dort war die persönliche Führung das Mittel, und eine weit gefasste Bildung das Ziel. Diesem Ideal des gebildeten Schauspielers galt Wälterlins besonderer Einsatz. Er misstraute dem Künstler, der sich allein auf seine Eingebung verliess, und der jede theoretische Erörterung als theaterfremd verurteilte. Der Plan zur Basler Schule wurde so zu einem mutigen Versuch, den akademischen und praxisbezogenen Anspruch zu versöhnen.

Wälterlin sah für die Schüler eine systematische Einführung in die Hauptphasen der Theatergeschichte vor, wobei neben Fragen der Bühnenarchitektur, des Szenen- und Kostümbildes und der Publikumszusammensetzung dem schauspielerischen Stil die besondere Aufmerksamkeit gelten sollte. Der historische Teil wurde durch den literarischen ergänzt. Eine ausführliche Leseliste regte die Schüler zur Auseinandersetzung mit den grossen Werken der Dramatik an, die in wöchentlichen Seminaren mit den Dramaturgen textnah interpretiert wurden. Zudem wurden die Schüler zum Besuch von Konzerten, Ausstellungen und Vorträgen ermuntert. Von intellektueller Neugierde getrieben, sollten sie sich den kulturellen Reichtum der Stadt zu eigen machen. Nur von einem durch die Tradition gesättigten Künstler, der die Kräfte vorangegangener Generationen gespeichert hatte, erhoffte sich Wälterlin die Erfüllung seines Ideals vom gebildeten Schauspieler.[7]

Die praktische Arbeit bildete das Zwillingsstück zu dieser akademischen Grundlage. Die dreijährige Lehrzeit sah einen vollbefrachteten Stundenplan vor, der von den Schülern Einsatz und Konzentration erforderte. Wie schon im historischen und literarischen Teil, so war auch hier der Lehrstoff weit gefächert, und kam somit wiederum dem Ideal des allseitig geformten Schauspielers nahe. Wälterlin übertrug hier zweifellos etwas von seiner eigenen Persönlichkeit, seinem Menschenbild, in das Programm der Basler Schule. Weltoffen, aber kritisch; voller Energie, aber doch diszipliniert sollten die sechs jungen Schauspieler ihr Handwerk erlernen. Diese Betonung des Handwerklichen war Wälterlin wichtig. Sosehr er an die ganz natürliche, angeborene Kraft des Schauspielers glaubte, sosehr wusste er auch um die in harter Arbeit erlernbare Beherrschung der technischen Mittel, die der natürlichen Kraft erst die Form gab. Eine ganz präzise Kontrolle von Körper und Stimme als Instrument des Schauspielers war daher von entscheidender Bedeutung. Wälterlin hat sich hierbei auf die klassische Schulung chinesischer Spieler und Sänger berufen. Ihre vollendete, fast akrobatische Leichtigkeit in der Körperführung und die für das westliche

Theater ungewöhnliche Spanne im stimmlichen Ausdruck sollten als Leitlinie dienen. Körper und Stimme sollten zu einem fügsamen Werkzeug werden, das sich ganz in den Dienst der Rolle stellte. Nur in täglicher, stundenlanger Übung konnte der junge Schauspieler hoffen, dem von Wälterlin so hoch angesetzten Ideal gerecht zu werden.

Die liebevolle Pflege der vergessenen, und die Förderung der zeitgenössischen Oper; eine aktive Dramaturgie durch die Bindung von Hausautoren an das Theater; eine in den Theaterbetrieb eingegliederte Schauspielschule: diesen drei Projekten galt Wälterlins ganz besonderer Einsatz. Sie bildeten das Kernstück, um das sich andere Pläne gruppierten. So verschiedenartig die Bemühungen auch waren, so zielten sie doch auf einen gemeinsamen Punkt hin, nämlich dem Theater eine verstärkte Breitenwirkung zu sichern. Das Theater war für Wälterlin als eine aus öffentlichen Mitteln finanzierte Körperschaft dieser Öffentlichkeit verantwortlich. Es galt, die Bürger Basels, unabhängig von sozialem Rang, als geschlossene Einheit zu gewinnen, ohne dabei die hoch angesetzten künstlerischen Ideale zu verraten. Der Gedanke an ein Theater im Elfenbeinturm schreckte ihn ab. Die Zürcher Kriegsjahre hatten ihm bewiesen, dass Theater als die öffentlichste aller Künste sich erst im lebendigen Austausch mit der ganzen Bevölkerung voll verwirklichen konnte. Diesen Ausbruch aus dem Elfenbeinturm hat Wälterlin beim Wort genommen. Einer der energisch vorangetriebenen Pläne für Basel war so die Nutzbarmachung von Spielorten ausserhalb des Theatergebäudes selbst. Die für Einakter, das Kammerspiel oder dramatische Lesungen idealen Keller der Patriziats- und Bürgerhäuser; der wie für die Elisabethaner und Molière geschaffene Hof des Blauen Hauses; der ihm durch Jugenderinnerungen besonders liebgewordene Münsterplatz als der vollkommene theatralische Spielort: hier wollte Wälterlin über den abgezirkelten Rahmen des Stadttheaters hinaus auf das Bewusstsein der Basler einwirken.

Was Oskar Wälterlin in den Monaten vor seinem Amtsantritt in Basel kennzeichnete, war eine sprudelnde Gestaltungs- und Umgestaltungslust. Von jugendlichem Drang getragen entwarf er Pläne, beriet mit Kollegen und spornte alle, auch die bedeutend jüngeren, zur vollen Leistung an. Wie leicht hätte er seine Vaterstadt zum behaglichen Alterssitz, zur ruhig genossenen Sinekure machen können. Nach den bewegten Jahren am Zürcher Schauspielhaus haben ihm Freunde, die um seine Gesundheit besorgt waren, einen stillen Epilog gegönnt. Für Wälterlin aber bedeutete Basel keinen Abschluss, sondern einen Neubeginn. Mit einer für sein Alter ungewöhnlichen Spannkraft stellte er sich der neuen, so verlockenden Herausforderung.

All diese ehrgeizigen Basler Pläne jedoch kamen zu einem plötzlichen Ende, noch bevor sie in die Tat umgesetzt werden konnten. Wälterlins Tod war rasch, unerwartet für ihn, seine Mitarbeiter und Freunde. Der engere Kreis um ihn wusste zwar um das schwache Herz, und er selber hat denn auch die Ratschläge der Ärzte zu befolgen versucht. Aber der ungebrochene Arbeitseinsatz täuschte darüber hinweg, dass dem Körper über die Jahre mehr zugemutet worden war als er tragen konnte. Während der Proben zu seiner letzten Inszenierung, der *Maikäferkomödie*, hatte er zweimal einen Schwächeanfall erlitten. Als er sich am Karsamstag 1961 nach der Vorstellung von den Zürchern und dem Haus verabschiedete, dem er dreiundzwanzig Jahre lang vorgestanden hatte, wirkte er angegriffen und abgespannt. Aber die Unternehmungslust, die ihn schon immer gekennzeichnet hatte, trieb ihn weiter. Am Ostersonntag fuhr er nach Hamburg, wo er auf Einladung Rolf Liebermanns an der Staatsoper Debussys *Pelleas und Melisande* inszenieren sollte; am übernächsten Tag begann er die Proben, nach Urteil der Sänger energisch und frisch. Abends besprach er sich mit dem dritten Schweizer im Bunde, dem Dirigenten Ernest

Ansermet, über Fragen der Interpretation von Debussys Werk. Als der sonst so pünktliche Regisseur am nächsten Morgen nicht zur Probe erschien, suchte man ihn in der Wohnung auf, die ihm ein Kollege für den Hamburger Aufenthalt überlassen hatte. Dort fand man ihn, noch ganz angezogen, in einem Sessel sitzend. Der Mann, dem gute Geselligkeit und Freundschaft so viel bedeutet hatten, war allein gestorben.

Unmittelbar auf die Überführung nach Zürich, der Stadt, mit der ihn die Öffentlichkeit immer identifiziert hatte, und der er über die Jahre so nahegewachsen war, fand im Schauspielhaus die Trauerfeier statt. Hier auf der Pfauenbühne, der er lange sein Gepräge gegeben hatte, gedachten Freunde und Mitarbeiter des Verstorbenen. Aus allen Gedenkreden sprach der Schmerz über den plötzlichen Verlust und ein Gefühl der Leere. Gerade am Ort von über hundert seiner Inszenierungen musste die so unerwartet eingekehrte Ruhe Kollegen wie Publikum traurig stimmen. Noch unmittelbarer zeigte sich diese Trauer beim endgültigen Abschied, der Beisetzung auf dem Friedhof Fluntern. In den Worten eines so treuen Freundes wie Rudolf Schwabe etwa, der fast den ganzen Lebensweg des Verstorbenen verfolgt hatte, zeichneten sich Verlassenheit und Schmerz. Die Lesung eines Kapitels aus dem Roman *Das Andere Leben* ehrte den Autor mit seiner schönsten literarischen Leistung, und liess so den Verlust als noch schwerer erscheinen. Und doch klang neben der Trauer wiederholt ein echtes Wort des Dankes mit; des Dankes, Teil einer künstlerischen und menschlichen Erfahrung geworden zu sein, die Oskar Wälterlin so einzigartig verkörperte.[8]

Auch der Reflex in der Presse auf die Todesnachricht bewies noch einmal das Mass der öffentlichen Anerkennung, das der Verstorbene genossen hatte. Kaum eine Zeitung begnügte sich mit einer blossen Agenturmeldung; manch eine

Würdigung wurde zum längeren Aufsatz, in dem weit über ein biographisches Gedenkblatt hinaus versucht wurde, der grundsätzlichen Leistung näherzukommen.[9] Wälterlins Leben war reich. Ein weitgespannter Bogen hatte sich von den Anfängen in Basel über die Arbeit in Frankfurt und Zürich zum geplanten Neubeginn in seiner Heimatstadt gezogen. Es war ein Leben vieler erfüllter Hoffnungen. Weil er aber als Mensch und Künstler so wagemutig zu seinen Überzeugungen stand, konnten Enttäuschungen und Niederlagen nicht ausbleiben. Der Fragment gebliebene *Ring* in Zusammenarbeit mit Adolphe Appia und die Intoleranz der Basler gegenüber seinem Privatleben: manche Wunde ging tiefer als Mitarbeiter und Freunde vermeinten. Aber Wälterlin besass eine zu vorwärtsdrängende, handelnde Natur, um sich leicht geschlagen zu geben. In ständiger Selbsterneuerung schöpfte er frische Kräfte. Dieser lebendige Wandel blieb ein Hauptkennzeichen von Wälterlin als Mensch und Künstler. Jedem starren Dogma abhold, und doch auf grundsätzlichen Überzeugungen aufbauend; beweglich, neuen Einsichten immer offen, und doch mit einem klaren Profil: gerade in dieser anregenden Kraft wirkt seine Leistung heute ungehindert nach. Die Befreiung der Oper von allen szenischen Überwucherungen und damit der selbstlose Dienst an der Musik; eine Sprechbühne, die den politischen Alltag spiegelte, und doch höchsten künstlerischen Maßstäben gerecht blieb; die Förderung einer schweizerischen Dramatik, die das deutschsprachige Bühnenstück nach den Verwüstungen des zweiten Weltkrieges wieder aufleben liess: diese innerhalb der engen Grenzen der Schweiz erarbeiteten Leistungen wirkten weit über die Heimat ins Ausland und bezeugen über das Künstlerische hinaus den kulturpolitischen Beitrag Oskar Wälterlins zur Strahlkraft des Schweizer Theaters.

Anmerkungen

Prolog

1 Dieser weittragende Einfluss der österreichischen Tradition gerade auf Ost- und Südosteuropa wird in Heinz Kindermann *Theatergeschichte Europas*, Bd. 10, Salzburg 1974, reich belegt.
2 Siehe hierzu Myron Matlaw *Modern World Drama*, New York 1972, p. 742.
3 Zu dieser Impulsgebung siehe Eugen Müller *Schweizer Theatergeschichte*, Zürich 1944, passim.
4 Siehe hierzu besonders Walther R. Volbach *Adolphe Appia. Prophet of the Modern Theatre*, Wesleyan University Press, 1968, p. 144 ff.
5 Vgl. hierzu etwa die auf dem amerikanischen Kontinent am weitesten verbreitete Theatergeschichte von Oscar G. Brockett *History of the Theatre*, Boston 1977, p. 553.
6 Keiner hat diesen Beitrag Wälterlins zum Schauspielhaus während der Kriegsjahre besser beschrieben als Günther Schoop in *Das Zürcher Schauspielhaus im Zweiten Weltkrieg*, Zürich 1957.
7 Über den nur sehr langsamen, stockenden Wiederbeginn auf der amerikanischen Bühne berichtet Peter Bauland in *The Hooded Eagle: Modern German Drama on the New York Stage*, Syracuse University Press, 1968, besonders p. 159 ff.
8 Diesen letztgenannten Punkt hat Wälterlin im Gespräch immer wieder und mit Nachdruck betont.
9 Zur Quellenlage siehe die Bibliographie am Ende des Bandes.

1. Kindheit und Jugend

1 Unbedingte Treue zu Freunden blieb ein lebenslanges Kennwort seines Charakters. Siehe hierzu die verschiedenen Hinweise in den Gedenkreden, die in der Broschüre *Oskar Wälterlin*, Zürich 1961, gesammelt sind.
2 Wälterlins sorgfältig ausgeführtes, unveröffentlichtes Tagebuch war einer der Versuche, durch die genaue schriftliche Erfassung dieser prägenden Vielfalt des Alltags beizukommen.

3 Siehe hierzu Oskar Wälterlin *Bekenntnis zum Theater,* Zürich 1955, p. 38, mit dem Verweis auf die «Poeten der Romantik».
4 In bezug auf seine eigenen Versuche in Prosa hat Wälterlin wiederholt auf den Einfluss von Adalbert Stifter und Gottfried Keller hingewiesen.
5 Über diese stark nachwirkenden musikalischen Jugendeindrücke berichtet Oskar Wälterlin in der Schrift *Entzaubertes Theater,* Zürich 1945, p. 22.
6 Vgl. hierzu den Aufsatz «Mein Weg zum Theater», in *Bekenntnis zum Theater,* a.a.O., p. 38 ff., der auch die ganz frühen Theatereindrücke aufführt.
7 Als Mitglied der Theaterkommission vermittelte Zinkernagel dem Studenten Wälterlin die ersten Aufträge für die Theaterzeitung, die schon bald zu einem wichtigen Forum für den jungen Basler werden sollte.
8 In *Bekenntnis zum Theater,* a.a.O., p. 39 hat Wälterlin diese spielerischen Versuche treffend als «lustige und übermütige Theaterkultur» gekennzeichnet.
9 Siehe hierzu die Dankesbezeugung an Isailowits in ibid., p. 41.
10 Vgl. hierzu Günther Schoop, op. cit., passim, aber besonders p. 54 ff.
11 Diese Gabe zur Freundschaft ist in den Gedenkblättern von *Bekenntnis zum Theater,* a.a.O., p. 44 ff. schön bezeugt.

2. Anfänge in Basel

1 Zu den verschiedenen Umbauplänen siehe besonders K. G. Kachler *Das Stadttheater Basel. Einst und Jetzt, 1807-1975,* Bern 1975, p. 149 ff.
2 Zu dieser vermittelnden, die Gegensätze überbrückenden Rolle siehe etwa *Bekenntnis zum Theater,* a.a.O., p. 27 ff.
3 Siehe hierzu die später, 1954, formulierten Überlegungen in ibid., p. 100 ff., unter dem Titel «Die Arbeit mit dem Darsteller».
4 Vgl. hierzu das Gedenkblatt für Moissi in ibid., p. 47 ff.
5 Oskar Wälterlin *Johann Peter Hebel: Prosa und Gedichte,* Freiburg im Breisgau, 1961.
6 Siehe hierzu die Würdigung von Oskar Wälterlins *Barbier* in der Basler «National Zeitung» vom 6. September 1923.
7 Aus dem umfangreichen Schrifttum zu Appia sei hier neben der schon erwähnten Arbeit von Walther R. Volbach auf Denis Bablet *Esthétique Générale du Décor de Théâtre 1870-1914,* Paris 1965, hingewiesen.
8 Siehe hierzu seine frühen Ausführungen zu Appias Reform in der Basler «Theaterzeitung», Nr. 11 und 12, Spielzeit 1924/25, und dann besonders *Bekenntnis zum Theater,* a.a.O., p. 12 ff., wo Wälterlin hinter allem Mythologischen, oder bloss Historisierenden den

menschlichen Kern im *Ring* herauszuschälen versuchte, und damit vom Inszenatorischen her Appias Rückführung im Szenenbild genau entsprach.

[9] Vgl. hierzu Bablet, op. cit., p. 237ff.
[10] ibid., p. 267ff.
[11] ibid., p. 260ff.
[12] Vgl. hierzu *Entzaubertes Theater*, a.a.O., p. 17: «Den Gesetzen des menschlichen Körpers, der plastisch sich im Raume bewegt, musste alles angepasst werden.»
[13] Siehe hierzu Gabriel Dalcroze «Appia et Jaques-Dalcroze», *Journal de Genève*, 20. Juni 1962.
[14] Eine kluge und notwendige Abgrenzung zu Richard Wagners Idee vom Gesamtkunstwerk unternimmt Denis Bablet in op. cit., p. 247 f.
[15] So hatte Wälterlin etwa in der Spielzeit 1923/24 in *Tristan und Isolde* versucht, einige von Appias Forderungen in die praktische Bühnenarbeit zu übertragen.
[16] Vgl. hierzu Bablet, op. cit., p. 267ff.
[17] Siehe hierzu *Entzaubertes Theater*, a.a.O., p. 16ff.
[18] Siehe hierzu eine Photographie dieser eindrücklichen Szene in Volbach, op. cit., p. 155.
[19] Vgl. hierzu Edmund Stadler «Adolphe Appia und Emile Jaques-Dalcroze», *Maske und Kothurn*, Bd. 10, Nr. 3–4, 1964.
[20] Karl Reyles Rezensionen erschienen im «Berner Tagblatt» vom 6. Dezember 1924 *(Das Rheingold)* und vom 5. Februar 1925 *(Die Walküre)*.
[21] «Basler Nachrichten» vom 22. November 1924 *(Das Rheingold)* und 2. Februar 1925 *(Die Walküre);* «National Zeitung» vom 22. November 1924 *(Das Rheingold)* und 2. Februar 1925 *(Die Walküre)*.
[22] «Basler Volksblatt» vom 23. November 1924 *(Das Rheingold)* und 2. Februar 1925 *(Die Walküre)*.
[23] Siehe hierzu die inzwischen eingegangene «Rundschau-Bürgerzeitung» vom 23. Januar, 6. Februar, 27. Februar und 9. April 1925.
[24] Vgl. hierzu die Erklärung der Direktion in der «Theaterzeitung» Nr. 28 der Spielzeit 1924/25.
[25] Ein kluges, abgewogenes Urteil erschien etwa in den «Basler Nachrichten» vom 12. Februar 1925.
[26] Vgl. hierzu die gesammelten Spielplan-Aufstellungen in Fritz Weiss *Das Basler Stadttheater 1834–1934*, Basel 1934.
[27] Alle wichtigen Nachrufe haben es denn auch nicht verfehlt, auf diese Leistung hinzuweisen. Siehe etwa die Basler «National Zeitung» vom 6. April 1961.
[28] Zu den Umständen von Wälterlins Weggang von Basel siehe auch Martin Schmassmann *Das Basler Stadttheater*, Diss. Wien 1970, p. 97 ff.

3. Zwischenspiel in Frankfurt

1. Siehe hierzu die Zusammenstellung in *Bekenntnis zum Theater,* a.a.O., p. 187f., unter der Rubrik «Auswärtige Gastspiele».
2. Besonders wertvoll erweist sich hier die Monographie von Albert R. Mohr *Die Frankfurter Oper 1924–1944,* Frankfurt 1966.
3. Zu Meissners Leistung siehe Albert R. Mohr *Hans Meissner und das Frankfurter Theater,* Frankfurt 1968.
4. In eine ganz ähnliche Richtung zielten die Bemühungen von Wälterlins Mentor Ernst Lert. Siehe hierzu etwa Lerts Buch *Mozart auf dem Theater,* Berlin 1918.
5. Vgl. dazu etwa die Rezension im «Frankfurter Generalanzeiger» vom 6. April 1936.
6. Siehe etwa die überschwengliche Rezension im «Frankfurter Generalanzeiger» vom 12. April 1937.
7. Zu Ludwig Sievert siehe besonders Carl Niessen *Der Szeniker Ludwig Sievert,* Köln 1959.
8. Zu Werner Egk siehe Ernst Krause *Werner Egk. Oper und Ballett,* Wilhelmshaven 1971.
9. Vgl. hierzu die ausführliche und abgewogene Besprechung in der «Frankfurter Neuesten Zeitung» vom 23. Mai 1935.
10. Siehe hierzu etwa die «Rhein-Mainische Volkszeitung» vom 19. Mai 1934.
11. Aus der umfangreichen Literatur zu Orff sei hier besonders auf Andreas Liess *Carl Orff. Idee und Werk,* Zürich 1955, hingewiesen.
12. Zu einer Photographie von Sieverts Arbeit an den *Carmina Burana* siehe *Die Frankfurter Oper 1924–1944,* a.a.O., p. 643.
13. Siehe hierzu etwa die einflussreiche «Frankfurter Zeitung» vom 10. Juni 1937.
14. Aus der umfangreichen Literatur zum Thema sei hier besonders auf Josef Wulf *Theater und Film im Dritten Reich,* Gütersloh 1966, verwiesen.

4. Die Bastion Zürich

1. Zu der Rolle der Oper als Fluchtort, als Reservat, ja als Katakombe vor dem Zugriff der Machthaber siehe Wälterlins Beobachtungen in *Bekenntnis zum Theater,* a.a.O., p. 109.
2. Die Literatur zu diesem Theater ist mittlerweile stark angewachsen. Den besten Beitrag gerade zur Intendanz Wälterlins bietet dabei Günther Schoop in op. cit.
3. Zu Reuckers Arbeit in der Schweiz siehe besonders Guido Frei *Das Zürcher Stadttheater unter der Direktion Alfred Reucker 1901–1921,* Innsbruck 1951.

4   Ein lebendiges, wenn auch zuweilen ein wenig zu romanhaft ausgeschmücktes Profil von Rieser vermittelt Curt Riess in *Sein oder Nichtsein*, Zürich 1963.
5   Wälterlin selber hat seinem Freund Oprecht in einem Nachruf ein schönes Denkmal gesetzt. Siehe hierzu *Bekenntnis zum Theater*, a.a.O., p. 176 ff.
6   Vgl. hierzu Schoop, op.cit., p. 16 ff., mit dem Kapitel «Die baugeschichtliche Entwicklung des Pfauentheaters und seine Bühnentechnik».
7   Kein Historiker hat diesen ungeheuren Druck auf die Schweiz genauer und fesselnder beschrieben als Edgar Bonjour in seiner umfangreichen *Geschichte der Schweizerischen Neutralität*, Basel 1967 ff.
8   Siehe hierzu besonders ibid., Bd. IV, p. 385 ff., und Bd. VII, p. 197 ff.
9   Vgl. Curt Riess, op.cit., besonders p. 121, mit dem Hinweis auf die frühe Drohung der Frontisten, das Theater in Brand zu stecken.
10 Die Zeugnisse ihrer Freundschaft sind zahlreich. Siehe aber besonders den Nachruf Teo Ottos auf seinen engen, langjährigen Mitarbeiter in der Gedenkschrift *Oskar Wälterlin*, a.a.O., p. 12 ff.
11 Vgl. hierzu die Ausführungen Erwin Parkers in ibid., p. 15 ff.
12 Vgl. hierzu ibid., p. 5 ff., wo Kurt Hirschfeld, der als Chefdramaturg und Vizedirektor Wälterlin genau kannte, ein lebendiges Bild seines Mitarbeiters zeichnet.
13 Siehe hierzu Werner Meier «Zwanzig Jahre Theaterfinanzen», in *Beiträge zum zwanzigjährigen Bestehen der Neuen Schauspiel AG.*, Zürich 1959, p. 163 ff.
14 Vgl. hierzu Curt Riess, op.cit., p. 213, mit dem Hinweis auf Wälterlins Ablehnung jedes einseitig politischen Spielplanes.
15 Siehe hierzu Wälterlins Vorwort in der anlässlich der Spielzeiteröffnung von 1942/43 publizierten Broschüre.
16 Diese Episode ist allen Augenzeugen unvergessen geblieben. Siehe hierzu etwa Ernst Ginsbergs Erinnerung, zitiert in *Beiträge ...*, a.a.O., p. 159.
17 Zu dieser politisch motivierten Stückwahl siehe Curt Riess, op.cit., p. 214 ff.
18 Zur politischen Sprengkraft von Wälterlins *Tell*-Inszenierung in der Spielzeit 1938/39 siehe ibid., p. 220 ff.
19 Noch Monate nach der Premiere vermochte das Stück die Gemüter zu erregen. Vgl. hierzu den Bericht in der «Tat» vom 13. Juni 1944.
20 Vgl. hierzu die statistischen Aufstellungen in Günther Schoop, op.cit., p. 214 ff. und die verschiedentlichen Hinweise auf die «Schweizer Wochen», die junge, noch unerprobte Autoren vorstellten.

[21] Vgl. hierzu die ausführliche Besprechung in den «Neuen Zürcher Nachrichten» vom 14. Februar 1944.
[22] Siehe hierzu die gesammelten Zeitungsattacken im Archiv des Schauspielhauses, wobei sich die Artikel in der «Front» als besonders gehässig erweisen.
[23] Vgl. hierzu Günther Schoop, op.cit., p. 65.
[24] Wälterlin selber hat oft den militärischen Begriff der Bastion oder des Réduit gebraucht, um die besondere Aufgabe des Schauspielhauses während der Kriegsjahre zu kennzeichnen. Siehe etwa *Bekenntnis zum Theater*, a.a.O., p. 136.

5. Direktor am Pfauentheater

[1] Siehe hierzu Wälterlins Begleitworte zur ersten Spielzeit nach dem Krieg in *Bekenntnis zum Theater*, a.a.O., p. 106 f.
[2] Zu diesem Kräftespiel von Druck und Gegendruck in der neueren Schweizer Geschichte siehe besonders Edgar Bonjour in op.cit., passim.
[3] Siehe hierzu etwa *Theater im Exil 1933–1945*, hg. von Walter Huder, Berlin 1973, p. 63, wo auf den mutigen Einsatz des «Cornichon» und der «Pfeffermühle» verwiesen wird.
[4] Vgl. hierzu den Aufsatz von Elisabeth Brock-Sulzer in «Theater Heute», Heft 9, September 1964, p. 20 ff., mit dem Titel «Das Haus am Pfauen».
[5] Der an der «Tat» wirkende Bernhard Diebold schien Wälterlin hierbei als das Beispiel eines unabhängigen, ja eigenwilligen, harten, aber immer gerechten Kritikers, der seine Verantwortung voll wahrnahm.
[6] Vgl. hierzu etwa Max Frischs Würdigung dieser aktiven Dramaturgie in Max Frisch *Gesammelte Werke*, Bd. 5, Frankfurt 1976, p. 355 ff.
[7] Zu Kurt Hirschfeld siehe besonders *Theater. Wahrheit und Wirklichkeit. Freundesgabe zum 60. Geburtstag von K. H.*, Zürich 1962.
[8] Hirschfeld hat wiederholt auf die vielen, langen Gespräche mit Brecht hingewiesen, die das Ziel hatten, den Begriff der Komödie schärfer zu umreissen.
[9] Siehe hierzu den Aufsatz von K. G. Kachler «Shakespeare auf den Berufsbühnen der deutschsprechenden Schweiz», in *Shakespeare und die Schweiz*, hg. von Edmund Stadler, Bern 1964, p. 141 ff.
[10] Über die Wirkung eines einzelnen Stückes als Eisbrecher des deutschsprachigen Nachkriegsdramas siehe Michael Peter Loeffler *Friedrich Dürrenmatts «Der Besuch der Alten Dame» in New York*, Basel 1976, besonders p. 21 ff.

11 Siehe hierzu etwa die Dankesbezeugung durch Max Frisch in *Theater. Wahrheit und Wirklichkeit,* a.a.O., p.79ff.
12 Vgl. hierzu Werner Wollenbergers Lebensbild von *Heinrich Gretler,* Zürich 1978.
13 Zu den Widerständen gegen die Heranbildung einer wahrhaft demokratisch offenen Zuschauerschaft siehe Hans Daiber *Deutsches Theater seit 1945,* Stuttgart 1976, p.52.
14 Vgl. hierzu die Würdigung des mit dem Schauspielhaus so eng verbundenen J.R. von Salis, in *Oskar Wälterlin,* a.a.O., p.19ff.

6. Der Regisseur

1 Zu diesem natürlichen Hineinwachsen in die Regie siehe das Kapitel «Vom Schauspieler zum Regisseur» in *Bekenntnis zum Theater,* a.a.O., p.93.
2 Vgl. hierzu Wälterlins Dankeswort an Ernst Lert in ibid., p.93f.
3 Zusammen mit den Gedenkreden von Felix Salten, Wolfgang Langhoff und Eugen Jensen erschien Wälterlins Nachruf in der Schrift *In Memoriam Max Reinhardt,* Zürich 1944, p.5ff.
4 Wälterlin hat es immer bedauert, dass keines seiner weiteren Filmprojekte, besonders *Der Taugenichts* nach Eichendorff, zur Ausführung gelangen konnte.
5 Vgl. hierzu Elisabeth Brock-Sulzer «Shakespeare-Pflege am Schauspielhaus Zürich», in *Jahrbuch der Deutschen Shakespeare Gesellschaft,* Bd.89, 1953, p.162ff.
6 Siehe hierzu Wälterlins dramaturgische Grundsatzerklärung im Programmheft Nr.2 des Schauspielhauses, Zürich 1939.
7 Vgl. hierzu besonders das Kapitel «Vom Buch zur Bühne», in *Bekenntnis zum Theater,* a.a.O., p.98ff.
8 ibid., p.100ff., mit dem Kapitel «Die Arbeit mit dem Darsteller».
9 Zu einer Rezension dieser Leistung Wälterlins als Sprecher siehe die Basler «National Zeitung» vom 10.April 1961.
10 Vgl. dazu *Bekenntnis zum Theater,* a.a.O., p.97f.
11 Eine treffende, auf genauer Kenntnis beruhende Abgrenzung unternimmt Günther Schoop in op.cit., p.147ff.
12 ibid., p.152.
13 Siehe hierzu die schon vom Titel her bezeichnende Schrift *Entzaubertes Theater,* a.a.O., besonders p.52f.
14 Seine Vorbehalte gegenüber Wälterlins *Maria Stuart* sind Teil der Kritik, die am 20.September 1940 in der «Tat» erschien.
15 Siehe hierzu besonders den Beitrag von E.F. Knuchel in *Die Basler Festspiele 1923-1951,* Basel 1955, p.13ff.
16 Vgl. hierzu Wälterlins Überlegungen in «Randglossen zur Shakespeare-Inszenierung», in *Jahrbuch der Deutschen Shakespeare Gesellschaft,* Bd.93, 1957, p.128ff.

[17] Wie entschieden gerade das szenische Element hinter diesem humanistischen Anspruch zurücktrat, beweist das Modell zu *Romeo und Julia* in Teo Otto *Meine Szene*, Köln 1965, Bildteil.

[18] Vgl. hierzu die treffenden Ausführungen in Heinz Beckmanns *Thornton Wilder*, Hannover 1966, besonders das Kapitel «Das Werk auf der Bühne», p. 108 ff.

[19] Wälterlin selber hat sein Verhältnis zur Dramenwelt Thornton Wilders in *Bekenntnis zum Theater*, a.a.O., p. 73 ff. zu umschreiben versucht.

[20] Dürrenmatt hat Wälterlins Arbeit mit der *Alten Dame* als eine grosse Leistung gelobt; siehe hierzu die «Basler Zeitung» vom 9. Juni 1977.

[21] Wie eng sich später Regisseure, auch so eigenwillige Persönlichkeiten wie Peter Brook, an Wälterlins Interpretation der *Alten Dame* anlehnten, beschreibt Michael Peter Loeffler in op. cit., p. 65 ff.

[22] Vgl. dazu Wälterlins Überlegungen zum Stück im Programmheft der Zürcher Uraufführung, Spielzeit 1955/56, Nr. 10.

[23] Erst Lynn Fontanne, die grosse amerikanische Schauspielerin, hat sich von diesem Modell gelöst. Siehe hierzu Michael Peter Loeffler, op. cit., p. 92 ff.

[24] Auch für die legendäre New Yorker Aufführung schuf Teo Otto das Bühnenbild, wenn auch mit Akzentverlagerungen. Siehe hierzu ibid., p. 103 ff.

[25] Siehe hierzu Elisabeth Brock-Sulzer in «Die Tat» vom 7. April 1961.

7. Der Autor

[1] Die Eintragungen in ausländischen Nachschlagewerken bestätigen dies. Siehe etwa Silvio d'Amico *Enciclopedia dello Spettacolo*, Bd. 9, Rom 1962, p. 1836 f.

[2] Eine nützliche Auswahl dieser kleineren Schriften ist in Oskar Wälterlin *Bekenntnis zum Theater*, a.a.O., gesammelt.

[3] Abgedruckt in der «Theaterzeitung», dem offiziellen Organ des Basler Stadttheaters, Nr. 1, Jahrgang 1925/26.

[4] In *Bekenntnis zum Theater*, a.a.O., p. 56 ff.

[5] ibid., p. 30 ff.

[6] Das Basler Literaturarchiv (BLA) der dortigen Universitätsbibliothek enthält eine gute Sammlung von Wälterlins veröffentlichten und unveröffentlichten Arbeiten, so auch *Das Gasthaus zu den drei Königen* in Maschinenschrift.

[7] Siehe hierzu die «Basler Nachrichten» vom 9. März 1936 und die «National Zeitung» vom gleichen Datum.

[8] Ernst Kunz hat in der «National Zeitung» vom 28. Februar 1937 sein Vorhaben genauer erläutert.

9   Siehe hierzu besonders die Vorbehalte der «National Zeitung» vom 1. März 1937.
10 Vgl. die «Basler Nachrichten» vom 1. März 1937.
11 Oskar Wälterlin *Papst Gregor VII*, Basel 1932.
12 Siehe hierzu die «National Zeitung» vom 3. Dezember 1931.
13 Vgl. hierzu besonders die «Basler Nachrichten» vom 3. Dezember 1931.
14 Oskar Wälterlin *Henri G. Dufour*, Zürich 1948.
15 Zu dieser politischen Interpretation des Stückes siehe etwa die «Neue Zürcher Zeitung» vom 4. Oktober 1948.
16 Oskar Wälterlin *Das Andere Leben*, Zürich 1943.
17 Zur Aufnahme in der Presse siehe die «Basler Nachrichten» vom 28. März 1927 und die «National Zeitung» vom gleichen Datum.

Epilog

1   So haben natürliche Treue und klug abwägende Taktik Wälterlin die beruflichen Bindungen an Basel auch nach dem Abschied von 1932 nie ganz abbrechen lassen. Als Autor, Regisseur und interimistischer Leiter des Schauspiels (1942–1944) bezeugte er sein Interesse am Gedeihen jenes Theaters, an dem er begonnen hatte.
2   Über diese sich jahrelang hinstreckenden Vorbereitungen zum Neubau berichtet K. G. Kachler in *Das Stadttheater Basel. Einst und Jetzt*, a.a.O., besonders p. 173 ff.
3   Zu dieser nach all den Zürcher Jahren wieder mächtig erwachten Liebe zur Oper siehe Elisabeth Brock-Sulzer in ihrem Nachruf auf Wälterlin in der «Tat» vom 7. April 1961.
4   Die Aufführung von Alessandro Scarlattis *Tigrane* in der Spielzeit 1968/69 war das Ergebnis einer engen Zusammenarbeit zwischen dem Stadttheater und dem Musikwissenschaftlichen Institut der Universität Basel und ging ganz ursprünglich auf eine Anregung Wälterlins zurück.
5   In Hamburg ist Liebermann dieses schwierige Gleichgewicht zwischen künstlerischem Mut und geschäftlichem Erfolg gelungen. Siehe dazu Irmgard Scharberth *Musiktheater mit Rolf Liebermann. Der Komponist als Intendant*, Hamburg 1975.
6   Siehe hierzu etwa die Arbeit Armin Hofmanns für den *König Oedipus* des Sophokles in der Spielzeit 1961/62.
7   Als Beispiel dieses Typus hat Wälterlin immer wieder Ernst Ginsberg genannt, den er aus der Zürcher Zeit gut kannte.
8   Vgl. hierzu besonders die Ausführungen von Teo Otto in *Oskar Wälterlin*, a.a.O., p. 12 ff.
9   Eine Auswahl der wichtigsten dieser Würdigungen ist in der nachfolgenden Bibliographie angeführt.

Bibliographie

Das vorliegende Lebensbild Oskar Wälterlins konnte auf einem reichhaltigen und sehr vielgestaltigen Quellenmaterial aufbauen, wobei sich die Fülle der Zeugnisse in drei Hauptgruppen einteilen lässt. Die erste wichtige Gruppe bilden alle im Druck erschienenen Zeugnisse; die weite Spanne reichte hier von der flüchtig hingeworfenen Programmnotiz zum sorgfältig ausgearbeiteten Buch, von der Rezension in der Tageszeitung über den Zeitschriftenaufsatz zum Roman. Dieses gedruckte Quellengut von und über Wälterlin wurde durch das Material in Manuskriptform, die zweite Hauptgruppe, wertvoll ergänzt. Zugang und Einsicht in Briefe und Tagebücher etwa wurden dem Verfasser in fast allen Fällen grosszügig gewährt. Gerade diese oft sehr privaten Aufzeichnungen liessen den Menschen Wälterlin lebendig werden. Den Helfern gilt deshalb ein besonderer Dank. Ein Dank aber auch an all jene, die zur dritten Hauptgruppe, dem persönlichen Gespräch, beitrugen. Ohne ihre willige Bereitschaft, dem Unternehmen zu dienen, wäre das Profil in dieser Form kaum gelungen.

Die nachfolgende Bibliographie soll dem interessierten Leser Hinweise zum direkt zugänglichen Quellenmaterial geben. Sie beschränkt sich deshalb auf die erste Hauptgruppe, die gedruckten Zeugnisse. In streng alphabetischer Folge umfasst sie alle in Text und Anmerkung erwähnten Schriften und darüberhinaus eine Auswahl wichtiger Texte zu Oskar Wälterlin. So ist zu hoffen, dass die vorliegende Arbeit auch als bibliographisches Hilfsmittel ihre guten Dienste tut.

A

d'Amico, Silvio (et al.). *Enciclopedia dello Spettacolo*, Rom 1954ff.
Appia, Adolphe. *La Mise-en-scène du drame wagnérien*, Paris 1895.
Appia, Adolphe. *L'Oeuvre d'art vivant*, Genf 1921.
Appia, Adolphe. «Notes de Mise-en-Scène pour *L'Anneau de Nibelungen*», in *Revue d'Histoire du Théâtre*, Nr. 1-2, 1954.
Appia, Adolphe. *La musique et la mise-en-scène*, Schweizer Theater-Almanach XIII, Bern 1963.

B

Bablet, Denis. *Esthétique Générale du Décor de Théâtre, 1870–1914*, Paris 1965.

Bauland, Peter. *The Hooded Eagle: Modern German Drama on the New York Stage*, Syracuse University Press 1968.

Beckmann, Heinz. *Nach dem Spiel. Theaterkritiken 1950–1962*, München 1963.

Beckmann, Heinz. *Thornton Wilder*, Hannover 1966.

Bonjour, Edgar. *Geschichte der Schweizerischen Neutralität*, Basel 1967 ff.

Brock-Sulzer, Elisabeth. «Shakespeare-Pflege am Schauspielhaus Zürich», in *Jahrbuch der Deutschen Shakespeare Gesellschaft*, Bd. 89, 1953.

Brock-Sulzer, Elisabeth. «Oskar Wälterlin 65», in *Deutsche Zeitung*, 30. August 1960.

Brock-Sulzer, Elisabeth. «Zum Tod Oskar Wälterlins», in *Die Tat*, 7. April 1961.

Brock-Sulzer, Elisabeth. «Die Trauerfeier für Oskar Wälterlin», in *Die Tat*, 12. April 1961.

Brock-Sulzer, Elisabeth. «Das Haus am Pfauen», in *Theater Heute*, Heft 9, September 1964.

Brockett, Oscar G. *History of the Theatre*, Boston 1977.

C

Cron, Joseph. *Das Rheingold*, in «Basler Volksblatt», 23. November 1924.

Cron, Joseph. *Die Walküre*, in «Basler Volksblatt», 2. Februar 1925.

D

Daiber, Hans. *Deutsches Theater seit 1945*, Stuttgart 1976.

Dalcroze, Gabriel. «Appia et Jaques-Dalcroze», in *Journal de Genève*, 20. Juni 1962.

Diebold, Bernhard. «*Maria Stuart* am Schauspielhaus», in *Die Tat*, 20. September 1940.

Dürrenmatt, Friedrich. *Theater-Schriften und Reden*, hg. von Elisabeth Brock-Sulzer, Zürich 1966.

Dürrenmatt, Friedrich. «Nachdenken mit und über Friedrich Dürrenmatt», in *Basler Zeitung*, 9. Juni 1977.

E

Eberle, Oskar. «Was heisst: Schweizerische Festspiele?», in *Jahrbuch VI. der Schweizerischen Gesellschaft für Theaterkultur*, Luzern 1934.

Ehinger, Hans. «Zum Tode von Oskar Wälterlin», in *Basler Nachrichten*, 6. April 1961.

F

Franzen, Erich. «*Der Besuch der Alten Dame* in Zürich», in *Frankfurter Allgemeine Zeitung*, 8. Februar 1956.

Frei, Guido. *Das Zürcher Stadttheater unter der Direktion Alfred Reucker 1901-1921*, Innsbruck 1951.

Frey, Hans-Jost. «*Mandragola* am Schauspielhaus», in *Schweizer Monatshefte*, Nr. 7, 1960.

Frisch, Max. «Rede zum Tod von Kurt Hirschfeld», in *Gesammelte Werke*, Bd. 5, Frankfurt 1976.

H

Herzog, Friedrich H. «Adolphe Appia in Basel», in *Das Theater*, Bd. 6, Nr. 9, 1925.

Hirschfeld, Kurt. «Probleme des modernen Theaters», in *National Zeitung*, 1. Dezember 1944.

Hirschfeld, Kurt (et al.). *Beiträge zum zwanzigjährigen Bestehen der Neuen Schauspiel AG.*, Zürich 1959.

Hirschfeld, Kurt (et al.). *Oskar Wälterlin*, Zürich 1961.

Hirschfeld, Kurt. *Theater, Wahrheit und Wirklichkeit. Freundesgabe zum 60. Geburtstag von K. H.*, Zürich 1962.

Hölscher, E. «Der Bühnenbildner Teo Otto», in *Gebrauchsgraphik*, Nr. 7, 1954.

Huder, Walter (Hg.). *Theater im Exil 1933-1945*, Berlin 1973.

Hürlimann, Martin (Hg.). *Das Atlantisbuch des Theaters*, Zürich 1966.

Hui, Franz. *Das Rheingold*, in «Basler Anzeiger», 22. November 1924.

Hui, Franz. *Die Walküre*, in «Basler Anzeiger», 3. Februar 1925.

Hui, Franz. *Prometheus*, in «Basler Anzeiger», 12. Februar 1925.

J

Jacobi, Johannes. «*Der Besuch der Alten Dame* in Zürich», in *Die Welt*, 3. Februar 1956.

K

Kachler, K. G. «Shakespeare auf den Berufsbühnen der deutschsprechenden Schweiz», in *Shakespeare und die Schweiz*, hg. von Edmund Stadler, Bern 1964.

Kachler, K. G. *Das Stadttheater Basel. Einst und Jetzt, 1807-1975*, Bern 1975.

Kaiser, Joachim. «Zur Uraufführung von *Frank V*», in *Süddeutsche Zeitung*, 23. März 1959.

Kindermann, Heinz. *Theatergeschichte Europas*, Salzburg 1957 ff.

Knuchel, E. F. «Oskar Wälterlin zum 60. Geburtstag», in *Basler Nachrichten*, 29. August 1955.

Korn, Karl. «*Frank V* in Zürich», in *Frankfurter Allgemeine Zeitung*, 23. März 1959.

Krause, Ernst. *Werner Egk. Oper und Ballett,* Wilhelmshaven 1971.
Krull, Edith. *Wolfgang Langhoff,* Berlin 1962.
Kunz, Ernst. «Gespräch mit Ernst Kunz», in *National Zeitung,* 28. Februar 1937.

L

Leber, Hugo. «Pfauenbühne 78», in *Basler Zeitung,* 15. Dezember 1977.
Lert, Ernst. *Mozart auf dem Theater,* Berlin 1918.
Lert, Ernst. «Staging *The Ring of the Nibelung*», in *The Wagner Quarterly,* Bd. 1, Nr. 1, 1937.
Liebermann, Rolf. «Oper in der Demokratie», in *Theater. Wahrheit und Wirklichkeit. Freundesgabe zum 60. Geburtstag von Kurt Hirschfeld,* Zürich 1962.
Liess, Andreas. *Carl Orff. Idee und Werk,* Zürich 1955.
Linder, Hans R. «Abschied von Oskar Wälterlin», in *National Zeitung,* 10. April 1961.
Linder, Hans R. «Ein Vermächtnis: Wälterlin liest Hebel», in *National Zeitung,* 10. April 1961.
Lindtberg, Leopold. *Reden und Aufsätze,* hg. von Christian Jauslin, Zürich 1972.
Loeffler, Michael Peter. *Friedrich Dürrenmatts «Der Besuch der Alten Dame» in New York,* Basel 1976.
Loetscher, Hugo. «Das Regiment des Doktor Wälterlin», in *Deutsche Zeitung* vom 6. September 1958.

M

Marotti, Ferruccio. *La Scena di Adolphe Appia,* Rom 1966.
Matlaw, Myron. *Modern World Drama,* New York 1972.
Merian, Wilhelm. *Das Rheingold,* in «Basler Nachrichten», 22. November 1924.
Merian, Wilhelm. *Die Walküre,* in «Basler Nachrichten», 2. Februar 1925.
Mohr, Albert R. *Die Frankfurter Oper 1924-1944,* Frankfurt 1966.
Mohr, Albert R. *Hans Meissner und das Frankfurter Theater,* Frankfurt 1968.
Müller, Eugen. *Schweizer Theatergeschichte,* Zürich 1944.

N

Niessen, Carl. *Der Szeniker Ludwig Sievert,* Köln 1959.

O

Oesch, Hans. «Interview mit Dr. Oskar Wälterlin», in *National Zeitung* vom 17. September 1960.

Otto, Teo. «Rückblick», in *Beiträge zum zwanzigjährigen Bestehen der Neuen Schauspiel AG.,* Zürich 1959.

Otto, Teo. «Zürich», in *Theater. Wahrheit und Wirklichkeit. Freundesgabe zum 60. Geburtstag von Kurt Hirschfeld,* Zürich 1962.

Otto, Teo. *Meine Szene,* Köln 1965.

R

Reyle, Karl. «*Das Rheingold* in Basel», in *Berner Tagblatt,* 6. Dezember 1924.

Reyle, Karl. «*Die Walküre* in Basel», in *Berner Tagblatt,* 5. Februar 1925.

Reyle, Karl. «Als der Appia-*Ring* zersprang», in *National Zeitung,* 18. November 1961.

Riess, Curt. *Sein oder Nichtsein. Der Roman eines Theaters,* Zürich 1963.

S

Scharberth, Irmgard. *Musiktheater mit Rolf Liebermann. Der Komponist als Intendant,* Hamburg 1975.

Schmassmann, Martin. *Das Basler Stadttheater,* Diss. Wien 1970.

Schoop, Günther. *Das Zürcher Schauspielhaus im Zweiten Weltkrieg,* Zürich 1957.

Schoop, Günther. «Das Ende einer schweizerischen Theaterepoche. Zum Tode Oskar Wälterlins», in *Maske und Kothurn,* Heft 4, 1961.

Schwabe, Rudolf (et al.). *Die Basler Festspiele, 1923-1951. Festschrift zu Oskar Wälterlins 60. Geburtstag,* Basel 1955.

Schwabe, Rudolf (et al.). *Stadttheater Basel 1834-1934-1959. Eine Festschrift,* Basel 1959.

Schwabe, Rudolf. «Oskar Wälterlin (1895-1961)», in *Basler Stadtbuch 1962.*

Seelig, Carl. «Notizen über Oskar Wälterlin», in *National Zeitung,* 29. August 1955.

Seelig, Carl. «Oskar Wälterlins letzte Inszenierung», in *National Zeitung,* 10. April 1961.

Seelmann-Eggebert, Ulrich. «Dramen von Exilautoren auf schweizerischen Bühnen 1933-45», in *National Zeitung,* 31. August 1969.

Stadler, Edmund. *Das schweizerische Bühnenbild von Appia bis heute,* Zürich 1949.

Stadler, Edmund. «Adolphe Appia und Oskar Wälterlin», in *Neue Zürcher Zeitung,* 26. Mai 1963.

Stadler, Edmund. «Adolphe Appia und Emile Jaques-Dalcroze», in *Maske und Kothurn,* Bd. 10, Nr. 3-4, 1964.

V

Volbach, Walther R. *Adolphe Appia. Prophet of the Modern Theatre,* Wesleyan University Press 1968.

W

K. W. «Oskar Wälterlin. Theaterdirektor und Regisseur», in *Volksrecht* (Zürich), 30. August 1955.

Wächter, H. C. *Theater im Exil, 1933–1945,* München 1973.

Wälterlin, Oskar. *Schiller und das Publikum,* Basel 1918.

Wälterlin, Oskar. «Adolphe Appia», in *Theaterzeitung,* Nr. 11, Spielzeit 1924/25.

Wälterlin, Oskar. «Die Ringinszenierung», in *Theaterzeitung,* Nr. 12 und Nr. 23, Spielzeit 1924/25.

Wälterlin, Oskar. *Adolphe Appia und die Neugestaltung von Wagners «Ring»,* Basel 1925.

Wälterlin, Oskar. «Begrüssung der Mitglieder», in *Theaterzeitung* Nr. 1, Spielzeit 1925/26.

Wälterlin, Oskar. *Die Sendung,* Basel 1927.

Wälterlin, Oskar (et al.). *Das Mozartfest der Stadt Basel. Eine Festschrift,* Basel 1930.

Wälterlin, Oskar. *Papst Gregor VII,* Basel 1932.

Wälterlin, Oskar. «Das schweizerische Berufstheater in der heutigen Krise», in *Jahrbuch IV. der Schweizerischen Gesellschaft für Theaterkultur,* Luzern 1932.

Wälterlin, Oskar. «Aufgaben des Schweizerischen Theaters von Heute», in *Festschrift zum 100-jährigen Bestehen des Basler Stadttheaters,* Basel 1934.

Wälterlin, Oskar. *Das Gasthaus zu den drei Königen,* Frankfurt 1935.

Wälterlin, Oskar. *Wenn der Vater mit dem Sohne ...,* Basel 1935.

Wälterlin, Oskar. «Zur neuen Spielzeit», in Programmheft Nr. 2 des Zürcher Schauspielhauses, Spielzeit 1939/40.

Wälterlin, Oskar. *Stilprobleme im Schauspiel,* Zürich 1941.

Wälterlin, Oskar. «Zur neuen Spielzeit», in Programmheft Nr. 1 des Zürcher Schauspielhauses, Spielzeit 1942/43.

Wälterlin, Oskar. «Das Theater in Kriegszeit», in *Schweizer Illustrierte,* 21. Oktober 1942.

Wälterlin, Oskar. *Das Andere Leben,* Zürich 1943.

Wälterlin, Oskar (et al.). *In Memoriam Max Reinhardt,* Zürich 1944.

Wälterlin, Oskar. *Entzaubertes Theater,* Zürich 1945.

Wälterlin, Oskar (et al.). *Theater. Meinungen und Erfahrungen,* Affoltern 1945.

Wälterlin, Oskar. «Theater heute und morgen», in *Schweizerische Theaterzeitung* vom 1. Mai 1947.

Wälterlin, Oskar. *Verantwortung des Theaters,* Berlin 1947.

Wälterlin, Oskar. *Henri G. Dufour,* Zürich 1948.

Wälterlin, Oskar. «Schillers *Tell* auf dem Theater und in der Schule», in *Schweizerische Lehrerzeitung,* Heft 1, 1953.

Wälterlin, Oskar. «Zu Dürrenmatts *Ein Engel kommt nach Babylon*», in Programmheft Nr. 4 des Zürcher Schauspielhauses, Spielzeit 1953/54.
Wälterlin, Oskar. «Die Berufstheater in der Schweiz», in *Denkschrift der Schweizerischen Berufsbühnen*, Bern 1954.
Wälterlin, Oskar. «Macht und Grenzen der Regie», *Deutsche Zeitung* vom 22. Mai 1954.
Wälterlin, Oskar. *Bekenntnis zum Theater*, Zürich 1955.
Wälterlin, Oskar. «Über Aufgabe und Arbeit des Regisseurs», in *Bekenntnis zum Theater*, Zürich 1955.
Wälterlin, Oskar. «Zu Dürrenmatts *Der Besuch der Alten Dame*», in Programmheft Nr. 10 des Zürcher Schauspielhauses, Spielzeit 1955/56.
Wälterlin, Oskar. «Zu Dürrenmatts *Der Besuch der Alten Dame*», in *Die Rampe*, Heft V, 1956/57.
Wälterlin, Oskar. «Randglossen zur Shakespeare-Inszenierung», in *Jahrbuch der Deutschen Shakespeare Gesellschaft*, Bd. 93, 1957.
Wälterlin, Oskar. «Probleme des Sprechtheaters», in der *Weltwoche* vom 22. November 1957.
Wälterlin, Oskar. «Regisseur, Schauspieler und Publikum», in *Berichte und Informationen des Österreichischen Forschungsinstituts für Wirtschaft und Politik*, März 1958.
Wälterlin, Oskar. «Das Theater als Zusammenspiel der Künste», in *Bühnentechnische Rundschau*, Heft 2, April 1958.
Wälterlin, Oskar. «Zwanzig Jahre Schauspielhaus», in *Schauspielhaus Zürich 1938-1958*, Zürich 1958.
Wälterlin, Oskar. «Zwanzig Jahre gemeinsamer Arbeit», in *Beiträge zum zwanzigjährigen Bestehen der Neuen Schauspiel AG.*, Zürich 1959.
Wälterlin, Oskar. «Skizzen zu einem Erinnerungsbuch», in *National Zeitung* vom 19. September 1959.
Wälterlin, Oskar. *Johann Peter Hebel: Prosa und Gedichte*, Freiburg im Breisgau 1961.

a) *Auswahl unsignierter Kritiken zu Inszenierungen Oskar Wälterlins* (chronologisch):
- *Martha*, in «Basler Nachrichten», 30. September 1919.
- *La Serva Padrona*, in «Basler Nachrichten», 15. Oktober 1919.
- *Cosi fan tutte*, in «Basler Nachrichten», 24. Februar 1922.
- *Boris Godunow*, in «Basler Nachrichten», 4. September 1923.
- *Der Barbier von Sevilla*, in «National Zeitung», 6. September 1923.
- *Das Rheingold*, in «National Zeitung», 22. November 1924.
- *Die Walküre*, in «National Zeitung», 2. Februar 1925.
- *Prometheus*, in «Basler Nachrichten», 12. Februar 1925.
- *Die Sendung*, in «Basler Nachrichten», 28. März 1927.

- *Die Sendung*, in «National Zeitung», 28. März 1927.
- *Papst Gregor VII*, in «Basler Nachrichten», 3. Dezember 1931.
- *Papst Gregor VII*, in «National Zeitung», 3. Dezember 1931.
- *Don Giovanni*, in «Frankfurter Zeitung», 19. September 1933.
- *Münchhausens letzte Lüge*, in «Rhein-Mainische Volkszeitung», 19. Mai 1934.
- *Tristan und Isolde*, in «Frankfurter Zeitung», 18. Dezember 1934.
- *Die Zaubergeige*, in «Frankfurter Neueste Zeitung», 23. Mai 1935.
- *Die Entführung aus dem Serail*, in «Frankfurter Generalanzeiger», 15. Oktober 1935.
- *Wenn der Vater mit dem Sohne ...*, in «Basler Nachrichten», 9. März 1936.
- *Wenn der Vater mit dem Sohne ...*, in «National Zeitung», 9. März 1936.
- *Die Hochzeit des Figaro*, in «Frankfurter Generalanzeiger», 6. April 1936.
- *Vreneli ab em Guggisberg*, in «Basler Nachrichten», 1. März 1937.
- *Vreneli ab em Guggisberg*, in «National Zeitung», 1. März 1937.
- *Der Barbier von Sevilla*, in «Frankfurter Generalanzeiger», 12. April 1937.
- *Ariadne auf Naxos*, in «Frankfurter Zeitung», 29. Mai 1937.
- *Carmina Burana*, in «Frankfurter Zeitung», 10. Juni 1937.
- *Orpheus und Eurydike*, in «Frankfurter Zeitung», 30. November 1937.
- *Götterdämmerung*, in «Offenbacher Zeitung», 17. April 1938.
- *Henri G. Dufour*, in «Neue Zürcher Zeitung», 4. Oktober 1948.
- *Der Besuch der Alten Dame*, in «Neue Zürcher Zeitung», 31. Januar 1956.
- *Der Besuch der Alten Dame*, in «Variety», 29. Februar 1956.
- *Frank V*, in «Neue Zürcher Zeitung», 20. März 1959.

b) *Auswahl unsignierter Nachrufe auf Oskar Wälterlin* (chronologisch):
- «Dr. Oskar Wälterlin gestorben», in *Arbeiter Zeitung* (Basel), 6. April 1961.
- «Dr. Oskar Wälterlin gestorben», in *Basellandschaftliche Zeitung*, 6. April 1961.
- «Basel vom Tode Oskar Wälterlins hart getroffen», in *Basler Volksblatt*, 6. April 1961.
- «Zum Tode Oskar Wälterlins», in *Der Bund* (Bern), 6. April 1961.
- «Zum Tode von Dr. Oskar Wälterlin», in *National Zeitung*, 6. April 1961.
- «Zum Tode Oskar Wälterlins», in *Neue Zürcher Zeitung*, 6. April 1961.

- «Direktor Oskar Wälterlin gestorben», in *Volksrecht* (Zürich), 6. April 1961.
- «Zum Hinschied von Oskar Wälterlin», in *St. Galler Tagblatt*, 9. April 1961.
- «Zum Hinschied von Oskar Wälterlin», in *Aargauer Tagblatt*, 10. April 1961.
- «Trauerfeier für Oskar Wälterlin», in *Neue Zürcher Zeitung*, 10. April 1961.
- «Abschied von Oskar Wälterlin», in *Basler Volksblatt*, 11. April 1961.
- «Zürichs Abschied von Oskar Wälterlin», in *Basler Nachrichten*, 12. April 1961.
- «Oskar Wälterlin gestorben», in *Vorwärts* (Basel), 14. April 1961.

Weber, Verena. *Das Schauspielhaus Zürich 1945–1965*, Diss. Wien 1970.
Weiss, Fritz. *Das Basler Stadttheater 1834–1934*, Basel 1934.
Wollenberger, Werner. *Heinrich Gretler*, Zürich 1978.
Wulf, Josef. *Theater und Film im Dritten Reich*, Gütersloh 1966.

Z

Zimmermann, Wilhelm. «Glückwunsch an Oskar Wälterlin», in *Basler Volksblatt*, 27. August 1955.
Zimmermann, Wilhelm. «Oskar Wälterlin», in *Basler Volksblatt*, 6. April 1961.
Zimmermann, Wilhelm. «Trauerfeier für Oskar Wälterlin», in *Basler Volksblatt*, 10. April 1961.
Zinsstag, Adolf. «Zur Neu-Inszenierung des *Nibelungenringes*», in *Rundschau-Bürgerzeitung*, 23. Januar 1925.
Zinsstag, Adolf. «Die Prostitution eines Kunstwerkes am Basler Stadttheater», in *Rundschau-Bürgerzeitung*, 6. Februar 1925.
Zinsstag, Adolf. «Via Appia», in *Rundschau-Bürgerzeitung*, 27. Februar 1925.
Zinsstag, Adolf. «Kunstfeindliches aus Basel», in *Rundschau-Bürgerzeitung*, 9. April 1925.